연산의 힘

단원별로 부족한 연산을 드릴을 통하여 연습해 보세요.

Contents

1. 곱셈 ·· 2쪽

2. 나눗셈 ······································· 7쪽

4. 분수 ··· 12쪽

5. 들이와 무게 ································· 15쪽

연산의 힘 기초력 다지기

학습 Point (세 자리 수)×(한 자리 수)⑴ − 올림이 없는 계산

[1~6] 계산해 보세요.

1
$$
\begin{array}{r}
1\ 2\ 3 \\
\times\qquad 2 \\
\hline
\square\ \square\ \square
\end{array}
$$

2
$$
\begin{array}{r}
3\ 1\ 2 \\
\times\qquad 3 \\
\hline
\square\ \square\ \square
\end{array}
$$

3
$$
\begin{array}{r}
4\ 0\ 2 \\
\times\qquad 2 \\
\hline
\square\ \square\ \square
\end{array}
$$

4
$$
\begin{array}{r}
1\ 1\ 3 \\
\times\qquad 3 \\
\hline
\end{array}
$$

5
$$
\begin{array}{r}
2\ 1\ 2 \\
\times\qquad 4 \\
\hline
\end{array}
$$

6
$$
\begin{array}{r}
4\ 3\ 1 \\
\times\qquad 2 \\
\hline
\end{array}
$$

학습 Point (세 자리 수)×(한 자리 수)⑵ − 일의 자리에서 올림이 있는 계산

[7~12] 계산해 보세요.

7
$$
\begin{array}{r}
\square \\
2\ 1\ 7 \\
\times\qquad 3 \\
\hline
\square\ \square\ \square
\end{array}
$$

8
$$
\begin{array}{r}
\square \\
4\ 3\ 9 \\
\times\qquad 2 \\
\hline
\square\ \square\ \square
\end{array}
$$

9
$$
\begin{array}{r}
\square \\
3\ 2\ 7 \\
\times\qquad 2 \\
\hline
\square\ \square\ \square
\end{array}
$$

10
$$
\begin{array}{r}
1\ 1\ 8 \\
\times\qquad 4 \\
\hline
\end{array}
$$

11
$$
\begin{array}{r}
4\ 1\ 6 \\
\times\qquad 2 \\
\hline
\end{array}
$$

12
$$
\begin{array}{r}
2\ 2\ 6 \\
\times\qquad 3 \\
\hline
\end{array}
$$

학습 Point (세 자리 수)×(한 자리 수)⑶ − 십, 백의 자리에서 올림이 있는 계산

[13~18] 계산해 보세요.

13
$$
\begin{array}{r}
\square \\
2\ 3\ 2 \\
\times\qquad 4 \\
\hline
\square\ \square\ \square
\end{array}
$$

14
$$
\begin{array}{r}
\square \\
3\ 7\ 1 \\
\times\qquad 2 \\
\hline
\square\ \square\ \square
\end{array}
$$

15
$$
\begin{array}{r}
\square \\
5\ 2\ 4 \\
\times\qquad 2 \\
\hline
\square\ \square\ \square
\end{array}
$$

16
$$
\begin{array}{r}
9\ 1\ 3 \\
\times\qquad 4 \\
\hline
\end{array}
$$

17
$$
\begin{array}{r}
7\ 8\ 3 \\
\times\qquad 2 \\
\hline
\end{array}
$$

18
$$
\begin{array}{r}
8\ 3\ 5 \\
\times\qquad 2 \\
\hline
\end{array}
$$

#개념의힘
#기본유형의힘

수학의 힘
α 실력

Chunjae
Makes
Chunjae

▼

기획총괄	박금옥
편집개발	윤경옥, 박초아, 조은영, 김연정, 김수정, 임희정
디자인총괄	김희정
표지디자인	윤순미, 심지영
내지디자인	박희춘
제작	황성진, 조규영

발행일	2023년 4월 1일 2판 2023년 4월 1일 1쇄
발행인	(주)천재교육
주소	서울시 금천구 가산로9길 54
신고번호	제2001-000018호
고객센터	1577-0902
교재 구입 문의	1522-5566

1 단원 연산의 힘 기초력 다지기

학습 Point (몇십)×(몇십), (몇십몇)×(몇십)

[1~4] □ 안에 알맞은 수를 써넣으세요.

1
$$2 \times 8 = 16 \rightarrow 20 \times 80 = \boxed{}$$
10배
10배
□배

2
$$15 \times 3 = 45 \rightarrow 15 \times 30 = \boxed{}$$
10배
□배

3
$$70 \times 90 = \boxed{}00$$
$$7 \times 9 = \boxed{}$$

4
$$28 \times 60 = \boxed{}0$$
$$28 \times 6 = \boxed{}$$

[5~8] 계산해 보세요.

5 40×40

6 27×30

7 60×70

8 46×50

학습 Point (몇)×(몇십몇)

[9~14] 계산해 보세요.

9
$$\begin{array}{r} 4 \\ \times\ 8\ 1 \\ \hline \boxed{\ }\boxed{\ }\boxed{\ } \end{array}$$

10
$$\begin{array}{r} \boxed{\ } \\ 3 \\ \times\ 2\ 5 \\ \hline \boxed{\ }\boxed{\ } \end{array}$$

11
$$\begin{array}{r} \boxed{\ } \\ 7 \\ \times\ 4\ 2 \\ \hline \boxed{\ }\boxed{\ }\boxed{\ } \end{array}$$

12
$$\begin{array}{r} 4 \\ \times\ 2\ 4 \\ \hline \end{array}$$

13
$$\begin{array}{r} 9 \\ \times\ 2\ 3 \\ \hline \end{array}$$

14
$$\begin{array}{r} 5 \\ \times\ 6\ 2 \\ \hline \end{array}$$

학습 Point (몇십몇)×(몇십몇)(1) ─ 올림이 한 번 있는 계산

[1~2] □ 안에 알맞은 수를 써넣으세요.

1
```
      2 4
  ×   3 2
  ─────────
  □ □      … 24×2
  □ □ □    … 24×30
  ─────────
  □ □ □
```

2
```
      5 1
  ×   1 4
  ─────────
  □ □ □    … 51×4
  □ □ □    … 51×10
  ─────────
  □ □ □
```

[3~14] 계산해 보세요.

3
```
    3 1
  × 1 6
```

4
```
    1 4
  × 1 5
```

5
```
    2 5
  × 3 1
```

6
```
    1 3
  × 4 3
```

7
```
    5 2
  × 1 4
```

8
```
    3 7
  × 2 1
```

9 16×14

10 12×28

11 23×42

12 61×51

13 39×12

14 45×21

1 단원 연산의 힘 기초력 다지기

학습 Point (몇십몇)×(몇십몇)⑵ — 올림이 여러 번 있는 계산

[1~2] □ 안에 알맞은 수를 써넣으세요.

1
$$\begin{array}{r} 2\ 6 \\ \times\ 3\ 2 \\ \hline \square\ \square \quad \cdots 26\times2 \\ \square\ \square\ \square \quad \cdots 26\times30 \\ \hline \square\ \square\ \square \end{array}$$

2
$$\begin{array}{r} 4\ 3 \\ \times\ 3\ 7 \\ \hline \square\ \square\ \square \quad \cdots 43\times7 \\ \square\ \square\ \square\ \square \quad \cdots 43\times30 \\ \hline \square\ \square\ \square\ \square \end{array}$$

[3~14] 계산해 보세요.

3
$$\begin{array}{r} 6\ 1 \\ \times\ 3\ 2 \\ \hline \end{array}$$

4
$$\begin{array}{r} 2\ 9 \\ \times\ 2\ 8 \\ \hline \end{array}$$

5
$$\begin{array}{r} 8\ 3 \\ \times\ 3\ 5 \\ \hline \end{array}$$

6
$$\begin{array}{r} 4\ 2 \\ \times\ 3\ 8 \\ \hline \end{array}$$

7
$$\begin{array}{r} 8\ 6 \\ \times\ 6\ 5 \\ \hline \end{array}$$

8
$$\begin{array}{r} 5\ 1 \\ \times\ 7\ 3 \\ \hline \end{array}$$

9 12×78

10 29×61

11 54×34

12 15×38

13 43×77

14 76×63

지금까지 배운 곱셈을 연습해 보세요.

[1~17] 계산해 보세요.

1
$$\begin{array}{r} 1\ 1\ 4 \\ \times\ \ \ \ \ 2 \end{array}$$

2
$$\begin{array}{r} 5 \\ \times\ 9\ 3 \end{array}$$

3
$$\begin{array}{r} 1\ 9 \\ \times\ 3\ 6 \end{array}$$

4
$$\begin{array}{r} 6 \\ \times\ 4\ 2 \end{array}$$

5
$$\begin{array}{r} 4\ 8 \\ \times\ 5\ 0 \end{array}$$

6
$$\begin{array}{r} 3\ 1\ 8 \\ \times\ \ \ \ \ 3 \end{array}$$

7
$$\begin{array}{r} 5\ 2\ 3 \\ \times\ \ \ \ \ 4 \end{array}$$

8
$$\begin{array}{r} 4\ 1 \\ \times\ 2\ 5 \end{array}$$

9
$$\begin{array}{r} 7\ 2 \\ \times\ 6\ 4 \end{array}$$

10 50×80

11 253×3

12 43×23

13 3×88

14 614×7

15 442×2

16 82×60

17 73×35

2 단원 연산의 힘 기초력 다지기

학습 Point (몇십)÷(몇) ⑴ – 내림이 없는 계산

[1~2] □ 안에 알맞은 수를 써넣으세요.

1 $50 \div 5 = 10$ ➡
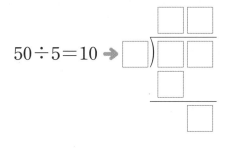

2 $80 \div 4 = 20$ ➡
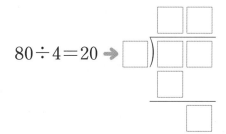

[3~8] 계산해 보세요.

3 $4\overline{)40}$

4 $2\overline{)60}$

5 $3\overline{)90}$

6 $80 \div 2$

7 $90 \div 9$

8 $60 \div 3$

학습 Point (몇십)÷(몇) ⑵ – 내림이 있는 계산

[9~11] □ 안에 알맞은 수를 써넣으세요.

9
$$\begin{array}{r} 1\ \square \\ 5\overline{)6\ 0} \\ 5 \\ \hline \square\square \\ \square\square \\ \hline 0 \end{array}$$

10
$$\begin{array}{r} 2\ \square \\ 2\overline{)5\ 0} \\ 4 \\ \hline \square\square \\ \square\square \\ \hline 0 \end{array}$$

11
$$\begin{array}{r} 1\ \square \\ 5\overline{)8\ 0} \\ 5 \\ \hline \square\square \\ \square\square \\ \hline 0 \end{array}$$

[12~17] 계산해 보세요.

12 $4\overline{)60}$

13 $2\overline{)90}$

14 $5\overline{)70}$

15 $5\overline{)90}$

16 $2\overline{)70}$

17 $6\overline{)90}$

학습 Point (몇십몇)÷(몇) ⑴ – 나머지가 없는 계산

[1~2] □ 안에 알맞은 수를 써넣으세요.

1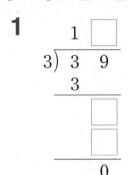

2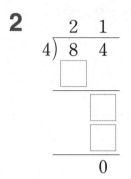

[3~8] 계산해 보세요.

3 2)2 8

4 5)5 5

5 3)6 9

6 2)4 6

7 4)4 8

8 3)9 3

학습 Point (몇십몇)÷(몇) ⑵ – 나머지가 있는 계산

[9~16] 계산해 보세요.

9 5)5 7

10 7)7 8

11 6)4 5

12 4)8 9

13 8)7 3

14 3)9 4

15 38÷3

16 69÷6

2 단원 연산의 힘 기초력 다지기

학습 Point (몇십몇)÷(몇) ⑶ – 내림이 있고 나머지가 없는 계산

[1~2] □ 안에 알맞은 수를 써넣으세요.

1

$$3 \overline{)\ 4\ 5}$$

2

$$2 \overline{)\ 5\ 6}$$

[3~8] 계산해 보세요.

3 $3 \overline{)\ 7\ 2}$

4 $7 \overline{)\ 8\ 4}$

5 $6 \overline{)\ 7\ 2}$

6 $2 \overline{)\ 3\ 6}$

7 $5 \overline{)\ 6\ 5}$

8 $8 \overline{)\ 9\ 6}$

학습 Point (몇십몇)÷(몇) ⑷ – 내림이 있고 나머지가 있는 계산

[9~16] 계산해 보세요.

9 $3 \overline{)\ 8\ 5}$

10 $4 \overline{)\ 7\ 9}$

11 $3 \overline{)\ 5\ 2}$

12 $7 \overline{)\ 8\ 3}$

13 $5 \overline{)\ 6\ 4}$

14 $6 \overline{)\ 8\ 5}$

15 $79 \div 5$

16 $93 \div 7$

날짜

학습 Point (세 자리 수)÷(한 자리 수) ⑴ – 나머지가 없는 계산

[1~2] □ 안에 알맞은 수를 써넣으세요.

1
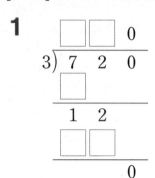

2
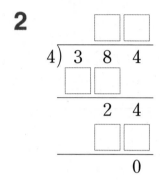

[3~8] 계산해 보세요.

3 2$)\overline{600}$

4 5$)\overline{455}$

5 3$)\overline{951}$

6 6$)\overline{840}$

7 4$)\overline{344}$

8 7$)\overline{987}$

학습 Point (세 자리 수)÷(한 자리 수) ⑵ – 나머지가 있는 계산

[9~14] 계산해 보세요.

9 4$)\overline{802}$

10 3$)\overline{430}$

11 6$)\overline{404}$

12 7$)\overline{751}$

13 8$)\overline{535}$

14 2$)\overline{923}$

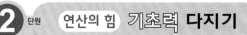

2 단원　연산의 힘　**기초력 다지기**

　지금까지 배운 나눗셈을 연습해 보세요.

[1~17] 계산해 보세요.

1　2$\overline{)80}$

2　6$\overline{)73}$

3　2$\overline{)70}$

4　4$\overline{)67}$

5　2$\overline{)44}$

6　3$\overline{)906}$

7　3$\overline{)97}$

8　7$\overline{)84}$

9　6$\overline{)495}$

10　$63 \div 3$

11　$72 \div 4$

12　$70 \div 5$

13　$86 \div 2$

14　$750 \div 5$

15　$55 \div 3$

16　$76 \div 7$

17　$781 \div 7$

학습 Point 분수로 나타내기

[1~4] 그림을 보고 □ 안에 알맞은 수를 써넣으세요.

1

18을 6씩 묶으면 6은 18의 $\frac{\square}{\square}$

12는 18의 $\frac{\square}{\square}$

2

24를 3씩 묶으면 3은 24의 $\frac{\square}{\square}$

9는 24의 $\frac{\square}{\square}$

3

16을 4씩 묶으면 4는 16의 $\frac{\square}{\square}$

8은 16의 $\frac{\square}{\square}$

4

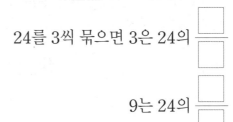

20을 5씩 묶으면 5는 20의 $\frac{\square}{\square}$

15는 20의 $\frac{\square}{\square}$

학습 Point 분수만큼은 얼마인지 알아보기

[5~7] 그림을 보고 □ 안에 알맞은 수를 써넣으세요.

5

12의 $\frac{1}{4}$은 □입니다.   12의 $\frac{2}{4}$는 □입니다.

6

15의 $\frac{2}{5}$는 □입니다.   15의 $\frac{4}{5}$는 □입니다.

7 0   2   4   6   8   10   12   14(cm)

14 cm의 $\frac{1}{7}$은 □cm입니다.   14 cm의 $\frac{5}{7}$는 □cm입니다.

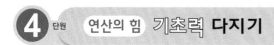

학습 Point 여러 가지 분수 알아보기

[1~9] □ 안에 진분수는 '진', 가분수는 '가', 대분수는 '대'를 써넣으세요.

1  $\dfrac{2}{5}$ —□

2 $1\dfrac{1}{2}$ —□

3 $\dfrac{8}{8}$ —□

4 $3\dfrac{3}{4}$ —□

5 $2\dfrac{4}{10}$ —□

6 $\dfrac{1}{9}$ —□

7 $\dfrac{11}{7}$ —□

8 $\dfrac{8}{6}$ —□

9 $\dfrac{5}{8}$ —□

[10~17] 대분수는 가분수로, 가분수는 대분수로 나타내어 보세요.

10 $2\dfrac{1}{3} = \dfrac{\boxed{}}{\boxed{}}$

11 $\dfrac{11}{5} = \boxed{}\dfrac{\boxed{}}{\boxed{}}$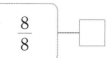

12 $1\dfrac{7}{9}$

13 $\dfrac{9}{4}$

14 $4\dfrac{5}{6}$

15 $\dfrac{16}{3}$

16 $2\dfrac{3}{5}$

17 $\dfrac{20}{6}$

학습 Point 분모가 같은 분수의 크기 비교하기

[1~10] 두 분수의 크기를 비교하여 ○ 안에 >, =, <를 알맞게 써넣으세요.

1 $\frac{8}{3}$ ○ $\frac{7}{3}$

2 $\frac{9}{6}$ ○ $\frac{11}{6}$

3 $1\frac{4}{9}$ ○ $2\frac{1}{9}$

4 $4\frac{5}{6}$ ○ $4\frac{3}{6}$

5 $\frac{16}{5}$ ○ $3\frac{3}{5}$

6 $2\frac{5}{8}$ ○ $\frac{19}{8}$

7 $\frac{34}{10}$ ○ $2\frac{9}{10}$

8 $1\frac{4}{12}$ ○ $\frac{17}{12}$

9 $\frac{30}{7}$ ○ $4\frac{4}{7}$

10 $3\frac{2}{9}$ ○ $\frac{33}{9}$

[11~16] 더 큰 분수에 ○표 하세요.

11

$\frac{22}{5}$	$\frac{19}{5}$

12

$2\frac{7}{8}$	$3\frac{4}{8}$

13

$5\frac{3}{4}$	$5\frac{1}{4}$

14

$1\frac{7}{9}$	$\frac{15}{9}$

15

$2\frac{2}{5}$	$\frac{14}{5}$

16

$\frac{25}{7}$	$3\frac{6}{7}$

5 단원 연산의 힘 기초력 다지기

학습 Point 들이의 합과 차

[1~12] □ 안에 알맞은 수를 써넣으세요.

1
$$
\begin{array}{r}
  2\ \text{L} \quad 100 \ \text{mL} \\
+\ 1\ \text{L} \quad 400 \ \text{mL} \\
\hline
\ \boxed{}\ \text{L} \ \boxed{}\ \text{mL}
\end{array}
$$

2
$$
\begin{array}{r}
  3\ \text{L} \quad 250 \ \text{mL} \\
+\ 2\ \text{L} \quad 150 \ \text{mL} \\
\hline
\ \boxed{}\ \text{L} \ \boxed{}\ \text{mL}
\end{array}
$$

3
$$
\begin{array}{r}
  6\ \text{L} \quad 900 \ \text{mL} \\
-\ 4\ \text{L} \quad 500 \ \text{mL} \\
\hline
\ \boxed{}\ \text{L} \ \boxed{}\ \text{mL}
\end{array}
$$

4
$$
\begin{array}{r}
  5\ \text{L} \quad 800 \ \text{mL} \\
-\ 1\ \text{L} \quad 300 \ \text{mL} \\
\hline
\ \boxed{}\ \text{L} \ \boxed{}\ \text{mL}
\end{array}
$$

5
$$
\begin{array}{r}
\boxed{} \\
  1\ \text{L} \quad 700 \ \text{mL} \\
+\ 3\ \text{L} \quad 600 \ \text{mL} \\
\hline
\ \boxed{}\ \text{L} \ \boxed{}\ \text{mL}
\end{array}
$$

6
$$
\begin{array}{r}
\boxed{} \\
  2\ \text{L} \quad 700 \ \text{mL} \\
+\ 4\ \text{L} \quad 400 \ \text{mL} \\
\hline
\ \boxed{}\ \text{L} \ \boxed{}\ \text{mL}
\end{array}
$$

7
$$
\begin{array}{r}
\boxed{} \quad \boxed{} \\
  7\ \text{L} \quad 200 \ \text{mL} \\
-\ 4\ \text{L} \quad 400 \ \text{mL} \\
\hline
\ \boxed{}\ \text{L} \ \boxed{}\ \text{mL}
\end{array}
$$

8
$$
\begin{array}{r}
\boxed{} \quad \boxed{} \\
  9\ \text{L} \quad 50 \ \text{mL} \\
-\ 5\ \text{L} \quad 100 \ \text{mL} \\
\hline
\ \boxed{}\ \text{L} \ \boxed{}\ \text{mL}
\end{array}
$$

9 $1600\ \text{mL} + 3100\ \text{mL} = \boxed{}\ \text{mL} = \boxed{}\ \text{L}\ \boxed{}\ \text{mL}$

10 $4\ \text{L}\ 700\ \text{mL} + 2\ \text{L}\ 500\ \text{mL} = \boxed{}\ \text{L}\ \boxed{}\ \text{mL}$

11 $5200\ \text{mL} - 2700\ \text{mL} = \boxed{}\ \text{mL} = \boxed{}\ \text{L}\ \boxed{}\ \text{mL}$

12 $6\ \text{L}\ 800\ \text{mL} - 3\ \text{L}\ 200\ \text{mL} = \boxed{}\ \text{L}\ \boxed{}\ \text{mL}$

5 단원 **연산의 힘** 기초력 **다지기**

학습 Point 무게의 합과 차

[1~12] □ 안에 알맞은 수를 써넣으세요.

1

$$
\begin{array}{r}
1 \text{ kg} \quad 200 \text{ g} \\
+ \ 1 \text{ kg} \quad 600 \text{ g} \\
\hline
\square \text{ kg} \quad \square \text{ g}
\end{array}
$$

2

$$
\begin{array}{r}
2 \text{ kg} \quad 100 \text{ g} \\
+ \ 3 \text{ kg} \quad 400 \text{ g} \\
\hline
\square \text{ kg} \quad \square \text{ g}
\end{array}
$$

3

$$
\begin{array}{r}
4 \text{ kg} \quad 700 \text{ g} \\
- \ 1 \text{ kg} \quad 400 \text{ g} \\
\hline
\square \text{ kg} \quad \square \text{ g}
\end{array}
$$

4

$$
\begin{array}{r}
7 \text{ kg} \quad 650 \text{ g} \\
- \ 4 \text{ kg} \quad 250 \text{ g} \\
\hline
\square \text{ kg} \quad \square \text{ g}
\end{array}
$$

5

$$
\begin{array}{r}
\square \\
2 \text{ kg} \quad 800 \text{ g} \\
+ \ 1 \text{ kg} \quad 700 \text{ g} \\
\hline
\square \text{ kg} \quad \square \text{ g}
\end{array}
$$

6

$$
\begin{array}{r}
\square \\
3 \text{ kg} \quad 400 \text{ g} \\
+ \ 4 \text{ kg} \quad 900 \text{ g} \\
\hline
\square \text{ kg} \quad \square \text{ g}
\end{array}
$$

7

$$
\begin{array}{r}
\square \quad \square \\
8 \text{ kg} \quad 100 \text{ g} \\
- \ 3 \text{ kg} \quad 500 \text{ g} \\
\hline
\square \text{ kg} \quad \square \text{ g}
\end{array}
$$

8

$$
\begin{array}{r}
\square \quad \square \\
6 \text{ kg} \quad 350 \text{ g} \\
- \ 2 \text{ kg} \quad 600 \text{ g} \\
\hline
\square \text{ kg} \quad \square \text{ g}
\end{array}
$$

9 $1000 \text{ g} + 2300 \text{ g} = \boxed{} \text{ g} = \boxed{} \text{ kg} \boxed{} \text{ g}$

10 $5 \text{ kg } 400 \text{ g} + 1 \text{ kg } 600 \text{ g} = \boxed{} \text{ kg}$

11 $8200 \text{ g} - 2400 \text{ g} = \boxed{} \text{ g} = \boxed{} \text{ kg} \boxed{} \text{ g}$

12 $10 \text{ kg } 800 \text{ g} - 4 \text{ kg } 300 \text{ g} = \boxed{} \text{ kg} \boxed{} \text{ g}$

3·2

α 실력

이 책의 구성과 활용 방법

 개념의 힘

교과서 개념 정리 ➡ 개념 확인 문제 ➡ 개념 다지기 문제

주제별 입체적인 개념 정리로 교과서의 내용을 한눈에 이해하고 개념 확인하기, 개념 다지기의 문제로 익힙니다.

 STEP 1 기본 유형의 힘

주제별 다양한 문제를 풀어 보며 기본 유형을 확실하게 다집니다.

 STEP 2 응용 유형의 힘

단원별로 꼭 알아야 하는 응용 유형을 3~4번 반복하여 풀어 보며 완벽하게 마스터 합니다.

 STEP 3 서술형의 힘

〈문제 해결력 서술형〉을 단계별로 차근차근 풀어 본 후, 〈바로 쓰는 서술형〉의 풀이 과정을 직접 쓰다 보면 스스로 풀이 과정을 쓰는 힘이 키워집니다.

 단원평가

학교에서 수시로 보는 단원평가에서 자주 출제되는 기출문제를 풀어 보면서 단원평가에 대비합니다.

메타인지를 강화하는 수학 일기 코너 수록!

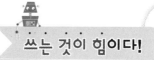 쓰는 것이 힘이다!

1단원 수학일기

 수학실력 쑥쑥!

9월	3일	월요일	이름	나천재

☆ 1단원에서 배운 내용을 친구들에게 설명하듯이 써 봐요.

1단원에서 배운 내용을 정리해 보았어.

(세 자리 수)×(한 자리 수)의 계산을 예를 들면	(몇)×(몇십몇)의 계산을 예를 들면	(몇십몇)×(몇십몇)의 계산을 예를 들면
$$\begin{array}{r} 352 \\ \times\ \ \ 4 \\ \hline 8 \cdots 2\times4 \\ 200 \cdots 50\times4 \\ 1200 \cdots 300\times4 \\ \hline 1408 \end{array}$$	$$\begin{array}{r} 5 \\ \times\ 73 \\ \hline 15 \cdots 5\times3 \\ 350 \cdots 5\times70 \\ \hline 365 \end{array}$$	$$\begin{array}{r} 26 \\ \times\ 38 \\ \hline 208 \cdots 26\times8 \\ 780 \cdots 26\times30 \\ \hline 988 \end{array}$$
위와 같이 계산하면 돼.	위와 같이 계산하면 돼.	위와 같이 계산하면 돼.

> 자신이 알고 있는 것을 설명하고 글로 쓸 수 있는 것이 진짜 자신의 지식입니다. 배운 내용을 설명하듯이 써 보면 내가 아는 것과 모르는 것을 정확히 알 수 있습니다.

☆ 1단원에서 배운 내용이 실생활에서 어떻게 쓰이고 있는지 찾아 써 봐요.

피자 한 조각의 열량은 263킬로칼로리 정도 된다고 한다. 내가 피자 2조각을 먹었

을 때 열량은 (세 자리 수)×(한 자리 수)를 활용하여 263×2=526(킬로칼로리)

임을 계산할 수 있다.

> 배운 수학 개념을 다른 교과나 실생활과 연결하여 수학의 필요성과 활용성을 이해하고 수학에 대한 흥미와 자신감을 기를 수 있습니다.

우리 모둠에서 주말에 양로원 봉사 활동을 가는 데 호두과자를 가지고 가기로 했

다. 호두 과자를 한 봉지에 15개씩 54봉지 만들어야 해서 (몇십몇)×(몇십몇)을 활

용하여 15×54=810(개) 사야 한다는 것을 계산하였다.

🧒 칭찬 & 격려해 주세요.

곱셈에 대한 내용이 어려웠을텐데 잘 해주어서 대견해~♡

이번 단원에서 배운 곱셈은 실생활에서도 자주 활용되고, 또 앞으로 (세 자리 수)×(두 자리 수)를 배우는 데 기초가 되니까 이해가 잘 되지 않는 부분이 있다면 꼭 기억하고 넘어가자~

> 학생들이 글로 표현한 것에 대한 칭찬과 격려를 통해 학습에 대한 의욕을 북돋아 줍니다.

이 책의 차례

CONTENTS

1 곱셈 6

대표 응용 유형	28~31	유형 충전 수준
1 덧셈식을 곱셈식으로 나타내기		again clear
2 ■의 ▲배 구하기		again clear
3 가장 큰 수와 가장 작은 수의 곱 구하기		again clear
4 곱의 크기 비교하기		again clear
5 □ 안에 알맞은 수 구하기		again clear
6 곱의 크기를 비교하여 □ 안에 들어갈 수 있는 수 구하기		again clear
7 약속한 방법으로 계산하기		again clear
8 수 카드를 사용하여 계산 결과가 가장 큰 곱셈식 만들기		again clear

2STEP 응용 유형의 충전 수준을 체크해 보세요. 내 실력이 한눈에 보인답니다.

2 나눗셈 38

대표 응용 유형	60~63	유형 충전 수준
1 잘못된 곳을 찾아 바르게 계산하기		again clear
2 나머지가 ■가 될 수 없는 식 찾기		again clear
3 몫을 구하여 크기 비교하기		again clear
4 나눗셈 활용하기		again clear
5 어떤 수 구하기		again clear
6 나누어떨어지게 하는 수 구하기		again clear
7 □ 안에 알맞은 수 구하기		again clear
8 나머지가 가장 큰 나눗셈식 만들기		again clear

3 원 70

대표 응용 유형	84~87	유형 충전 수준
1 주어진 선분을 반지름으로 원 그리기		again clear
2 규칙에 따라 원 그리기		again clear
3 크기가 더 큰 원 찾기		again clear
4 모양을 그릴 때 컴퍼스의 침이 꽂힌 횟수 구하기		again clear
5 원의 중심의 개수 비교하기		again clear
6 원의 지름을 이용하여 선분의 길이 구하기		again clear
7 원의 반지름 구하기		again clear
8 사각형의 네 변의 길이의 합 구하기		again clear

4 분수 ·········· **94**

대표 응용 유형 ·········· 112~115	유형 충전 수준
1 진분수 구하기	again clear
2 가분수에서 □ 안에 들어갈 수 있는 자연수 구하기	again clear
3 분수만큼을 구하여 크기 비교하기	again clear
4 □ 안에 들어갈 수 있는 수 구하기	again clear
5 전체의 몇 분의 몇인지 알아보기	again clear
6 수 카드를 사용하여 분수 만들기	again clear
7 어떤 수 구하기	again clear
8 조건에 맞는 분수 구하기	again clear

5 들이와 무게 ·········· **122**

대표 응용 유형 ·········· 144~147	유형 충전 수준
1 알맞은 무게의 단위 찾기	again clear
2 무게 비교하기	again clear
3 주전자의 들이 구하기	again clear
4 빈 그릇의 무게	again clear
5 적절히 어림한 사람 찾기	again clear
6 들이가 많은 것부터 차례로 기호 쓰기	again clear
7 □ 안에 알맞은 수 구하기	again clear
8 주어진 들이만큼 담는 방법 알아보기	again clear

6 자료의 정리 ·········· **154**

대표 응용 유형 ·········· 166~169	유형 충전 수준
1 그림그래프에서 가장 많은 것 찾기	again clear
2 표를 보고 몇 배인지 구하기	again clear
3 얼마나 더 많은지, 더 적은지 구하기	again clear
4 준비해야 할 개수 구하기	again clear
5 조사한 자료를 두 가지 표로 나타내기	again clear
6 세 가지 그림으로 그림그래프 그리기	again clear
7 전체 개수를 이용하여 그림그래프 완성하기	again clear
8 표를 보고 두 반 학생들이 가고 싶은 장소 구하기	again clear

1 곱셈

교과서 개념 카툰

개념 카툰 **1** (세 자리 수) × (한 자리 수)

개념 카툰 **2** (몇십) × (몇십)

<table>
<tr><td>이미 배운 내용</td><td>이번에 배우는 내용</td><td>앞으로 배울 내용</td></tr>
</table>

이미 배운 내용

[3-1] 4. 곱셈

이번에 배우는 내용

✓ (세 자리 수)×(한 자리 수)
✓ (몇십)×(몇십), (몇)×(몇십몇)
✓ (몇십몇)×(몇십몇)

앞으로 배울 내용

[4-1] 3. 곱셈과 나눗셈

개념 카툰 ③ (몇)×(몇십몇)

개념 카툰 ④ (몇십몇)×(몇십몇)

개념의 힘

1. (세 자리 수)×(한 자리 수), 몇십의 곱셈

개념 1 (세 자리 수)×(한 자리 수)를 구해 볼까요 (1), (2)

예 231×2의 계산 → 올림이 없는 계산

(1) 수 모형으로 알아보기

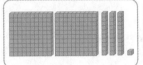

백 모형은 4개, 십 모형은 6개, 일 모형은 2개이므로 $400+60+2=462$입니다.

→ $231 \times 2 = 462$

(2) 세로로 계산하기

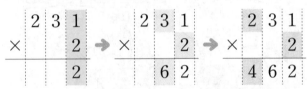

→ 각 자리의 수를 2와 곱하여 그 자리에 씁니다.

예 117×2의 계산 → 일의 자리에서 올림이 있는 계산

(1) 수 모형으로 알아보기

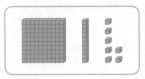

→ $117 \times 2 = 234$ → $200+20+14$

(2) 세로로 계산하기

일 모형 14개는 십 모형 1개와 일 모형 4개야.

$$\begin{array}{ccc} & 1 & 1 & 7 \\ \times & & & 2 \\ \hline & & 1 & 4 \cdots & 7 \times 2 \\ & 2 & 0 & \cdots & 10 \times 2 \\ 2 & 0 & 0 & \cdots & 100 \times 2 \rightarrow \\ \hline 2 & 3 & 4 \end{array}$$

$$\begin{array}{ccc} & & & \overset{1}{} \\ & 1 & 1 & 7 \\ \times & & & 2 \\ \hline & 2 & 3 & 4 \end{array}$$

일의 자리 계산에서 올림한 수를 십의 자리 위에 작게 쓰고 십의 자리 계산에 더합니다.

개념 확인하기

1 수 모형을 보고 □ 안에 알맞은 수를 써넣으세요.

$132 \times 2 = \boxed{}$

2 □ 안에 알맞은 수를 써넣으세요.

(1)
$$\begin{array}{ccc} & 3 & 0 & 2 \\ \times & & & 3 \\ \hline & \Box & \Box & 6 \end{array}$$

(2)
$$\begin{array}{ccc} & 2 & 1 & 4 \\ \times & & & 2 \\ \hline & \Box & 2 & \Box \end{array}$$

3 123×4를 수 모형으로 알아보았습니다. 123을 4번 놓은 것을 보고 □ 안에 알맞은 수를 써넣으세요.

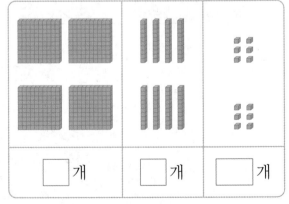

| $\boxed{}$ 개 | $\boxed{}$ 개 | $\boxed{}$ 개 |

$123 \times 4 = \boxed{}$

개념 다지기

1 수 모형을 보고 216×4를 알아보려고 합니다. □ 안에 알맞은 수를 써넣으세요.

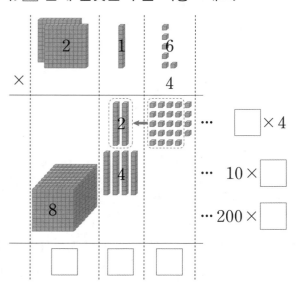

$\square \times 4$

$10 \times \square$

$200 \times \square$

2 보기와 같이 계산해 보세요.

보기

$$\begin{array}{ccc} & & 2 \\ & 1 & 1 & 5 \\ \times & & & 4 \\ \hline & 4 & 6 & 0 \end{array}$$

$$\begin{array}{ccc} & 2 & 2 & 6 \\ \times & & & 3 \\ \hline & & & \end{array}$$

3 빈칸에 알맞은 수를 써넣으세요.

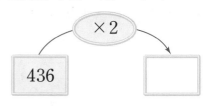

$\times 2$

436

4 관계있는 것끼리 선으로 이어 보세요.

321×2 •

212×3 •

• 636

• 642

• 663

5 크기를 비교하여 ○ 안에 >, =, <를 알맞게 써넣으세요.

$844 \bigcirc 214 \times 4$

6 지우개 1개는 230원입니다. 지우개 3개는 얼마일까요?

식 _____

답 _____

1단원

곱셈

개념 2 (세 자리 수)×(한 자리 수)를 구해 볼까요 (3) → 십의 자리, 백의 자리에서 올림이 있는 계산

1. 십의 자리에서 올림이 있는 (세 자리 수)×(한 자리 수)

예) 251×3의 계산

```
    2 5 1
  ×     3
        3 … 1×3
    1 5 0 … 50×3
    6 0 0 … 200×3  →
    7 5 3
```

```
        1
      2 5 1
  ×       3
      7 5 3
```

✔참고 위의 오른쪽 계산식을 보면 십의 자리 계산은 5×3=15이므로 백의 자리 위에 작게 1을 쓰고 곱의 십의 자리에 5를 씁니다.

2. 십의 자리, 백의 자리에서 올림이 있는 (세 자리 수)×(한 자리 수)

예) 632×4의 계산

```
    6 3 2
  ×     4
        8 … 2×4
    1 2 0 … 30×4
  2 4 0 0 … 600×4  →
  2 5 2 8
```

```
        1
      6 3 2
  ×       4
    2 5 2 8
```

✔참고 십의 자리 계산에서 올림한 수는 백의 자리 위에 작게 쓰고, 백의 자리 계산에서 올림한 수는 올림으로 표시하지 않고 그냥 씁니다.

개념 확인하기

1 수 모형을 보고 계산해 보세요.

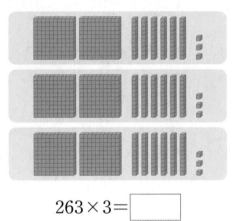

263×3= ☐

2 바르게 계산한 것을 찾아 ○표 하세요.

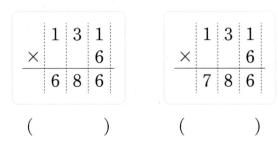

```
    1 3 1
  ×     6
    6 8 6
```
( )

```
    1 3 1
  ×     6
    7 8 6
```
( )

3 ☐ 안에 알맞은 수를 써넣어 321×4를 계산해 보세요.

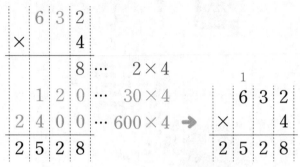

```
      3 2 1
  ×       4
          4 …  ☐ ×4
        ☐ …  ☐ ×4
    ☐     …  ☐ ×4
  ☐ ☐ ☐
```

4 ☐ 안에 알맞은 수를 써넣으세요.

(1)
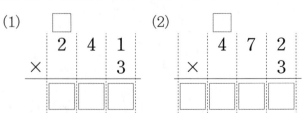
```
        ☐
      2 4 1
  ×       3
    ☐ ☐ ☐
```

(2)
```
        ☐
      4 7 2
  ×       3
  ☐ ☐ ☐ ☐
```

개념 다지기

1 색칠한 부분은 실제 어떤 수의 곱인지 ○표 하세요.

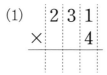

		4	6	7
×				3
			2	1
		1	8	0
	1	2	0	0
	1	4	0	1

7×3	6×3
60×3	400×3

2 계산해 보세요.

(1)
	2	3	1
×			4

(2)
	6	4	0
×			6

3 두 수의 곱을 빈 곳에 써넣으세요.

(1)
421	4

(2)
392	2

4 잘못된 부분을 찾아 바르게 계산해 보세요.

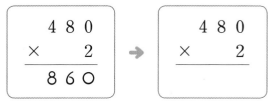

	4	8	0
×			2
	8	6	0

➡

	4	8	0
×			2

5 ☐ 안에 알맞은 수를 써넣으세요.

(1) $743 + 743 =$ ☐

➡ $743 \times 2 =$ ☐

(2) $541 + 541 + 541 + 541 =$ ☐

➡ $541 \times 4 =$ ☐

6 가방을 하루에 252개씩 만드는 공장이 있습니다. 이 공장에서 3일 동안 만드는 가방은 모두 몇 개일까요?

 식 _____

답 _____

개념 3 (몇십)×(몇십), (몇십몇)×(몇십)을 구해 볼까요

1. (몇십)×(몇십)

예) 30×20의 계산

(1) $3 \times 2 = 6$이므로 30×20은 30×2의 10배인 600입니다.

$$30 \times 20 = 30 \times 2 \times 10$$
$$= 60 \times 10$$
$$= 600$$

(2) $30 \times 20 = 3 \times 10 \times 2 \times 10$
$\qquad\qquad\quad = 3 \times 2 \times 10 \times 10$
$\qquad\qquad\quad = 6 \times 100$
$\qquad\qquad\quad = 600$

$$\begin{array}{r} 3\,0 \\ \times\ 2\,0 \\ \hline 6\,0\,0 \end{array}$$

2. (몇십몇)×(몇십)

예) 13×20의 계산

(1) (몇십몇)×10×(몇)으로 구하기

$\times 2$ $\begin{cases} 13 \times 10 = 130 \\ 13 \times 10 \times 2 = 260 \end{cases}$

(2) (몇십몇)×(몇)×10으로 구하기

$\times 10$ $\begin{cases} 13 \times 2 = 26 \\ 13 \times 2 \times 10 = 260 \end{cases}$

10배
$$13 \times 2 = 26 \rightarrow 13 \times 20 = 260$$
10배

개념 확인하기

1 ☐ 안에 알맞은 수를 써넣으세요.

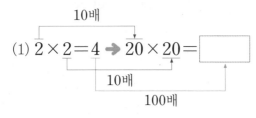

(1) $2 \times 2 = 4 \rightarrow 20 \times 20 = \boxed{}$

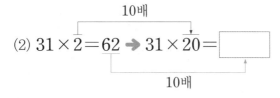

(2) $31 \times 2 = 62 \rightarrow 31 \times 20 = \boxed{}$
10배

2 ☐ 안에 알맞은 수를 써넣으세요.

(1) $\begin{array}{r} 4\,0 \\ \times\ 2\,0 \\ \hline \boxed{}\,\boxed{}\,\boxed{} \end{array}$
(2) $\begin{array}{r} 3\,0 \\ \times\ 5\,0 \\ \hline \boxed{}\,\boxed{}\,\boxed{}\,\boxed{} \end{array}$

3 보기와 같이 12×30을 두 가지 방법으로 계산하려고 합니다. ☐ 안에 알맞은 수를 써넣으세요.

보기
24×20
방법1 $24 \times 10 \times 2 = 240 \times 2 = 480$
방법2 $24 \times 2 \times 10 = 48 \times 10 = 480$

(1) 방법1 12×30을 $12 \times 10 \times 3$으로 구하기

$$12 \times 10 \times 3 = 120 \times \boxed{}$$
$$= \boxed{}$$

(2) 방법2 12×30을 $12 \times 3 \times 10$으로 구하기

$$12 \times 3 \times 10 = 36 \times \boxed{}$$
$$= \boxed{}$$

(3) $12 \times 30 = \boxed{}$

개념 다지기

1 31 × 30의 계산 결과를 찾아 ○표 하세요.

| 93 | 930 |

2 30 × 60의 계산을 연석이와 주희의 방법대로 계산하려고 합니다. □ 안에 알맞은 수를 써넣으세요.

연석 — 30과 60의 6을 먼저 곱한 다음 10을 곱해 봐!

$$30 \times 60 = 30 \times 6 \times 10$$
$$= \boxed{} \times 10$$
$$= \boxed{}$$

주희 — 30의 3과 60의 6을 먼저 곱한 다음 10을 두 번 곱해 봐!

$$30 \times 60 = 3 \times 10 \times 6 \times 10$$
$$= 3 \times 6 \times 10 \times 10$$
$$= \boxed{} \times 100$$
$$= \boxed{}$$

3 계산해 보세요.

(1)
```
    7 0
  ×  5 0
```

(2)
```
    2 5
  ×  3 0
```

(3) 80 × 40

(4) 42 × 60

4 빈 곳에 알맞은 수를 써넣으세요.

(1)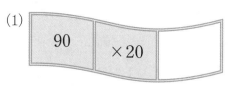
90   × 20

(2)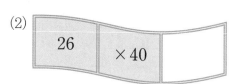
26   × 40

5 □ 안에 들어갈 수가 다른 하나를 찾아 기호를 쓰세요.

㉠ 30 × 60 = □ 00
㉡ 40 × 50 = □ 00
㉢ 20 × 90 = □ 00

(   )

6 1시간은 60분이고 하루는 24시간입니다. 하루는 몇 분일까요?

식 _____

답 _____

기본 유형의 힘

1. (세 자리 수)×(한 자리 수), 몇십의 곱셈

유형 1 올림이 없는 (세 자리 수)×(한 자리 수)

계산해 보세요.

$$\begin{array}{r} 2\ 1\ 3 \\ \times\quad\ 2 \\ \hline \square\ \square\ \square \end{array}$$

유형 코칭

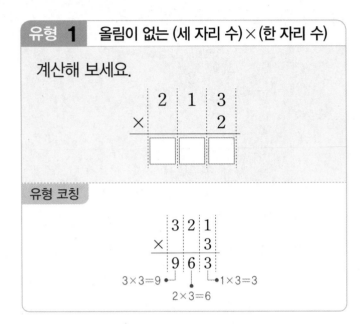

1 수 모형을 보고 곱셈식을 써 보세요.

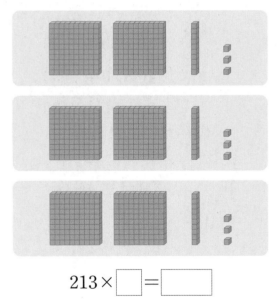

$213 \times \square = \square$

2 계산해 보세요.

(1) $\begin{array}{r} 2\ 2\ 2 \\ \times\quad\ 3 \\ \hline \end{array}$
(2) $\begin{array}{r} 3\ 1\ 1 \\ \times\quad\ 3 \\ \hline \end{array}$

(3) 132×2

3 □ 안에 알맞은 수를 써넣으세요.

143

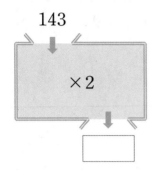

×2

4 크기를 비교하여 ○ 안에 >, =, <를 알맞게 써넣으세요.

$700 \bigcirc 342 \times 2$

5 그림을 보고 □ 안에 알맞은 수를 써넣으세요.

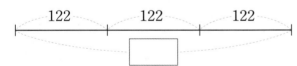

6 은서는 한약을 1회에 120 mL씩 하루에 3번 먹어야 합니다. 은서가 하루에 먹는 한약은 모두 몇 mL일까요?

식 _____

답 _____

유형 2 일의 자리에서 올림이 있는 (세 자리 수)×(한 자리 수)

계산해 보세요.

```
    2 1 8
  ×     2
  ☐ ☐ ☐
```

유형 코칭

```
      1
    1 2 6
  ×     3
    3 7 8
```
1×3=3 ┘ │ └ 6×3=18
   2×3=6, 6+1=7

7 보기 와 같이 계산해 보세요.

보기
```
    1 2 8
  ×     2
      1 6  … 8×2
      4 0  … 20×2
    2 0 0  … 100×2
    2 5 6
```

```
    2 2 7
  ×     3
    ☐ ☐    …      7×3
      6 0  …   20×☐
  ☐ ☐ ☐    …  ☐☐☐×3
  ☐ ☐ ☐
```

8 계산해 보세요.

(1)
```
  1 3 6
×     2
```

(2)
```
  1 1 4
×     5
```

(3) 219×3

9 두 수의 곱을 구하세요.

| 325 | 3 |

(　　　　　　　)

10 더 작은 것에 △표 하세요.

| 104×6 | | 650 |

(　　　　)　　(　　　　)

11 ㉮와 ㉯ 중 곱이 672인 것을 찾아 기호를 쓰세요.

㉮ 214×3　　㉯ 224×3

(　　　　　　　)

창의·융합

12 준규가 먹은 고구마 케이크의 열량은 모두 몇 킬로칼로리일까요?

고구마 케이크 100 g의 열량은 218킬로칼로리래.

지희

난 100 g짜리 고구마 케이크를 3개 먹었는데……

준규

식 _____

답 _____

1
단원

곱셈

유형 3 십의 자리, 백의 자리에서 올림이 있는 (세 자리 수)×(한 자리 수)

계산해 보세요.

유형 코칭

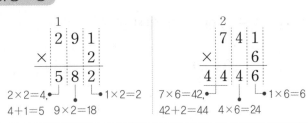

13 수 모형을 보고 곱셈식을 써 보세요.

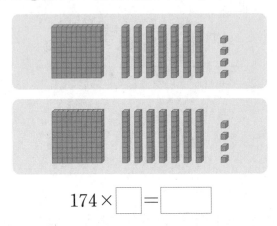

$$174 \times \boxed{} = \boxed{}$$

14 계산해 보세요.

(1)
```
  1 9 3
×     3
```

(2)
```
  4 7 1
×     3
```

(3) 732×3

15 잘못 계산한 것을 찾아 △표 하세요.

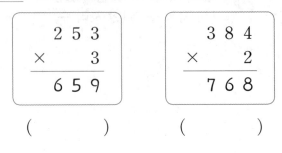

(   )   (   )

16 사각형에 쓰인 수의 곱을 구하세요.

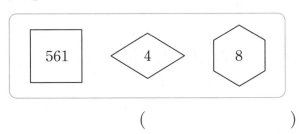

(   )

융합형

17 출장으로 중국을 다녀오신 수호 아버지께서 수호에게 중국 돈 3위안을 용돈으로 주셨습니다. 수호가 은행에 간 날 중국 돈 1위안이 171원과 같았다면 수호가 받은 용돈은 우리 나라 돈으로 몇 원일까요?

| 중국 돈 1위안 | = | 우리나라 돈 171원 |

식 _____

답 _____

유형 4 (몇십)×(몇십), (몇십몇)×(몇십)

계산해 보세요.

$$20 \times 70$$

(   )

유형 코칭

• (몇십)×(몇십)

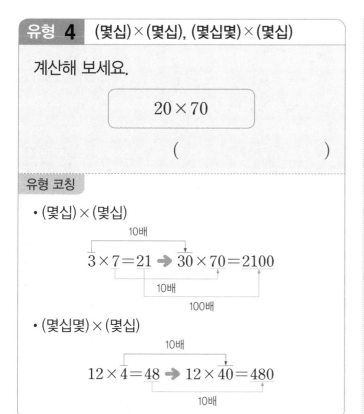

10배
$3 \times 7 = 21$ ➡ $30 \times 70 = 2100$
10배
100배

• (몇십몇)×(몇십)

10배
$12 \times 4 = 48$ ➡ $12 \times 40 = 480$
10배

18 계산해 보세요.

(1)   2 0
    × 6 0

(2)   3 4
    × 6 0

19 □ 안에 알맞은 수를 써넣으세요.

(1) $20 \times 40 =$ □

$22 \times 40 =$ □

(2) $30 \times 50 =$ □

$33 \times 50 =$ □

20 빈 곳에 알맞은 수를 써넣으세요.

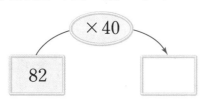

×40

82

21 계산 결과가 같은 것끼리 선으로 이어 보세요.

80×40

12×40 •

16×30

30×50 •

75×20

22 계산 결과에서 0의 개수는 모두 몇 개일까요?

$$20 \times 50$$

(   )

23 민주는 50원짜리 동전을 31개 모았습니다. 민주가 모은 돈은 모두 얼마인지 구하세요.

식 _____

답 _____

개념의 힘

개념 4 (몇)×(몇십몇)을 구해 볼까요

예 7×26의 계산

(1) 모눈종이로 알아보기

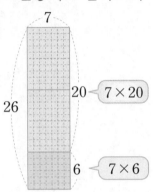

색칠된 모눈의 수는 모두 7칸씩 26줄이 므로 7×26＝140＋42＝182(개)입 니다.

(2) 세로로 계산하기

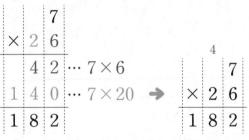

 7×26은 26×7과 같아!

(몇)×(몇십몇)의 계산은 (몇)×(몇)과 (몇)×(몇십)을 각각 계산한 후 두 곱을 더합 니다.

개념 확인하기

1 6×15는 얼마인지 모눈종이로 알아보세요.

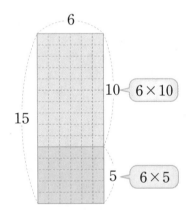

(1) 색칠된 모눈의 수를 각각 곱셈식으로 쓰 세요.

┌ 6×10＝ ☐ (개)

└ 6×5＝ ☐ (개)

(2) 6×15는 얼마일까요?

6×15＝ ☐

2 ☐ 안에 알맞은 수를 써넣으세요.

(1)
```
      4
×  2 1
  ┌───┐
  │   │ … 4×☐
  └───┘
  8 0 … 4×☐
  ┌───┐
  │   │
  └───┘
```

(2)
```
      9
×  3 2
  ┌───┐
  │   │ … 9×☐
  └───┘
  2 7 0 … 9×☐
  ┌───┐
  │   │
  └───┘
```

3 계산해 보세요.

(1)
```
     2
×  6 3
```

(2)
```
     6
×  6 4
```

개념 다지기

1 그림을 보고 □ 안에 알맞은 수를 써넣으세요.

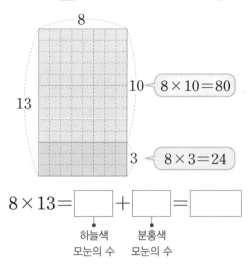

8

13

10 ─ $8 \times 10 = 80$

3 ─ $8 \times 3 = 24$

$8 \times 13 =$ □ $+$ □ $=$ □

하늘색　분홍색
모눈의 수　모눈의 수

2 ㉠과 ㉡에 알맞은 수를 각각 구하세요.

5×17 ┌ $5 \times 10 = ㉠$
　　　　└ $5 \times 7 = ㉡$

➜ $5 \times 17 = ㉠ + ㉡ = 85$

㉠ (　　　　)

㉡ (　　　　)

3 □ 안에 알맞은 수를 써넣으세요.

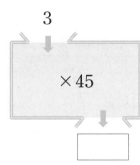

3

$\times 45$

4 잘못된 부분을 찾아 바르게 계산해 보세요.

$$\begin{array}{r} 6 \\ \times\,2\,4 \\ \hline 1\,2 \\ 2\,4 \\ \hline 3\,6 \end{array}$$

➜

$$\begin{array}{r} 6 \\ \times\,2\,4 \\ \hline \end{array}$$

5 더 큰 것을 찾아 기호를 쓰세요.

㉠ 7×14　　㉡ 96

(　　　　　　　)

6 책이 한 상자에 4권씩 24상자 있습니다. 책은 모두 몇 권 있을까요?

식 _____

답 _____

개념 5 (몇십몇)×(몇십몇)을 구해 볼까요

1. 올림이 한 번 있는 (몇십몇)×(몇십몇)

예 14×13의 계산

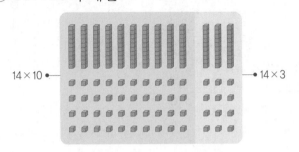

$14 \times 10 = 140$

$14 \times 3 = 42$

$14 \times 13 = 182$

$14 \times 13 \rightarrow 14 \times 10$과 14×3의 합

$\rightarrow 140 + 42 = 182$

```
    1 4
  ×　1 3
　　4 2  … 14×3
  1 4 0  … 14×10
  1 8 2
```

2. 올림이 여러 번 있는 (몇십몇)×(몇십몇)

예 36×29의 계산

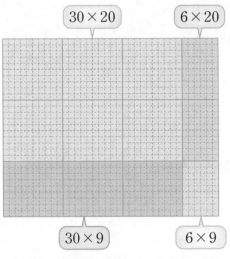

$\rightarrow 600 + 120 + 270 + 54 = 1044$(개)
　　　　　　　　　　　　　　　　└ 색칠된 모눈의 수

$\rightarrow 36 \times 29 = 1044$

```
      3 6
    ×　2 9
      3 2 4  … 36×9
      7 2 0  … 36×20
    1 0 4 4
```

개념 확인하기

1 □ 안에 알맞은 수를 써넣으세요.

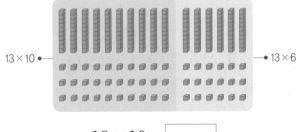

$13 \times 10 = \boxed{}$

$13 \times 6 = \boxed{}$

$13 \times 16 = \boxed{}$

2 □ 안에 알맞은 수를 써넣으세요.

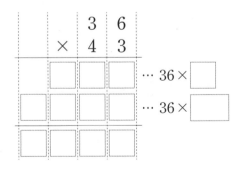

3 계산해 보세요.

(1)
```
    6 1
  ×　1 5
```

(2)
```
    5 3
  ×　4 7
```

▶ 빠른 정답 2쪽, 정답 및 풀이 15쪽

1 단원

곱셈

개념 다지기

1 계산해 보세요.

(1)
```
    1 9
  × 2 1
```

(2)
```
    3 7
  × 4 2
```

(3) 18×36

(4) 63×13

2 □ 안에 알맞은 수를 써넣으세요.

52×23 ➡ $52 \times \boxed{}$ 과 52×3의 합

➡ $\boxed{} + 156$

$= \boxed{}$

3 □ 안에 알맞은 수를 써넣으세요.

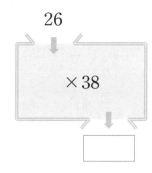

4 잘못된 부분을 찾아 바르게 계산해 보세요.

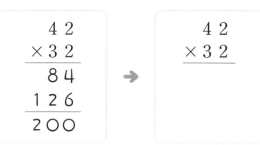

5 크기를 비교하여 ○ 안에 >, =, <를 알맞게 써넣으세요.

$$1529 \bigcirc 43 \times 36$$

6 공책이 한 상자에 35권씩 들어 있습니다. 14 상자에 들어 있는 공책은 모두 몇 권일까요?

식 _____

답 _____

개념 6 곱셈을 활용할 수 있어요

💭 생각의 힘

• 곱셈을 활용하여 문제 해결하기

> 구하려고 하는 것 알아보기

⬇

> 주어진 조건 알아보기

⬇

> 식 만들어 계산하기

⬇

> 문제에 알맞은 답 구하기

• 곱셈을 활용하여 달걀 수 구하기

> 달걀이 한 판에 30개씩 46판 있습니다. 달걀은 모두 몇 개 있을까요?

(1) 구하려고 하는 것: 46판에 있는 달걀 수

(2) 주어진 조건: 달걀이 한 판에 30개씩 46판

(3) 문제에 알맞은 곱셈식 세우기

식 $30 \times 46 = 1380$

(4) 답 구하기: 달걀은 모두 1380개입니다.

> 문제를 해결한 다음에는 답이 맞았는지 확인해 봐!

개념 확인하기

1 [보기]와 같이 곱셈식으로 나타내어 보세요.

> [보기]
> 20개씩 30묶음 ➡ 20 × 30

(1) 15개씩 35묶음 ➡ _____

(2) 7개씩 19줄 ➡ _____

(3) 12명씩 23줄 ➡ _____

[2~5] 한 상자에 173개씩 들어 있는 콩이 6상자 있습니다. 콩은 모두 몇 개인지 물음에 답하세요.

2 구하려고 하는 것에 ○표 하세요.

한 상자에 들어 있는 콩 수	
6상자에 들어 있는 콩 수	

3 주어진 조건을 바르게 말한 사람은 누구일까요?

> 민정: 콩 173개를 6상자에 똑같이 나누어 담았어.
> 용재: 한 상자에 173개씩 들어 있는 콩이 6상자 있어.

( )

4 콩은 모두 몇 개인지 구하는 식을 세워 보세요.

(한 상자에 들어 있는 콩 수) × (상자 수)

= ☐ × ☐

= ☐ (개)

5 콩은 모두 몇 개일까요?

( )

개념 다지기

1 다음을 보고 물음에 답하세요.

> 학생들이 한 줄에 20명씩 40줄로 서 있습니다. 서 있는 학생은 모두 몇 명일까요?

(1) 구하려고 하는 것은 무엇일까요?

서 있는 [   ] 수

(2) 주어진 조건은 무엇일까요?

학생들이 한 줄에 [   ]명씩 [   ]줄로 서 있습니다.

(3) 서 있는 학생 수를 구하는 식을 세워 보세요.

식 [   ] × [   ] = [   ]

(4) 서 있는 학생은 모두 몇 명일까요?

(   )

융합형

2 지희가 휴대 전화로 검색한 지도입니다. 지희의 설명을 보고 집에서 외할머니 댁까지의 거리는 몇 km인지 구하세요.

집에서 외할머니 댁까지의 거리는 집에서 공원까지의 거리의 16배야.

13 km
집   공원
지희

식 [   ] × [   ] = [   ]

답 _____

3 한 명에게 연필을 12자루씩 40명에게 주려고 합니다. 필요한 연필은 모두 몇 자루일까요?

식 _____

답 _____

4 지아는 팔굽혀펴기를 하루에 8번씩 매일 합니다. 지아가 12일 동안 한 팔굽혀펴기는 모두 몇 번인지 두 가지 방법으로 구하세요.

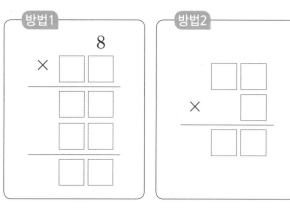

방법1
8
× [   ] [   ]
[   ] [   ]
[   ] [   ]
[   ] [   ]

방법2
[   ] [   ]
× [   ]
[   ] [   ]

5 과일 가게에 자두가 한 상자에 15개씩 36상자, 복숭아가 324개 있습니다. 과일 가게에 있는 자두와 복숭아는 모두 몇 개인지 구하세요.

(1) 자두는 모두 몇 개일까요?

식 _____

답 _____

(2) 자두와 복숭아는 모두 몇 개일까요?

식 _____

답 _____

1 STEP 기본 유형의 힘

유형 5 (몇)×(몇십몇)

계산해 보세요.

$$\begin{array}{r} 2 \\ \times\ 3\ 4 \\ \hline \boxed{} \end{array}$$

유형 코칭

· 4×25의 계산

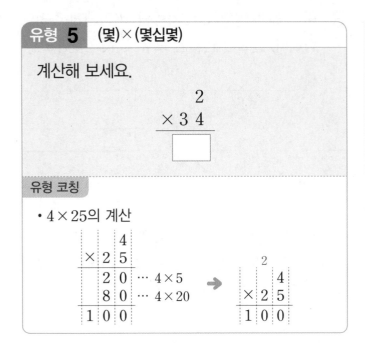

1 □ 안에 알맞은 수를 써넣으세요.

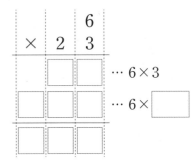

2 계산해 보세요.

(1)
$$\begin{array}{r} 5 \\ \times\ 6\ 3 \\ \hline \end{array}$$

(2)
$$\begin{array}{r} 8 \\ \times\ 1\ 7 \\ \hline \end{array}$$

3 두 수의 곱을 빈 곳에 써넣으세요.

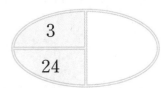

4 다음이 나타내는 수를 구하세요.

3의 45배

(   )

5 계산 결과를 찾아 선으로 이어 보세요.

6×45 ·

9×24 ·

· 216

· 252

· 270

6 어느 공장에서 탁구공을 한 상자에 6개씩 담아 포장하고 있습니다. 6개씩 담은 탁구공이 모두 53상자일 때 탁구공은 모두 몇 개일까요?

식 _____

답 _____

유형 6 올림이 한 번 있는 (몇십몇)×(몇십몇)

계산해 보세요.

```
        2  3
    ×   3  4
      □  □  → 23×4
    □  □  □  → 23×30
    □  □  □
```

유형 코칭

곱하는 수를 몇과 몇십으로 나누어 (몇십몇)×(몇)을 계산하고 (몇십몇)×(몇십)으로 계산하여 두 곱셈의 계산 결과를 더합니다.

예 23×25＝23×20＋23×5
         ＝460＋115
         ＝575

7 보기 와 같이 계산해 보세요.

보기

```
      3  5
   ×  2  1
      3  5  … 35×1
   7  0  0  … 35×20
   7  3  5
```

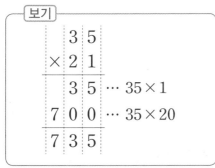

```
      3  9
   ×  1  2
   □  □  □  … 39×2
   □  □  □  … 39×□
   □  □  □
```

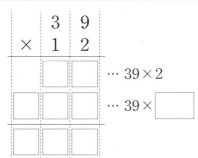

8 계산해 보세요.

(1)
```
     5 1
   × 1 7
```

(2)
```
     2 6
   × 3 1
```

9 곱을 바르게 구한 것에 ○표 하세요.

46×12＝552   (   )

46×12＝542   (   )

10 빈 곳에 알맞은 수를 써넣으세요.

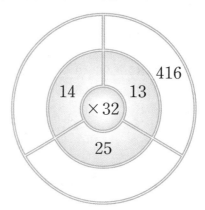

11 ㉮와 ㉯의 합을 구하세요.

| ㉮ 15×14 | ㉯ 19×12 |

(   )

12 유진이네 반 학생 25명이 우유를 하루에 한 개씩 마십니다. 유진이네 반 학생들이 3월 한 달 동안 마시는 우유는 모두 몇 개일까요?

식 _____

답 _____

유형 7   올림이 여러 번 있는 (몇십몇)×(몇십몇)

계산해 보세요.

$$
\begin{array}{r}
3\ 5 \\
\times\ 4\ 6 \\
\hline
\boxed{} \\
\end{array}
$$
  … 35×6

$\boxed{}$ … 35×40

$\boxed{}$

유형 코칭

· 26×53의 계산

$$
\begin{array}{r}
2\ 6 \\
\times\ 5\ 3 \\
\hline
7\ 8 \quad \cdots\ 26\times3 \\
1\ 3\ 0\ 0 \quad \cdots\ 26\times50 \\
\hline
1\ 3\ 7\ 8 \\
\end{array}
$$

13 □ 안에 알맞은 수를 써넣으세요.

$$
\begin{array}{r}
5\ 1 \\
\times\ 3\ 8 \\
\hline
\end{array}
$$

(빈 칸 표)

14 바르게 말한 사람은 누구일까요?

$$
\begin{array}{r}
\boxed{5}\,\boxed{3} \\
\times\ \boxed{2}\,\boxed{1} \\
\hline
1\ 1\ 1\ 3 \\
\end{array}
$$

진호: $\boxed{5}×\boxed{2}$가 실제로 나타내는 값은 100 이야.

은수: $\boxed{3}×\boxed{1}$이 실제로 나타내는 값은 3이 야.

(   )

15 □ 안에 알맞은 수를 써넣으세요.

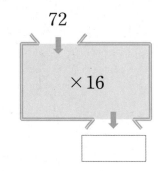

72 → ×16 → □

16 계산 결과가 더 큰 것을 찾아 ○표 하세요.

$$
\begin{array}{r}
9\ 3 \\
\times\ 2\ 6 \\
\end{array}
\qquad
\begin{array}{r}
5\ 6 \\
\times\ 4\ 2 \\
\end{array}
$$

(   )   (   )

17 민우네 학교 도서관에 있는 책꽂이는 한 개에 책을 8권씩 4줄 꽂을 수 있습니다. 책꽂이 54 개에 꽂을 수 있는 책은 모두 몇 권일까요?

(1) 책꽂이 한 개에 꽂을 수 있는 책은 몇 권 일까요?

(   )

(2) 책꽂이 54개에 꽂을 수 있는 책은 모두 몇 권일까요?

식 _____

답 _____

유형 8　곱셈의 활용

한 상자에 35개씩 들어 있는 배가 43상자 있습니다. 배는 모두 몇 개인지 알아보세요.

(1) 구하려는 것: 전체 ☐의 수

(2) 주어진 조건

┌ 한 상자에 들어 있는 배의 수: ☐개

└ 배 상자의 수: ☐상자

(3) 필요한 계산식

한 상자에 들어 ● ┌─────── ● 배 상자의 수
있는 배의 수

☐ × ☐

(4) 전체 배의 수: ☐개

유형 코칭

| 구하려고 하는 것 알아보기 | → | 주어진 조건 알아보기 | → | 계산식 만들어 답 구하기 |

---

18 색칠된 전체 모눈의 수는 몇 개인지 곱셈식으로 나타내고 구하세요.

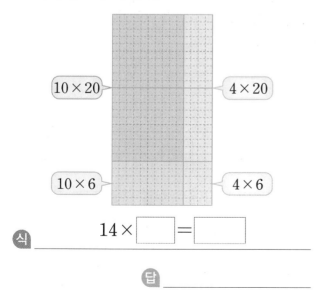

10×20　　4×20

10×6　　4×6

식 $14 \times$ ☐ $=$ ☐

답 _____

---

19 승은이는 한 달 동안 매주 화요일, 목요일, 토요일에 줄넘기를 각각 60번씩 했습니다. 승은이는 한 달 동안 줄넘기를 모두 몇 번 했는지 곱셈식으로 나타내고 구하세요.

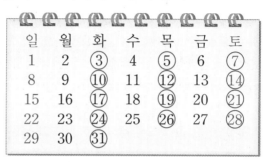

일	월	화	수	목	금	토
	1	2	③	4	⑤	6	⑦
8	9	⑩	11	⑫	13	⑭
15	16	⑰	18	⑲	20	㉑
22	23	㉔	25	㉖	27	㉘
29	30	㉛				

(1) 승은이가 줄넘기를 한 날은 며칠일까요?

(　　　　　　　)

(2) 승은이는 한 달 동안 줄넘기를 모두 몇 번 했을까요?

식 _____

답 _____

---

20 좌석 배치도가 다음과 같은 고속버스가 있습니다. 물음에 답하세요.

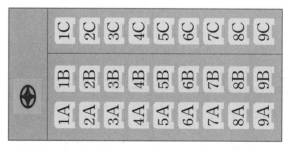

(1) 버스 한 대에 승객이 앉을 수 있는 좌석은 몇 개 있을까요?

(　　　　　　　)

(2) 이 고속버스가 15대 있다면 승객이 앉을 수 있는 좌석은 모두 몇 개 있을까요?

식 _____

답 _____

응용 유형 1 덧셈식을 곱셈식으로 나타내기

> $123+123+123+123$ ➡ 123을 4번 더함
> └────4번────┘ ➡ $123×4$
> 덧셈식을 곱셈식으로 나타낼 때에는 더해지는 수를 모두 몇 번 더했는지 세어 봅니다.

1 덧셈식을 곱셈식으로 나타내어 계산하세요.

$$562+562+562+562$$

식 _____

2 덧셈식을 곱셈식으로 나타내어 계산하세요.

$$395+395+395$$

식 _____

3 다음을 곱셈식으로 나타내어 계산하세요.

926을 5번 더한 수

식 _____

4 다음을 곱셈식으로 나타내어 계산하세요.

681을 8번 더한 수

식 _____

응용 유형 2 ■의 ▲배 구하기

> • ■의 ▲배 ➡ ■ × ▲
> 예 12의 11배 ➡ $12×11=132$

5 다음이 나타내는 수를 구하세요.

2의 28배

( )

6 다음이 나타내는 수를 구하세요.

254의 3배

( )

7 다음이 나타내는 수를 구하세요.

15의 25배

( )

8 다음이 나타내는 수를 구하세요.

24의 37배

( )

응용 유형 3 가장 큰 수와 가장 작은 수의 곱 구하기

① 가장 큰 수와 가장 작은 수를 찾습니다.
② 두 수의 곱을 구합니다.

9 가장 큰 수와 가장 작은 수의 곱을 구하세요.

| 49 | 72 | 50 |

( )

10 가장 큰 수와 가장 작은 수의 곱을 구하세요.

| 62 | 60 | 85 | 77 |

( )

11 가장 큰 수와 두 번째로 작은 수의 곱을 구하세요.

| 90 | 81 | 60 | 54 |

( )

응용 유형 4 곱의 크기 비교하기

① 두 수의 곱을 각각 구하기
② 곱의 크기 비교하기

12 계산 결과의 크기를 비교하여 ○ 안에 >, =, <를 알맞게 써넣으세요.

$$324 \times 2 \bigcirc 48 \times 12$$

13 계산 결과의 크기를 비교하여 ○ 안에 >, =, <를 알맞게 써넣으세요.

$$912 \times 3 \bigcirc 82 \times 36$$

14 계산 결과가 가장 큰 것을 찾아 기호를 쓰세요.

| ㉠ 40×70 |
| ㉡ 73×38 |
| ㉢ 49×60 |

( )

응용 유형 5 □ 안에 알맞은 수 구하기

① 일의 자리, 십의 자리 순서로 계산하면서 각 자리에 알맞은 수를 예상하여 구합니다.
② 구한 수를 □ 안에 넣어 올림에 주의하여 계산하고 맞았는지 확인합니다.

15 □ 안에 알맞은 수를 써넣으세요.

$$
\begin{array}{r}
7\ 4\ 9 \\
\times\quad\ \square \\
\hline
\square\ 7\ 4\ 5
\end{array}
$$

16 □ 안에 알맞은 수를 써넣으세요.

$$
\begin{array}{r}
\square\ 8 \\
\times\quad 4\ 0 \\
\hline
\square\ 3\ 2\ 0
\end{array}
$$

17 ㉠과 ㉡에 알맞은 수의 합을 구하세요.

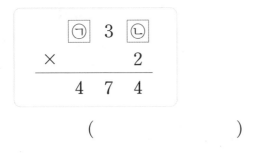

$$
\begin{array}{r}
㉠\ 3\ ㉡ \\
\times\quad\quad 2 \\
\hline
4\ 7\ 4
\end{array}
$$

( )

응용 유형 6 곱의 크기를 비교하여 □ 안에 들어갈 수 있는 수 구하기

① 곱셈을 합니다.
② □가 있는 곱의 크기를 비교합니다.
③ □ 안에 수를 차례로 넣어 만족하는 수를 구합니다.

18 1부터 9까지의 한 자리 수 중에서 □ 안에 들어갈 수 있는 수를 모두 구하세요.

$$237 \times \square < 952$$

( )

19 1부터 9까지의 한 자리 수 중에서 □ 안에 들어갈 수 있는 수를 모두 구하세요.

$$\square \times 68 < 18 \times 15$$

( )

20 1부터 9까지의 한 자리 수 중에서 □ 안에 들어갈 수 있는 수는 모두 몇 개일까요?

$$\square \times 89 < 23 \times 20$$

( )

응용 유형 7　약속한 방법으로 계산하기

- 앞의 수를 ㉠, 뒤의 수를 ㉡으로 생각하여 수를 넣어 계산합니다.

21 ㉠★㉡을 보기와 같이 계산할 때 40★21을 계산하세요.

> **보기**
> ㉠＋㉡＝㉢, ㉠－㉡＝㉣일 때
> ㉠★㉡＝㉢×㉣입니다.

(　　　　　　　　)

22 ㉠●㉡을 보기와 같이 계산할 때 24●29를 계산하세요.

> **보기**
> ㉡－㉠＝㉢, ㉠＋㉡＝㉣일 때
> ㉠●㉡＝㉢×㉣입니다.

(　　　　　　　　)

23 ㉠▲㉡을 보기와 같이 계산할 때 21▲53을 계산하세요.

> **보기**
> ㉠＋㉡＝㉢, ㉡－㉠＝㉣일 때
> ㉠▲㉡＝㉢×㉣입니다.

(　　　　　　　　)

응용 유형 8　수 카드를 사용하여 계산 결과가 가장 큰 곱셈식 만들기

- (몇십몇)×(몇십몇)에서
  ① 곱이 가장 큰 경우 : ㉠, ㉢이 ㉡, ㉣보다 크고 ㉠＞㉢, ㉡＜㉣이어야 합니다.
  ② 곱이 가장 작은 경우 : ㉠, ㉢이 ㉡, ㉣보다 작고 ㉠＜㉢, ㉡＜㉣이어야 합니다.

$$\begin{array}{r} ㉠㉡ \\ \times\ ㉢㉣ \end{array}$$

24 수 카드 2 , 8 , 4 , 6 을 한 번씩만 사용하여 계산 결과가 가장 큰 곱셈식을 만들고 그 곱을 구하세요.

(　　　　　　　　)

25 수 카드 3 , 5 , 7 , 4 를 한 번씩만 사용하여 계산 결과가 가장 큰 곱셈식을 만들고 그 곱을 구하세요.

☐☐ × ☐☐

(　　　　　　　　)

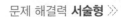

3 STEP 서술형의 힘

문제 해결력 **서술형** 》

1-1 정사각형 모양 액자의 네 변의 길이의 합은 몇 cm 몇 mm일까요?

163 mm

(1) 네 변의 길이의 합은 몇 mm일까요?

( )

(2) 네 변의 길이의 합은 몇 cm 몇 mm일까요?

( )

바로 쓰는 **서술형** 》

1-2 정사각형의 네 변의 길이의 합은 몇 cm 몇 mm인지 풀이 과정을 쓰고 답을 구하세요. [5점]

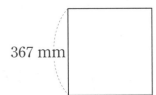

367 mm

풀이

답 _____

문제 해결력 **서술형** 》

2-1 수영이와 성주가 1월 동안 매일 하루에 한 훌라후프 횟수입니다. 두 사람이 1월에 한 훌라후프 횟수는 모두 몇 번일까요?

수영	성주
52번	23번

(1) 수영이와 성주가 하루에 한 훌라후프 횟수는 모두 몇 번일까요?

( )

(2) 1월은 며칠일까요?

( )

(3) 두 사람이 1월에 한 훌라후프 횟수는 모두 몇 번일까요?

( )

바로 쓰는 **서술형** 》

2-2 하루에 줄넘기를 인혜는 47번씩, 수호는 51번씩 매일 합니다. 인혜와 수호가 6월 한 달 동안 한 줄넘기 횟수는 모두 몇 번인지 풀이 과정을 쓰고 답을 구하세요. [5점]

풀이

답 _____

문제 해결력 **서술형** ≫

3-1 4개의 공 중에서 2개를 골라 만들 수 있는 두 자리 수 중 가장 큰 두 자리 수와 가장 작은 두 자리 수의 곱을 구하세요.

(1) 가장 큰 두 자리 수는 얼마일까요?

(   )

(2) 가장 작은 두 자리 수는 얼마일까요?

(   )

(3) 가장 큰 두 자리 수와 가장 작은 두 자리 수의 곱을 구하세요.

(   )

문제 해결력 **서술형** ≫

4-1 통나무를 한 번 자르는 데 14분이 걸립니다. 24도막으로 자르는 데 걸리는 시간은 몇 시간 몇 분일까요?

(1) 통나무를 몇 번 잘라야 24도막이 될까요?

(   )

(2) 통나무를 24도막으로 자르는 데 걸리는 시간은 몇 분일까요?

(   )

(3) 통나무를 24도막으로 자르는 데 걸리는 시간은 몇 시간 몇 분일까요?

(   )

바로 쓰는 **서술형** ≫

3-2 4장의 수 카드 5 , 7 , 3 , 9 중에서 2장을 골라 만들 수 있는 두 자리 수 중 가장 큰 두 자리 수와 가장 작은 두 자리 수의 곱을 구하는 풀이 과정을 쓰고 답을 구하세요. [5점]

풀이

답 _____

바로 쓰는 **서술형** ≫

4-2 통나무를 한 번 자르는 데 21분이 걸립니다. 통나무를 37도막으로 자르는 데 걸리는 시간은 몇 시간 몇 분인지 풀이 과정을 쓰고 답을 구하세요. [5점]

풀이

답 _____

1 단원

곱셈

1 그림을 보고 □ 안에 알맞은 수를 써넣으세요.

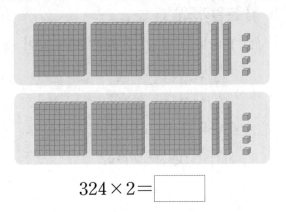

$$324 \times 2 = \boxed{}$$

2 □ 안에 알맞은 수를 써넣으세요.

$$90 \times 30 = 90 \times 3 \times 10$$
$$= 270 \times \boxed{}$$
$$= \boxed{}$$

3 계산해 보세요.

$$127 \times 3$$

( )

4 빈칸에 알맞은 수를 써넣으세요.

```
      ×78
   ┌──────┐
   │  2   │ →  [    ]
   └──────┘
```

5 보기와 같이 계산해 보세요.

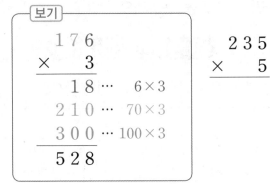

보기

$$\begin{array}{r} 176 \\ \times\ \ \ 3 \\ \hline 18 \quad \cdots\ 6\times3 \\ 210 \quad \cdots\ 70\times3 \\ 300 \quad \cdots\ 100\times3 \\ \hline 528 \end{array}$$

$$\begin{array}{r} 235 \\ \times\ \ \ 5 \\ \hline \end{array}$$

6 462 × 2의 곱이 쓰여 있는 카드를 들고 있는 사람은 누구인지 이름을 쓰세요.

824 924

지욱 혜리

( )

7 덧셈식을 곱셈식으로 나타내어 계산하세요.

$$642 + 642 + 642$$

식 $\boxed{} \times \boxed{} = \boxed{}$

8 바르게 계산한 것을 찾아 기호를 쓰세요.

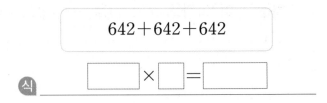

$\bigcirc\ 504 \times 6 = 3240$
$\bigcirc\ 931 \times 4 = 3724$

( )

9 다음이 나타내는 수를 구하세요.

27을 60번 더한 수

(　　　　　　)

10 <u>잘못된</u> 부분을 찾아 바르게 계산해 보세요.

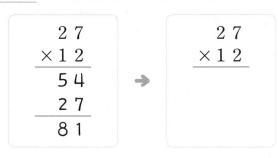

11 도화지가 한 장에 70원입니다. 도화지 30장을 사는 데 필요한 돈은 얼마일까요?

식 _____

답 _____

12 계산 결과를 비교하여 ○ 안에 >, =, <를 알맞게 써넣으세요.

17 × 21 ◯ 400

13 계산 결과를 찾아 선으로 이어 보세요.

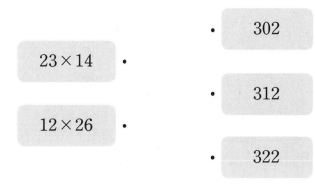

14 귤이 한 상자에 27개씩 들어 있습니다. 29상자에 들어 있는 귤은 모두 몇 개일까요?

식 _____

답 _____

15 ㉠과 ㉡의 차를 구하세요.

㉠ 34 × 45 　　㉡ 23 × 42

(　　　　　　)

16 □ 안에 알맞은 수를 써넣으세요.

$$
\begin{array}{ccccc}
 & 3 & 1 & \boxed{} \\
\times & & & 4 \\
\hline
1 & 2 & 7 & 2 \\
\end{array}
$$

17 계산 결과가 작은 순서대로 기호를 쓰세요.

> ㉠ 681 × 6   ㉡ 80 × 50
> ㉢ 92 × 46   ㉣ 54 × 70

(   )

18 □ 안에 들어갈 수 있는 수 중에서 가장 큰 수를 구하세요.

> 52 × □ < 3150

(   )

서술형

19 한 상자에 136개씩 들어 있는 클립 4상자와 한 상자에 24개씩 들어 있는 지우개 30상자가 있습니다. 클립과 지우개는 모두 몇 개인지 풀이 과정을 쓰고 답을 구하세요.

풀이 _____

_____

_____

_____

답 _____

서술형

20 어느 자전거 공장에서 한 시간 동안 자전거를 16대씩 만듭니다. 이 공장에서 매일 하루에 8시간씩 자전거를 만든다면 일주일 동안 만드는 자전거는 모두 몇 대인지 풀이 과정을 쓰고 답을 구하세요.

풀이 _____

_____

_____

_____

_____

답 _____

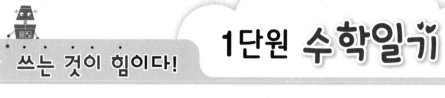

쓰는 것이 힘이다!

1단원 수학일기

월	일	요일	이름

☆ 1단원에서 배운 내용을 친구들에게 설명하듯이 써 봐요.

_____

_____

_____

_____

_____

_____

_____

_____

☆ 1단원에서 배운 내용이 실생활에서 어떻게 쓰이고 있는지 찾아 써 봐요.

_____

_____

_____

_____

_____

칭찬 & 격려해 주세요.

➜ QR코드를 찍으면
예시 답안을 볼 수
있어요.

2 나눗셈

개념 카툰 ① (몇십)÷(몇)

옛날 옛날에 늑대 부부의 손에서 자라게 된 모글리라는 인간 소년이 있었어요.

모글리는 늑대들의 성질을 배우고,

늑대들과 함께 먹고 생활하였습니다.

아빠가 열매를 60개 따왔어.

와아!

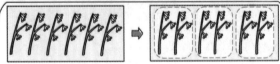

$$60 \div 3 = 20(개)$$

열매를 각각 20개씩 먹으면 돼요. 저…… 사람 같죠?

여태까지 키워 줬는데…….

개념 카툰 ② 나머지가 없는 (몇십몇)÷(몇)

여보, 소문 들었어요? 한동안 안 보였던 폭군 호랑이가 다시 나타났대요.

진짜?

그 호랑이 때문에 마을에 살던 여우 48마리가 전부 사라졌지.

잡아먹힌 거예요?

아니, 4무리로 나눠서 전부 도망갔단다.

12마리씩 무리지어 달아났네요.

$$\begin{array}{r} 12 \\ 4\overline{)48} \\ 4 \\ \hline 8 \\ 8 \\ \hline 0 \end{array}$$

그 호랑이는 특히 인간을 싫어한다니 조심하거라.

너!

이미 배운 내용

이번에 배우는 내용

앞으로 배울 내용

[3-1] 3. 나눗셈

✓ (몇십)÷(몇)
✓ (몇십몇)÷(몇)
✓ (세 자리 수)÷(한 자리 수)
✓ 맞게 계산했는지 확인하기

[4-1] 3. 곱셈과 나눗셈

개념 카툰 ③ 나머지가 있는 (몇십몇)÷(몇)

인간들이 사는 마을로 떠나는 모글리와 동물들 앞에 갑자기 폭군 호랑이가 나타났어요!

어흥~~!!

으아악!!

호랑이는 무시무시한 목소리로 말했어요.

떡 하나 주면 안 잡아먹지.

엉?

동물들이 당황해서 우물쭈물하는 사이에 잡아 먹 ······.

다행이다. 나한테 떡이 모두 35개 있어!

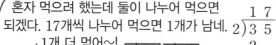

혼자 먹으려 했는데 둘이 나누어 먹으면 되겠다. 17개씩 나누어 먹으면 1개가 남네. 1개 더 먹어~!

$$2 \overline{)\ 3\ 5} \\ \underline{2} \\ 1\ 5 \\ \underline{1\ 4} \\ 1$$

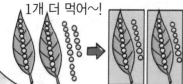

쏙!

개념 카툰 ④ (세 자리 수)÷(한 자리 수)

흐음~

떡을 달라고 해서 줬는데 왜 저래?

아!

고깃덩이도 있는데 그것도 나누어 줄까? 126개 있으니까 4로 나눠 보자.

31개씩 가지고 2개가 남네.

$$126 \div 4 \\ = 31 \cdots 2$$

약속은 약속이니 잡아먹지 못하겠군.

억울하지만 어쩔 수 없지. 흥!

개념의 힘

개념 1 (몇십)÷(몇)을 구해 볼까요 (1), (2) — • 내림이 없는 (몇십)÷(몇), 내림이 있는 (몇십)÷(몇)

1. 60÷2의 계산

(1) 수 모형으로 알아보기

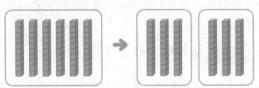

십 모형 6개를 2묶음으로 나누면 십 모형이 3개씩 나누어집니다.

$$6÷2=3 ➡ 60÷2=30$$

(2) 나눗셈식을 세로로 쓰기

나누는 수
$$60÷2=30 ➡ 2\overline{)6\ 0}$$ 몫
나누어지는 수

2. 30÷2의 계산

세로 형식으로 계산하는 방법을 알아보자!

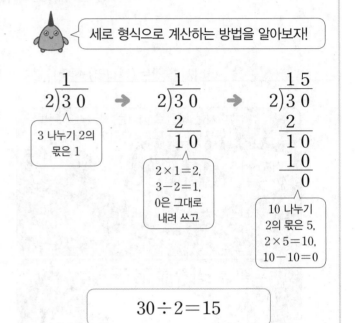

3 나누기 2의 몫은 1

$2×1=2,$
$3-2=1,$
0은 그대로 내려 쓰고

10 나누기 2의 몫은 5,
$2×5=10,$
$10-10=0$

$$30÷2=15$$

개념 확인하기

[1~2] 60÷3을 계산하려고 합니다. 수 모형을 보고 물음에 답하세요.

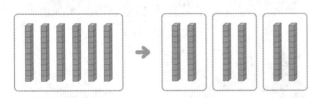

1 수 모형을 똑같이 3묶음으로 나누면 십 모형은 한 묶음에 몇 개씩 있을까요?

(   )

2 □ 안에 알맞은 수를 써넣으세요.

$$60÷3=\boxed{}$$

3 □ 안에 알맞은 수를 써넣으세요.

$$80÷2=40 ➡ \boxed{}\overline{)8\ 0}^{\boxed{}}$$

4 □ 안에 알맞은 수를 써넣으세요.

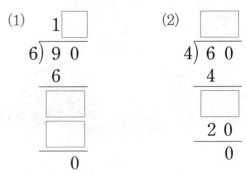

(1)
```
      1□
  6 ) 9 0
      6
    ┌──┐
    └──┘
    ┌──┐
    └──┘
      0
```

(2)
```
      □
  4 ) 6 0
      4
    ┌──┐
    └──┘
      2 0
        0
```

개념 다지기

1 수 모형을 보고 □ 안에 알맞은 수를 써넣으세요.

$$70 \div 2 = \boxed{}$$

2 □ 안에 알맞은 수를 써넣으세요.

(1)

$$60 \div 6 = 10 \quad \rightarrow \quad \boxed{} \,)\overline{6\ 0}$$

(2)

$$\begin{array}{r} 10 \\ 3\,)\overline{30} \end{array} \quad \rightarrow \quad \boxed{} \div \boxed{} = \boxed{}$$

3 계산이 잘못된 곳을 찾아 바르게 계산해 보세요.

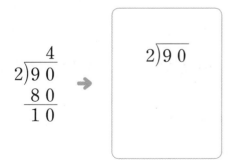

4 빈 곳에 나눗셈의 몫을 써넣으세요.

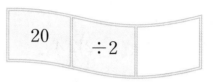

5 야구공 50개를 5개씩 묶고, □ 안에 알맞은 수를 써넣으세요.

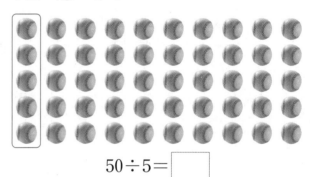

$$50 \div 5 = \boxed{}$$

6 큰 수를 작은 수로 나눈 몫을 구하세요.

(　　　　　　　　　　)

7 귤 80개를 5명에게 똑같이 나누어 주려고 합니다. 귤을 한 명에게 몇 개씩 줄 수 있을까요?

식 _____

답 _____

개념 **2** (몇십몇)÷(몇)을 구해 볼까요 (1), (2) → 나머지가 없는 (몇십몇)÷(몇), 나머지가 있는 (몇십몇)÷(몇)

1. 24÷2의 계산

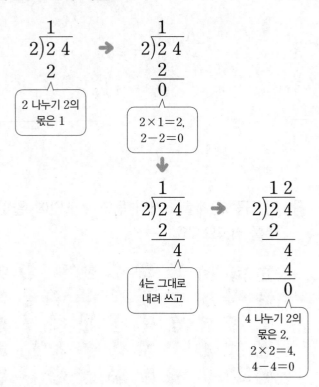

2 나누기 2의 몫은 1

2×1=2, 2−2=0

4는 그대로 내려 쓰고

4 나누기 2의 몫은 2, 2×2=4, 4−4=0

2. 몫과 나머지 알아보기

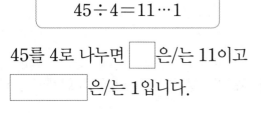

57을 5로 나누면 **몫**은 11이고 2가 남습니다. 이때 2를 57÷5의 **나머지**라고 합니다.

$$57 \div 5 = 11 \cdots 2$$

3. 나머지가 0인 나눗셈

나머지가 없으면 **나머지**가 0이라고 말할 수 있습니다. 나머지가 0일 때, **나누어떨어진다**고 합니다.

개념 확인하기

1 수 모형을 보고 □ 안에 알맞은 수를 써넣으세요.

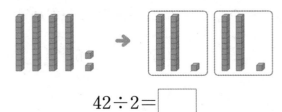

42÷2=□

2 □ 안에 알맞은 수를 써넣으세요.

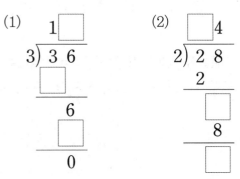

(1)
```
    1 □
3) 3 6
   □
   ─────
    6
   □
   ─────
    0
```

(2)
```
    □ 4
2) 2 8
   2
   ─────
   □
    8
   ─────
   □
```

3 나눗셈식을 보고 □ 안에 알맞은 말을 써넣으세요.

$$45 \div 4 = 11 \cdots 1$$

45를 4로 나누면 □은/는 11이고 □은/는 1입니다.

4 계산을 하고, 몫과 나머지를 각각 구하세요.

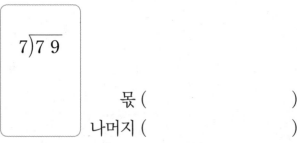

```
7) 7 9
```

몫 (   )

나머지 (   )

개념 다지기

1 오른쪽 나눗셈식을 보고 □ 안에 알맞게 써넣으세요.

$$4)\overline{48}$$ 몫 12, 4, 8, 8, 0

(1) 48÷4의 몫은 □ 이고 나머지는 □ 입니다.

(2) 48÷4와 같이 나머지가 0일 때,

☐ 고 합니다.

2 82÷2의 몫에 ○표 하세요.

31	40	41
(　　)	(　　)	(　　)

3 □ 안에 나눗셈의 몫과 나머지를 써넣으세요.

$$\boxed{} \cdots \boxed{}$$
$$3)\overline{37}$$

4 나눗셈을 하여 몫은 □ 안에, 나머지는 ○ 안에 써넣으세요.

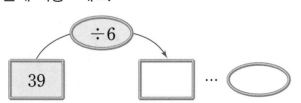

5 나눗셈의 몫을 찾아 선으로 이어 보세요.

66÷3 •

46÷2 •

• 22

• 21

• 23

6 나머지가 더 큰 것을 찾아 기호를 쓰세요.

㉠ 17÷3	㉡ 29÷5

(　　　　　　)

7 국화 39송이를 3명에게 똑같이 나누어 주려고 합니다. 국화를 한 명에게 몇 송이씩 줄 수 있을까요?

식 _____

답 _____

2단원

나눗셈

개념 3 (몇십몇)÷(몇)을 구해 볼까요 (3), (4) ── 내림이 있고 나머지가 없는 (몇십몇)÷(몇),
내림이 있고 나머지가 있는 (몇십몇)÷(몇)

1. 34÷2의 계산

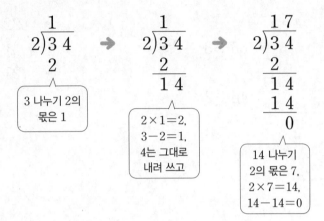

3 나누기 2의 몫은 1

2×1=2, 3−2=1, 4는 그대로 내려 쓰고

14 나누기 2의 몫은 7, 2×7=14, 14−14=0

2. 56÷3의 계산

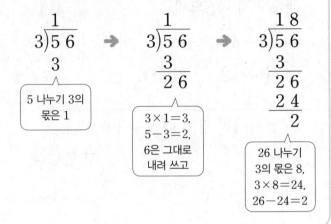

5 나누기 3의 몫은 1

3×1=3, 5−3=2, 6은 그대로 내려 쓰고

26 나누기 3의 몫은 8, 3×8=24, 26−24=2

개념 확인하기

1 □ 안에 알맞은 수를 써넣으세요.

(1)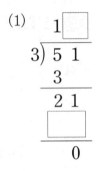

(2)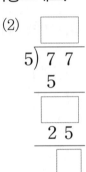

2 계산해 보세요.

(1)
$2 \overline{)3\ 6}$

(2)
$3 \overline{)4\ 7}$

(3)
$4 \overline{)5\ 6}$

(4)
$6 \overline{)7\ 1}$

3 계산해 보세요.

(1) 42÷3　　　　(2) 51÷4

4 나눗셈의 몫을 구하세요.

$$91÷7$$

(　　　　　　　)

5 빈칸에 나눗셈의 몫을 써넣으세요.

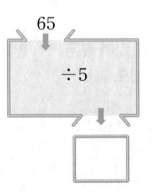

65

÷5

개념 다지기

1 □ 안에 알맞은 수를 써넣으세요.

(1)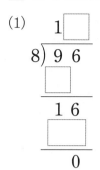

(2)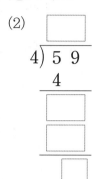

2 나눗셈의 몫과 나머지를 각각 구하세요.

$$39 \div 2$$

몫 (   )

나머지 (   )

3 빈 곳에 나눗셈의 몫을 써넣으세요.

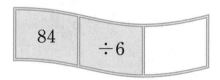

4 몫을 바르게 구한 것을 찾아 기호를 쓰세요.

ㄱ 84÷7=13   ㄴ 95÷5=19

(   )

5 계산이 잘못된 곳을 찾아 바르게 계산해 보세요.

```
    1 4
  3)4 6
    3
    1 6
    1 2
      4
```
→

6 다음 나눗셈에 대해 바르게 설명한 것을 찾아 기호를 쓰세요.

$$49 \div 3$$

ㄱ 몫은 10보다 큽니다.
ㄴ 나머지는 3보다 큽니다.
ㄷ 나머지는 0이므로 나누어떨어집니다.

(   )

7 메뚜기의 다리가 모두 72개입니다. 메뚜기는 몇 마리일까요?

내 다리는 6개예요.

식 _____

답 _____

유형 1 내림이 없는 (몇십)÷(몇)

□ 안에 알맞은 수를 써넣으세요.

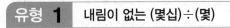

$90÷9=10$ ➡ $\boxed{})\,9\,0$

유형 코칭

· $60÷3$을 세로로 쓰기

$60÷3=20$ ➡ $3)\overset{2\ 0}{6\ 0}$

유형 2 내림이 있는 (몇십)÷(몇)

큰 수를 작은 수로 나눈 몫을 구하세요.

| 5 | 90 |

(   )

유형 코칭

· $60÷5$의 계산

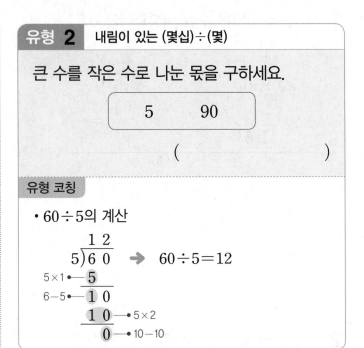

$60÷5=12$

1 빈 곳에 나눗셈의 몫을 써넣으세요.

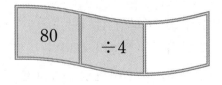

| 80 | ÷4 | |

4 계산해 보세요.

$90÷2$

2 크기를 비교하여 ○ 안에 >, =, <를 알맞게 써넣으세요.

$20\ \bigcirc\ 40÷2$

5 빈칸에 나눗셈의 몫을 써넣으세요.

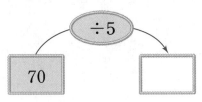

÷5

70 →

3 학생 70명이 운동장에 서 있습니다. 학생들이 한 줄에 7명씩 서면 몇 줄이 될까요?

식 _____

답 _____

6 바르게 계산한 것을 찾아 기호를 쓰세요.

| ㉠ $2)\overset{1\ 0}{3\ 0}$ | ㉡ $2)\overset{3\ 5}{7\ 0}$ |

(   )

7 나눗셈의 몫을 찾아 선으로 이어 보세요.

$60 \div 5$ •

$80 \div 5$ •

• 16

• 14

• 12

8 나눗셈의 몫이 <u>다른</u> 하나를 찾아 기호를 쓰세요.

ㄱ $60 \div 4$
ㄴ $90 \div 6$
ㄷ $50 \div 2$

(　　　　　)

9 비커 90개를 5상자에 똑같이 나누어 담으려고 합니다. 비커를 한 상자에 몇 개씩 담아야 할까요?

식 _____

답 _____

유형 3　나머지가 없는 (몇십몇)÷(몇)

나눗셈의 몫을 구하세요.

$$42 \div 2$$

(　　　　　　　)

유형 코칭

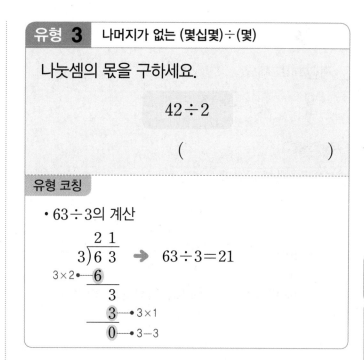

• $63 \div 3$의 계산

$$\begin{array}{r} 2\,1 \\ 3\,\overline{)6\,3} \end{array}$$ ➡ $63 \div 3 = 21$

3×2 → 6

3

3 → 3×1

0 → $3 - 3$

10 몫을 바르게 구한 것에 ○표 하세요.

$24 \div 2 = 8$	$24 \div 2 = 12$
(　　)	(　　)

11 몫이 <u>다른</u> 하나를 찾아 기호를 쓰세요.

ㄱ $77 \div 7$　ㄴ $48 \div 4$　ㄷ $99 \div 9$

(　　　　　)

12 연필 28자루를 한 명에게 2자루씩 나누어 주려고 합니다. 연필을 몇 명에게 나누어 줄 수 있을까요?

식 _____

답 _____

2 단원

나눗셈

유형 4 나머지가 있는 (몇십몇)÷(몇)

계산해 보세요.

$$57 \div 5 = \boxed{} \cdots \boxed{}$$

유형 코칭

(1) $45 \div 4 = 11 \cdots 1$
　　　　　　　↑　　↑
　　　　　　　몫　나머지

(2) $44 \div 4$의 몫은 11이고 나머지는 없습니다.
나머지가 없으면 나머지가 0이라고 말할 수 있습니다.
나머지가 0일 때, 나누어떨어진다고 합니다.

13 몫과 나머지를 각각 구하세요.

$$43 \div 7$$

몫 (　　　　　　　　　)
나머지 (　　　　　　　　)

14 $67 \div 6$의 계산에서 잘못된 부분을 찾아 바르게 고쳐 보세요.

$$\begin{array}{r} 1\,0 \\ 6\,)\overline{6\,7} \\ \underline{6} \\ 7 \end{array}$$　→　$6\,)\overline{6\,7}$

15 나머지가 4가 될 수 없는 식을 찾아 기호를 쓰세요.

㉠ □÷4　　　㉡ □÷5

(　　　　　　　　　　　)

16 나누어떨어지는 식에 ○표 하세요.

$46 \div 4$	$88 \div 2$
(　　　)	(　　　)

17 나눗셈의 나머지를 찾아 선으로 이어 보세요.

$23 \div 2$	$47 \div 4$

　•　　　　　　　•

•　　　　•　　　　•

2　　　　3　　　　1

18 땅콩 79개를 하루에 8개씩 먹으려고 합니다. 땅콩을 며칠 동안 먹을 수 있고 몇 개가 남는지 구하세요.

식 _____

답 _____, _____

유형 5 　내림이 있고 나머지가 없는 (몇십몇)÷(몇)

계산해 보세요.

$$65 \div 5$$

유형 코칭

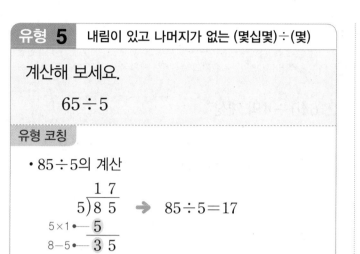

- $85 \div 5$의 계산

$$85 \div 5 = 17$$

$5 \times 1 \rightarrow 5$
$8 - 5 \rightarrow 3\ 5$
$3\ 5 \rightarrow 5 \times 7$
$0 \rightarrow 35 - 35$

유형 6 　내림이 있고 나머지가 있는 (몇십몇)÷(몇)

계산을 하여 □ 안에는 몫을, ○ 안에는 나머지를 써넣으세요.

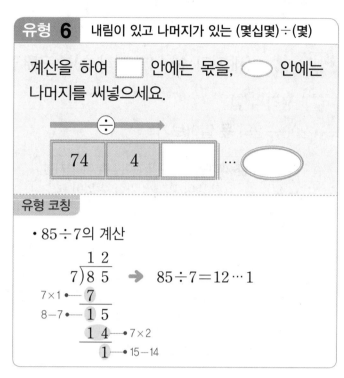

| 74 | 4 | | … ○ |

유형 코칭

- $85 \div 7$의 계산

$$85 \div 7 = 12 \cdots 1$$

$7 \times 1 \rightarrow 7$
$8 - 7 \rightarrow 1\ 5$
$1\ 4 \rightarrow 7 \times 2$
$1 \rightarrow 15 - 14$

---

19 빈 곳에 나눗셈의 몫을 써넣으세요.

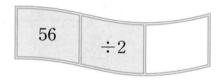

| 56 | ÷2 | |

---

22 계산해 보세요.

(1) $33 \div 2$ 　　　(2) $73 \div 5$

---

20 몫의 크기를 비교하여 ○ 안에 >, =, <를 알맞게 써넣으세요.

$$3 \overline{)5\ 4} \quad \bigcirc \quad 4 \overline{)6\ 4}$$

---

23 나머지가 더 큰 식에 ○표 하세요.

| $43 \div 3$ | $92 \div 5$ |
| (　) | (　) |

---

21 책 72권을 책꽂이 4칸에 똑같이 나누어 꽂으려고 합니다. 책을 한 칸에 몇 권씩 꽂아야 할까요?

식 _____

답 _____

---

24 초콜릿 88개를 상자 한 개에 5개씩 담았더니 3개가 남았습니다. 초콜릿을 담은 상자는 몇 개일까요?

식 _____

답 _____

2
단원

나눗셈

개념 4 (세 자리 수)÷(한 자리 수)를 구해 볼까요 (1) ── ● 나머지가 없는 (세 자리 수)÷(한 자리 수)

💡 생각의 힘

· 200÷2의 몫 알아보기

풀 20개를 2명이 똑같이 나누어 가지면 한 명이 10개씩 가질 수 있어.

풀 200개를 2명이 똑같이 나누어 가지면 한 명이 100개씩 가질 수 있겠구나.

➜ $200÷2=100$

(세 자리 수)÷(한 자리 수)의 계산은 백의 자리부터 순서대로 계산합니다.

1. 200÷2의 계산

$$
\begin{array}{r} 1 \\ 2\overline{)200} \\ 2 \\ \hline 0 \end{array}
\rightarrow
\begin{array}{r} 10 \\ 2\overline{)200} \\ 2 \\ \hline 0 \end{array}
\rightarrow
\begin{array}{r} 100 \\ 2\overline{)200} \\ 2 \\ \hline 0 \end{array}
$$

2 나누기 2의 몫은 1, $2×1=2$, $2-2=0$

0은 그대로 내려 쓰기

0은 그대로 내려 쓰기

2. 640÷4의 계산

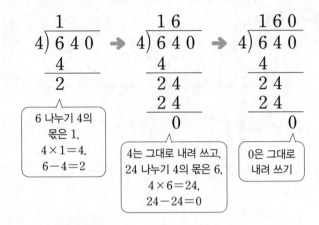

6 나누기 4의 몫은 1, $4×1=4$, $6-4=2$

4는 그대로 내려 쓰고, 24 나누기 4의 몫은 6, $4×6=24$, $24-24=0$

0은 그대로 내려 쓰기

3. 195÷5의 계산

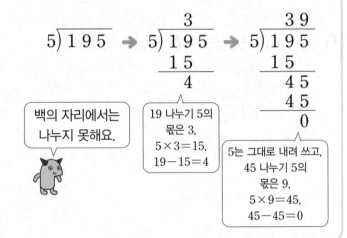

백의 자리에서는 나누지 못해요.

19 나누기 5의 몫은 3, $5×3=15$, $19-15=4$

5는 그대로 내려 쓰고, 45 나누기 5의 몫은 9, $5×9=45$, $45-45=0$

개념 확인하기

1 ☐ 안에 알맞은 수를 써넣으세요.

(1)
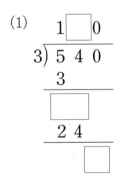

(2)
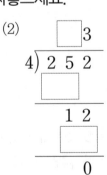

2 계산해 보세요.

$$400÷2$$

3 계산해 보세요.

(1)
$$2\overline{)540}$$

(2)
$$7\overline{)651}$$

4 빈칸에 나눗셈의 몫을 써넣으세요.

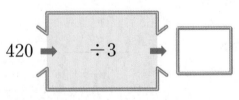

420 ➜ ÷3 ➜ ☐

개념 다지기

1 520÷4의 몫을 찾아 ◯표 하세요.

| 110 | 13 | 130 |

2 계산해 보세요.

(1)　800÷4

　　　　　　　(　　　　　　　)

(2)　360÷2

　　　　　　　(　　　　　　　)

3 계산이 잘못된 곳을 찾아 바르게 계산해 보세요.

```
      1 9 9
   3 ) 7 6 2
      3
      4 6
      2 7
      1 9 2
        2 7
      1 6 5
```

→

```
   3 ) 7 6 2
```

4 몫을 바르게 구한 것을 찾아 기호를 쓰세요.

ㄱ 380÷5＝72
ㄴ 534÷3＝178

(　　　　　　　　　　　)

5 크기를 비교하여 ◯ 안에 ＞, ＝, ＜를 알맞게 써넣으세요.

200 ◯ 714÷3

6 325÷5와 계산 결과가 같은 것을 찾아 ◯표 하세요.

| 260÷4 | 441÷7 |

(　　　) 　　　(　　　)

7 장미 160송이를 4명에게 똑같이 나누어 주려고 합니다. 장미를 한 명에게 몇 송이씩 줄 수 있을까요?

식 _____

답 _____

2 단원

나눗셈

2. 나눗셈 • **51**

개념 5 **(세 자리 수)÷(한 자리 수)를 구해 볼까요** (2) — 나머지가 있는 (세 자리 수)÷(한 자리 수)

1. 205÷2의 계산

$$
\begin{array}{r} 1 \\ 2\overline{)205} \\ 2 \\ \hline 0 \end{array}
\rightarrow
\begin{array}{r} 10 \\ 2\overline{)205} \\ 2 \\ \hline 0 \end{array}
\rightarrow
\begin{array}{r} 102 \\ 2\overline{)205} \\ 2 \\ \hline 5 \\ 4 \\ \hline 1 \end{array}
$$

> 2 나누기 2의 몫은 1, 2×1=2, 2−2=0

> 0은 그대로 내려 쓰기

> 5는 그대로 내려 쓰고, 5 나누기 2의 몫은 2, 2×2=4, 5−4=1

 백의 자리에서 2를 2로 나누고, 십의 자리에서는 나눌 수 없으므로 일의 자리 5를 2로 나누었더니 1이 남아.

2. 154÷3의 계산

$$
\begin{array}{r} \\ 3\overline{)154} \end{array}
\rightarrow
\begin{array}{r} 5 \\ 3\overline{)154} \\ 15 \\ \hline 0 \end{array}
\rightarrow
\begin{array}{r} 51 \\ 3\overline{)154} \\ 15 \\ \hline 4 \\ 3 \\ \hline 1 \end{array}
$$

백의 자리에서는 나누지 못합니다.

3. 265÷3의 계산

$$
\begin{array}{r} \\ 3\overline{)265} \end{array}
\rightarrow
\begin{array}{r} 8 \\ 3\overline{)265} \\ 24 \\ \hline 2 \end{array}
\rightarrow
\begin{array}{r} 88 \\ 3\overline{)265} \\ 24 \\ \hline 25 \\ 24 \\ \hline 1 \end{array}
$$

백의 자리에서는 나누지 못합니다.

개념 확인하기

1 405÷4를 계산할 때 가장 먼저 계산해야 하는 식을 찾아 기호를 쓰세요.

> ㉠ 400÷4   ㉡ 5÷4

( )

2 □ 안에 알맞은 수를 써넣으세요.

$$
\begin{array}{r} 4\overline{)167} \end{array}
\rightarrow
\begin{array}{r} \square \\ 4\overline{)167} \\ \square \\ \hline 0 \end{array}
\rightarrow
\begin{array}{r} \square\square \\ 4\overline{)167} \\ 16 \\ \hline 7 \\ \square \\ \hline \square \end{array}
$$

3 계산해 보세요.

(1) $7\overline{)708}$ (2) $5\overline{)256}$

(3) 703÷6   (4) 532÷8

4 몫과 나머지를 각각 구하세요.

> 436÷6

몫 ( )

나머지 ( )

개념 다지기

1 □ 안에 알맞은 수를 써넣으세요.

(1)
```
      □
 2) 1 2 5
    1 2
    ───
      □
      4
    ───
      □
```

(2)
```
    1 □ 2
 4) 7 6 9
    □
    ───
    3 6
    □
    ───
      9
      □
    ───
      1
```

2 308÷3의 몫과 나머지를 찾아 선으로 이어 보세요.

몫   나머지
•   •

•   •   •   •
12   102   1   2

3 ㉠과 ㉡에 알맞은 수를 각각 구하세요.

157÷3=㉠···㉡

㉠ (   )

㉡ (   )

4 나눗셈의 몫과 나머지의 합을 구하세요.

608÷3

(   )

5 나눗셈의 몫이 64인 것에 색칠하세요.

| 381÷6 | 322÷5 |

6 나머지가 더 작은 것을 찾아 기호를 쓰세요.

㉠ 955÷8   ㉡ 956÷7

(   )

7 쿠키 536개를 한 명에게 6개씩 나누어 주려고 합니다. 쿠키를 6개씩 몇 명에게 나누어 줄 수 있고 몇 개가 남는지 구하세요.

식 _____

답 _____ , _____

개념 6 맞게 계산했는지 확인해 볼까요

 생각의 힘

사탕 17개를 5개씩 묶으면 3묶음이고, 2개가 남습니다.

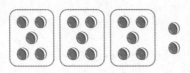

$$17 \div 5 = 3 \cdots 2$$

 사탕을 5개씩 묶으면 3묶음이니까 $5 \times 3 = 15$(개)

15개에 나머지 2개를 더하면 $15 + 2 = 17$(개)!

1. 맞게 계산했는지 확인하기

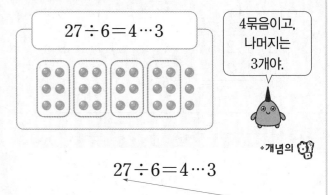

$$27 \div 6 = 4 \cdots 3$$

4묶음이고, 나머지는 3개야.

÷개념의 힘

$$27 \div 6 = 4 \cdots 3$$

확인 $6 \times 4 = 24$ ➡ $24 + 3 = 27$

나누는 수와 몫의 곱에 나머지를 더하면 나누어지는 수가 되어야 합니다.

개념 확인하기

[1~3] 나눗셈식 $25 \div 4 = 6 \cdots 2$가 맞게 계산한 식인지 확인하려고 합니다. 물음에 답하세요.

1 고구마를 4개씩 묶어 보세요.

2 위 **1**에서 4개씩 묶으면 남는 고구마는 몇 개일까요?

( )

3 나눗셈식 $25 \div 4 = 6 \cdots 2$가 맞게 계산한 식인지 예, 아니요를 쓰세요.

( )

4 ☐ 안에 알맞은 수를 써넣으세요.

$$17 \div 2 = 8 \cdots 1$$

확인 $2 \times 8 = $ ☐ ➡ ☐ $+ 1 = $ ☐

[5~6] $65 \div 7$을 계산하고 맞게 계산했는지 확인하려고 합니다. 물음에 답하세요.

5 ☐ 안에 알맞은 수를 써넣으세요.

$$\begin{array}{r} 9 \\ 7{\overline{\smash{\big)}\,6\,5}} \\ \underline{6\,3} \\ 2 \end{array}$$ ➡ $65 \div 7 = $ ☐ $\cdots$ ☐

6 위 **5**에서 맞게 계산했는지 확인하려고 합니다. ☐ 안에 알맞은 수를 써넣으세요.

$$65 \div 7 = $$ ☐ $\cdots$ ☐

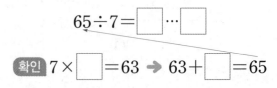

확인 $7 \times $ ☐ $= 63$ ➡ $63 + $ ☐ $= 65$

개념 다지기

1 나눗셈을 맞게 계산했는지 확인하려고 합니다. ㉠과 ㉡에 알맞은 수를 각각 구하세요.

$$46 \div 8 = 5 \cdots 6$$

확인 $8 \times ㉠ = 40 \Rightarrow 40 + ㉡ = 46$

㉠ (   )

㉡ (   )

2 나눗셈을 맞게 계산했는지 확인하려고 합니다. □ 안에 알맞은 수를 써넣으세요.

(1) $29 \div 4 = \boxed{} \cdots \boxed{}$

확인 $4 \times \boxed{} = 28 \Rightarrow 28 + \boxed{} = \boxed{}$

(2) $151 \div 7 = \boxed{} \cdots \boxed{}$

확인 $7 \times 21 = \boxed{}$

$\Rightarrow \boxed{} + \boxed{} = 151$

3 혜리가 계산한 식이 맞는지 확인해 보고, 맞으면 ○표, 틀리면 ×표 하세요.

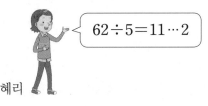

$62 \div 5 = 11 \cdots 2$

혜리

확인 $5 \times 11 = \boxed{} \Rightarrow \boxed{} + 2 = \boxed{}$

(   )

4 관계있는 것끼리 선으로 이어 보세요.

$73 \div 9$ •

$167 \div 9$ •

• $9 \times 8 = 72$
$\rightarrow 72 + 1 = 73$

• $9 \times 8 = 72$
$\rightarrow 72 + 9 = 81$

• $9 \times 18 = 162$
$\rightarrow 162 + 5 = 167$

2단원

나눗셈

[5~6] 어떤 수를 6으로 나누었더니 몫이 5, 나머지가 4가 되었습니다. 어떤 수는 얼마인지 구하려고 합니다. 물음에 답하세요.

5 어떤 수를 ■라 할 때 어떤 수를 구하는 것으로 옳은 것을 찾아 기호를 쓰세요.

㉠ $6 \times 4 = 24 \Rightarrow 24 + 5 = ■$

㉡ $6 \times 5 = 30 \Rightarrow 30 + 4 = ■$

(   )

6 어떤 수는 얼마일까요?

(   )

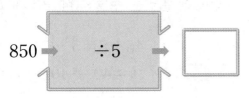

유형 **7**	나머지가 없는 (세 자리 수)÷(한 자리 수)

계산해 보세요.

(1) 360÷2

(2) 724÷4

유형 코칭

· 320÷2

```
    1 6 0
2 ) 3 2 0
    2
    1 2
    1 2
        0
```

· 520÷4

```
    1 3
4 ) 5 2 0
    4
    1 2
    1 2
        0
```

· 295÷5

```
      5 9
5 ) 2 9 5
    2 5
      4 5
      4 5
        0
```

1 ㉠과 ㉡에 알맞은 수를 각각 구하세요.

```
    ㉠ 0 0
2 ) 8 0 0
    8
      ㉡
```

㉠ (   ), ㉡ (   )

2 잘못 계산한 것을 찾아 △표 하세요.

```
      1 9
7 ) 8 1 2
    7
    1 1 2
      6 3
      4 9
```

```
      9 3
8 ) 7 4 4
    7 2
      2 4
      2 4
        0
```

(   )   (   )

3 빈칸에 나눗셈의 몫을 써넣으세요.

850 ➡ ÷5 ➡ ☐

4 나눗셈의 몫을 바르게 구한 것을 찾아 기호를 쓰세요.

기호	나눗셈식	몫
㉠	246÷6	41
㉡	198÷9	21

(   )

5 큰 수를 작은 수로 나눈 몫을 구하세요.

4	788

(   )

6 몫이 170인 것을 찾아 ○표 하세요.

350÷2	680÷4

(   )   (   )

7 ★에 알맞은 수를 구하세요.

$$5 \overline{)7\ 7\ 5} \quad 1\ ★\ 5$$

(   )

8 크기가 더 작은 것을 찾아 기호를 쓰세요.

| ㉠ 255 | ㉡ 750÷3 |

(   )

9 도화지 576장을 한 명에게 6장씩 나누어 주려고 합니다. 도화지를 몇 명에게 나누어 줄 수 있을까요?

식 _____

답 _____

10 인절미 522개를 봉지 한 개에 9개씩 담으려고 합니다. 봉지는 몇 개 필요할까요?

식 _____

답 _____

유형 8 나머지가 있는 (세 자리 수)÷(한 자리 수)

몫과 나머지를 각각 구하세요.

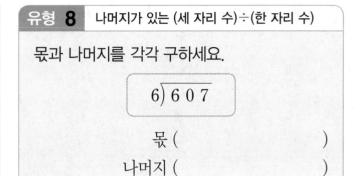

몫 (   )

나머지 (   )

유형 코칭

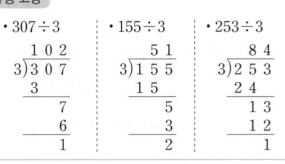

| · 307÷3 | · 155÷3 | · 253÷3 |

11 계산해 보세요.

$$391÷5$$

12 ㉠과 ㉡에 알맞은 수를 바르게 짝 지은 것을 찾아 ○표 하세요.

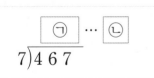

㉠	㉡		㉠	㉡
69	4		66	5

(   )   (   )

2. 나눗셈 • **57**

13 나눗셈의 몫과 나머지의 차를 구하세요.

$$706 \div 7$$

( )

14 계산을 바르게 한 것을 찾아 기호를 쓰세요.

㉠ $341 \div 2 = 17 \cdots 1$
㉡ $250 \div 6 = 41 \cdots 4$

( )

15 나눗셈의 나머지를 찾아 선으로 이어 보세요.

$218 \div 4$ •

$638 \div 5$ •

• 1

• 2

• 3

16 나머지가 더 큰 것을 찾아 기호를 쓰세요.

㉠ $488 \div 6$ ㉡ $367 \div 4$

( )

17 나눗셈을 하여 ☐ 안에는 몫을, ◯ 안에는 나머지를 써넣으세요.

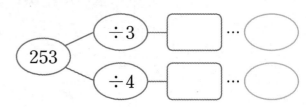

18 어떤 세 자리 수를 9로 나누었을 때 나머지가 될 수 <u>없는</u> 수에 ◯표 하세요.

| 1 | 9 | 7 |

19 대추 143개를 접시 한 개에 9개씩 놓으려고 합니다. 9개씩 놓을 수 있는 접시는 몇 개일까요?

식 _____

답 _____

융합형
20 고기 261조각을 꼬치 한 개에 7조각씩 꽂으려고 합니다. 7조각씩 꽂은 꼬치는 몇 개가 되고 남는 고기는 몇 조각인지 구하세요.

식 _____

답 _____, _____

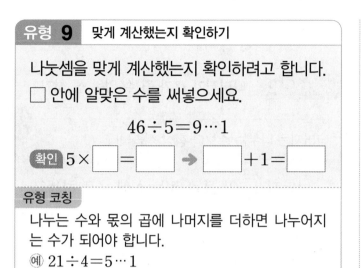

유형 9 맞게 계산했는지 확인하기

나눗셈을 맞게 계산했는지 확인하려고 합니다. □ 안에 알맞은 수를 써넣으세요.

$$46 \div 5 = 9 \cdots 1$$

확인 $5 \times \boxed{} = \boxed{}$ ➡ $\boxed{} + 1 = \boxed{}$

유형 코칭

나누는 수와 몫의 곱에 나머지를 더하면 나누어지는 수가 되어야 합니다.

(예) $21 \div 4 = 5 \cdots 1$

확인 $4 \times 5 = 20$ ➡ $20 + 1 = 21$

21 나눗셈을 맞게 계산했는지 바르게 확인한 것을 찾아 기호를 쓰세요.

$$86 \div 6 = 14 \cdots 2$$

㉠ $6 \times 14 = 84$ ➡ $84 + 86 = 170$
㉡ $6 \times 14 = 84$ ➡ $84 + 2 = 86$

（　　　　　　　）

22 맞게 계산했는지 확인해 보세요.

$$35 \div 4 = 8 \cdots 3$$

확인

_____　➡　_____

23 나눗셈을 하고, 맞게 계산했는지 확인해 보세요.

$$6 \overline{)7\,6}$$

확인

_____　➡　_____

24 ■에 알맞은 수를 구하세요.

$$■ \div 7 = 15 \cdots 4$$

（　　　　　　　）

25 나눗셈을 하고 맞게 계산했는지 확인한 식이 보기와 같습니다. 계산한 나눗셈식을 쓰고, 몫과 나머지를 각각 구하세요.

보기
$$8 \times 12 = 96 ➡ 96 + 3 = 99$$

나눗셈식 $\boxed{} \div \boxed{} = \boxed{} \cdots \boxed{}$

몫 （　　　　　　）, 나머지 （　　　　　　）

2 STEP 응용 유형의 힘

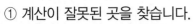

 응용 유형 1 잘못된 곳을 찾아 바르게 계산하기

① 계산이 잘못된 곳을 찾습니다.
② 바르게 계산합니다.

1 계산이 잘못된 곳을 찾아 바르게 계산해 보세요.

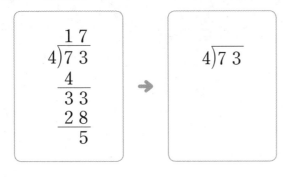

2 계산이 잘못된 곳을 찾아 바르게 계산해 보세요.

$$\begin{array}{r} 1\ 1 \\ 3\overline{)3\ 0\ 5} \\ 3 \\ \hline 5 \\ 3 \\ \hline 2 \end{array} \qquad \rightarrow \qquad 3\overline{)3\ 0\ 5}$$

3 몫을 잘못 구한 것을 찾아 기호를 쓰고, 바르게 계산한 몫을 구하세요.

$$\begin{array}{r} \text{㉠}\quad 1\ 4 \\ 6\overline{)8\ 4} \\ 6 \\ \hline 2\ 4 \\ 2\ 4 \\ \hline 0 \end{array} \qquad \begin{array}{r} \text{㉡}\quad 7\ 7 \\ 5\overline{)3\ 9\ 0} \\ 3\ 5 \\ \hline 4\ 0 \\ 3\ 5 \\ \hline 5 \end{array}$$

몫을 잘못 구한 것 (   )
바르게 계산한 몫 (   )

 응용 유형 2 나머지가 ■가 될 수 없는 식 찾기

나머지는 나누는 수보다 항상 작습니다.

4 나머지가 6이 될 수 없는 식에 ○표 하세요.

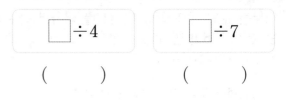

$$\boxed{\ \square \div 4\ } \qquad \boxed{\ \square \div 7\ }$$

(   )   (   )

5 나머지가 5가 될 수 없는 식에 ○표 하세요.

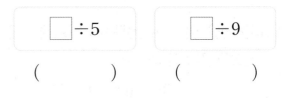

$$\boxed{\ \square \div 5\ } \qquad \boxed{\ \square \div 9\ }$$

(   )   (   )

6 □÷3의 나머지가 될 수 있는 수를 모두 찾아 ○표 하세요.

| 1 | 3 | 4 | 2 |

7 □÷8의 나머지가 될 수 있는 수를 모두 찾아 ○표 하세요.

| 9 | 6 | 8 | 5 |

응용 유형 **3**   몫을 구하여 크기 비교하기

| 각각의 나눗셈의 몫 구하기 | → | 몫의 크기 비교하기 |

8 크기를 비교하여 ○ 안에 >, =, <를 알맞게 써넣으세요.

| 30 | ○ | 90÷3 |

9 크기를 비교하여 ○ 안에 >, =, <를 알맞게 써넣으세요.

| 80÷5 | ○ | 18 |

10 몫이 더 작은 것의 기호를 쓰세요.

| ㉠ 6)96   ㉡ 4)48 |

(   )

11 몫이 더 작은 것의 기호를 쓰세요.

| ㉠ 8)80   ㉡ 6)66 |

(   )

응용 유형 **4**   나눗셈 활용하기

① 덧셈을 이용하여 전체의 수를 구합니다.
② 알맞은 나눗셈식을 세웁니다.
③ 답을 구합니다.

12 초록색 색연필이 42자루, 빨간색 색연필이 54자루 있습니다. 이 색연필을 8명에게 색깔에 관계없이 똑같이 나누어 주려고 합니다. 색연필을 한 명에게 몇 자루씩 주면 될까요?

(   )

13 인절미가 38개, 송편이 52개 있습니다. 인절미와 송편을 섞어 접시 한 개에 6개씩 놓으려고 합니다. 접시는 몇 개 필요할까요?

(   )

14 운동장에 여학생 127명과 남학생 97명이 있습니다. 학생들이 한 줄에 7명씩 서면 모두 몇 줄이 될까요?

(   )

2
단원

나눗셈

응용 유형 5 어떤 수 구하기

나눗셈을 맞게 했는지 확인하는 식을 이용하여
어떤 수를 구합니다.
└●검산
(어떤 수)÷(나누는 수)=(몫)…(나머지)
➡ (어떤 수)=(나누는 수)×(몫)+(나머지)
예 (어떤 수)÷3=5…1
➡ (어떤 수)=3×5+1=16

15 어떤 수를 7로 나누었더니 몫이 3, 나머지가 4
가 되었습니다. 어떤 수는 얼마일까요?

( )

16 어떤 수를 5로 나누었더니 몫이 14, 나머지가
2가 되었습니다. 어떤 수는 얼마일까요?

( )

17 어떤 수를 8로 나누었더니 몫이 13, 나머지가
7이 되었습니다. 어떤 수는 얼마일까요?

( )

응용 유형 6 나누어떨어지게 하는 수 구하기

나머지가 없으면 나머지가 0이라고 말할 수 있습
니다.
나머지가 0일 때, 나누어떨어진다고 합니다.

18 1부터 9까지의 수 중 46을 나누어떨어지게 하
는 수를 모두 구하세요.

( )

19 1부터 9까지의 수 중 52를 나누어떨어지게 하
는 수를 모두 구하세요.

( )

20 1부터 9까지의 수 중 48을 나누어떨어지게 하
는 수를 모두 구하세요.

( )

응용 유형 7 □ 안에 알맞은 수 구하기

⑴ 나누어지는 수의 가장 높은 자리의 수부터 차례로 생각합니다.

⑵ 내림이 있는지 없는지 확인하여 □ 안에 알맞은 수를 구합니다.

21 □ 안에 알맞은 수를 써넣으세요.

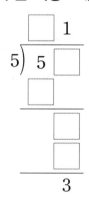

22 □ 안에 알맞은 수를 써넣으세요.

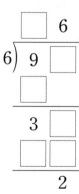

응용 유형 8 나머지가 가장 큰 나눗셈식 만들기

나머지가 가장 큰 나눗셈식을 만들려면 나누어떨어지는 수를 먼저 구한 후 그 수보다 1 작은 수를 구하면 됩니다.

23 다음 나눗셈식의 나머지가 가장 큰 경우 ■에 알맞은 수를 구하세요. (단, ■는 한 자리 수입니다.)

$$14■ \div 9$$

(   )

24 다음 나눗셈식의 나머지가 가장 큰 경우 ▲에 알맞은 수를 구하세요. (단, ▲는 한 자리 수입니다.)

$$21▲ \div 7$$

(   )

3 STEP 서술형의 힘

문제 해결력 **서술형** ≫

1-1 곶감이 100개 있습니다. 이중에서 28개를 옆집에 주고 남은 곶감을 하루에 3개씩 먹으려고 합니다. 남은 곶감을 며칠 동안 먹을 수 있을까요?

(1) 옆집에 주고 남은 곶감은 몇 개인지 구하세요.

( )

(2) 남은 곶감을 며칠 동안 먹을 수 있는지 구하세요.

( )

바로 쓰는 **서술형** ≫

1-2 젤리가 211개 있습니다. 이중에서 13개를 먹고 남은 젤리를 봉지 한 개에 9개씩 담아서 모두 포장하려고 합니다. 필요한 봉지는 몇 개인지 풀이 과정을 쓰고 답을 구하세요. [5점]

풀이

답 _____

문제 해결력 **서술형** ≫

2-1 색종이가 한 묶음에 10장씩 9묶음 있습니다. 이 색종이를 한 명에게 6장씩 나누어 준다면 몇 명까지 줄 수 있는지 구하세요.

(1) 색종이는 모두 몇 장인지 구하세요.

( )

(2) 색종이를 몇 명까지 줄 수 있는지 구하세요.

( )

바로 쓰는 **서술형** ≫

2-2 초콜릿이 한 상자에 6개씩 16상자 있습니다. 이 초콜릿을 한 명에게 3개씩 나누어 준다면 몇 명까지 줄 수 있는지 풀이 과정을 쓰고 답을 구하세요. [5점]

풀이

답 _____

문제 해결력 **서술형** ≫

3-1 길이가 80 m인 도로의 양쪽에 8 m 간격으로 처음부터 끝까지 가로등을 세우려고 합니다. 가로등은 모두 몇 개 필요할까요? (단, 가로등의 두께는 생각하지 않습니다.)

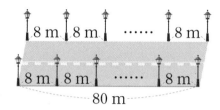

80 m

(1) 도로 한쪽에 가로등을 세우는 간격은 몇 군데일까요?

(   )

(2) 도로 한쪽에 세우는 가로등은 몇 개일까요?

(   )

(3) 도로 양쪽에 세우는 가로등은 몇 개일까요?

(   )

바로 쓰는 **서술형** ≫

3-2 길이가 76 m인 길의 양쪽에 4 m 간격으로 처음부터 끝까지 나무를 심으려고 합니다. 나무는 모두 몇 그루 필요한지 풀이 과정을 쓰고 답을 구하세요. (단, 나무의 두께는 생각하지 않습니다.) [5점]

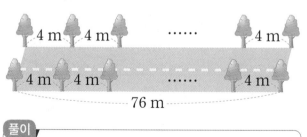

76 m

풀이

답 _____

문제 해결력 **서술형** ≫

4-1 4장의 수 카드 중 3장을 뽑아 한 번씩만 사용하여 (두 자리 수)÷(한 자리 수)의 나눗셈식을 만들려고 합니다. 몫이 가장 작은 경우의 몫과 나머지를 각각 구하세요.

| 2 | 7 | 9 | 3 |

(1) 3장을 뽑았을 때 만들 수 있는 가장 작은 두 자리 수와 가장 큰 한 자리 수를 쓰세요.

두 자리 수 (   )

한 자리 수 (   )

(2) 몫이 가장 작은 경우의 몫과 나머지를 각각 구하세요.

몫 (   )

나머지 (   )

바로 쓰는 **서술형** ≫

4-2 4장의 수 카드 중 3장을 뽑아 한 번씩만 사용하여 (두 자리 수)÷(한 자리 수)의 나눗셈식을 만들려고 합니다. 몫이 가장 작은 경우의 몫과 나머지를 구하는 풀이 과정을 쓰고 답을 구하세요. [5점]

| 9 | 6 | 1 | 8 |

풀이

답 몫: _____ , 나머지: _____

2 단원

나눗셈

1 그림을 보고 □ 안에 알맞은 수를 써넣으세요.

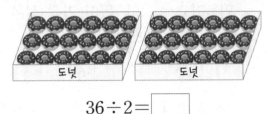

$$36 \div 2 = \boxed{}$$

2 나눗셈의 몫과 나머지를 각각 쓰세요.

```
    1 2
3 ) 3 8
    3
    8
    6
    2
```
몫 (   )
나머지 (   )

3 □ 안에 알맞은 수를 써넣으세요.

$$7 \overline{)70}^{\,10} \Rightarrow \boxed{} \div \boxed{} = \boxed{}$$

4 □ 안에 알맞은 수를 써넣으세요.

(1)
```
     □ 0 0
3 ) 6 0 0
    6
    0
```

(2)
```
        □
6 ) 4 8 6
    □
    6
    6
    □
```

5 잘못 계산한 것을 찾아 기호를 쓰세요.

$$\bigcirc\ 80 \div 4 = 2 \qquad \bigcirc\!\!\!\bigcirc\ 50 \div 5 = 10$$

(   )

6 계산이 잘못된 곳을 찾아 바르게 계산해 보세요.

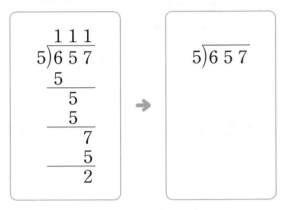

7 계산을 하여 몫은 □ 안에, 나머지는 ◯ 안에 써넣으세요.

```
476  →  ÷8  →  [   ] … (   )
```

8 몫이 15인 나눗셈식에 ◯표 하세요.

$80 \div 5$	$60 \div 4$
( )	( )

9 크기를 비교하여 ○ 안에 >, =, <를 알맞게 써넣으세요.

$$30 \bigcirc 93 \div 3$$

10 $74 \div 2$의 나눗셈을 할 때 가장 먼저 계산해야 하는 식을 고르세요. ·················· (   )

① $2 \div 7$ ② $4 \div 2$

③ $70 \div 2$ ④ $40 \div 2$

⑤ $20 \div 2$

11 □÷5에서 나머지가 될 수 있는 수에 ○표, 될 수 없는 수에 ×표 하세요.

6   4

12 80명이 승합차 한 대에 8명씩 타려고 합니다. 승합차는 몇 대 필요할까요?

식 _____

답 _____

13 나눗셈의 몫을 찾아 선으로 이어 보세요.

• 19

$76 \div 4$ •

• 20

$50 \div 2$ •

• 25

14 ●와 ◆의 차를 구하세요.

$$42 \div 2 = ●$$
$$219 \div 5 = 43 \cdots ◆$$

(   )

15 연필 113자루를 4명에게 똑같이 나누어 주었더니 1자루가 남았습니다. 연필을 한 명에게 몇 자루씩 주었을까요?

(   )

2. 나눗셈 • **67**

2 단원

나눗셈

16 나눗셈의 나머지에 해당하는 글자를 찾아 빈 칸에 알맞게 써넣으세요.

국	삼	지
4	3	1

69÷6	59÷5	34÷3

17 □ 안에 알맞은 수를 써넣으세요.

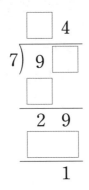

18 3장의 수 카드를 모두 한 번씩 사용하여 (두 자리 수)÷(한 자리 수)의 나눗셈식을 만들려고 합니다. 몫이 가장 큰 경우의 몫과 나머지를 각각 구하세요.

9	2	5

몫 (　　　　　　　　)

나머지 (　　　　　　　　)

19 야구공이 한 상자에 11개씩 16상자 있습니다. 이 야구공을 한 모둠에 4개씩 나누어 준다면 몇 모둠에게 줄 수 있는지 풀이 과정을 쓰고 답을 구하세요.

풀이 _____

_____

_____

답 _____

20 조건을 모두 만족하는 수는 얼마인지 풀이 과정을 쓰고 답을 구하세요.

조건
- 53보다 크고 57보다 작습니다.
- 3으로 나누었을 때 나머지가 2입니다.

풀이 _____

_____

_____

답 _____

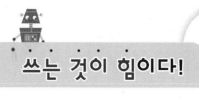

2단원 수학일기

수학실력 쑥쑥!

월	일	요일	이름

☆ 2단원에서 배운 내용을 친구들에게 설명하듯이 써 봐요.

☆ 2단원에서 배운 내용이 실생활에서 어떻게 쓰이고 있는지 찾아 써 봐요.

👩 칭찬 & 격려해 주세요.

➡ QR코드를 찍으면 예시 답안을 볼 수 있어요.

③ 원

이미 배운 내용

이번에 배우는 내용

앞으로 배울 내용

[2-1] 2. 여러 가지 모양

✓ 원의 중심, 반지름, 지름
✓ 원의 성질
✓ 컴퍼스를 이용하여 원 그리기
✓ 원을 이용하여 여러 가지 모양 그리기

[6-1] 5. 원의 넓이

개념 카툰 ③ 컴퍼스를 이용하여 원 그리기

①
원의 중심이 되는 점 ㅇ을 정하고……

②
컴퍼스를 원의 반지름만큼 벌려요.

③
아! 알겠어요! 이 컴퍼스의 침을 점 ㅇ에 꽂고 원을 그리는 거죠?

개념 카툰 ④ 원을 이용하여 여러 가지 모양 그리기

①
원 모양의 뚜껑에 큰 원을 그려요.

②
큰 원의 반지름을 지름으로 하는 원의 $\frac{1}{2}$을 그려요.

③
오른쪽에도 작은 원의 $\frac{1}{2}$을 그려 큰 원의 중심에서 만나게 해요!

④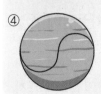
와~ 진짜 태극 문양이 그려졌네요~!

개념 1 원의 중심, 반지름, 지름을 알아볼까요

생각의 힘

• 자를 이용하여 점을 찍어 원 그리기

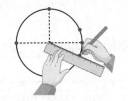 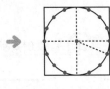

➡ 점을 많이 찍어 그리면 원을 정확하게 그릴 수 있습니다.

• 누름 못과 띠 종이를 이용하여 원 그리기

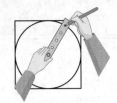

➡ 누름 못이 꽂힌 점에서 원 위의 한 점까지의 길이는 모두 같습니다.

1. 원의 중심, 반지름, 지름

• **원의 중심**: 원을 그릴 때에 누름 못이 꽂혔던 점 ㅇ

• 원의 **반지름**: 원의 중심 ㅇ과 원 위의 한 점을 이은 선분

┌ 선분 ㅇㄱ과 선분 ㅇㄴ

└ 선분 ㄱㄴ

• 원의 **지름**: 원의 중심을 지나는 원 위의 두 점을 이은 선분

2. 원의 반지름과 지름 그어 보기

① 한 원에는 반지름과 지름을 무수히 많이 그을 수 있습니다.

② 한 원에서 원의 반지름과 지름의 길이는 각각 모두 같습니다.

개념 확인하기

1 누름 못과 띠 종이를 이용하여 원을 완성해 보세요.

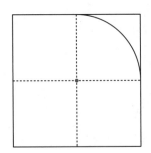

2 위 **1**에서 그린 원을 보고 알맞은 말에 ◯표 하세요.

누름 못이 꽂힌 점에서 원 위의 한 점까지의 길이는 모두 (같습니다 , 다릅니다).

3 ☐ 안에 알맞은 말을 써넣으세요.

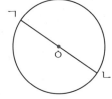

(1) 점 ㅇ을 [　　　　]이라고 합니다.

(2) 선분 ㅇㄴ을 원의 [　　　　]이라고 합니다.

(3) 선분 ㄱㄴ을 원의 [　　　　]이라고 합니다.

개념 다지기

1 □ 안에 알맞은 말을 써넣으세요.

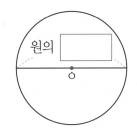

원의

2 원의 중심을 찾아 쓰세요.

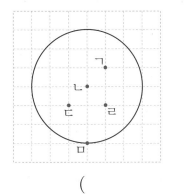

(　　　　)

3 원 모양의 다트를 보고 바르게 설명한 것을 찾아 기호를 쓰세요.

㉠은 원의 중심입니다.
㉡은 원의 지름입니다.

(　　　　)

4 원의 지름은 몇 cm일까요?

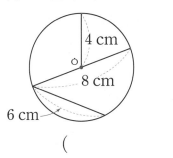

4 cm
8 cm
6 cm

(　　　　)

5 원에 반지름을 3개 그어 보고, 원의 반지름에 대해 바르게 말한 사람은 누구인지 이름을 쓰세요.

• 지효: 한 원에서 원의 반지름의 길이는 모두 같아!
• 주현: 한 원에는 반지름을 모두 3개 그을 수 있어.

(　　　　)

6 한 원에는 원의 중심이 몇 개 있을까요?

(　　　　)

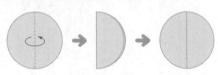

 개념 2 원의 성질을 알아볼까요

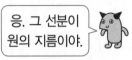 생각의 힘

• 원 모양의 종이를 접었다 펼쳐 보기

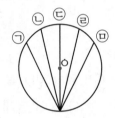

접혔던 선이 원을 똑같이 둘로 나누는구나.

응. 그 선분이 원의 지름이야.

1. 원 안에 그을 수 있는 가장 긴 선분

한 점에서 그어진 선분 ㉠~㉤ 중 길이가 가장 긴 선분 ㉢은 원의 중심을 지납니다.

2. 원의 지름과 반지름의 관계

┌ 지름: 4 cm
└ 반지름: 2 cm

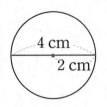

$$(지름) = (반지름) \times 2$$

➡ 한 원에서 반지름의 길이는 지름의 길이의 반입니다.

3. 원의 성질 → 지름의 성질

(1) 지름은 원을 둘로 똑같이 나눕니다.

(2) 지름은 원 안에 그을 수 있는 가장 긴 선분입니다.

(3) 지름은 무수히 많이 그을 수 있습니다.

개념 확인하기

1 알맞은 말에 ◯표 하세요.

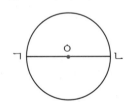

원의 (지름 , 중심)은 원을 둘로 똑같이 나눕니다.

2 원의 지름을 그을 때 반드시 지나는 점을 찾아 ◯표 하세요.

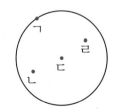

3 그림을 보고 □ 안에 알맞은 수를 써넣으세요.

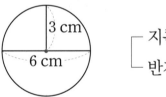

┌ 지름: □ cm
└ 반지름: 3 cm

➡ 한 원에서 지름의 길이는 반지름의 길이의 □배입니다.

4 설명이 맞으면 ◯표, 틀리면 ×표 하세요.

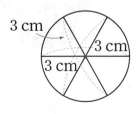

한 원에서 지름의 길이는 모두 같습니다.

(   )

개념 다지기

1 그림을 보고 물음에 답하세요.

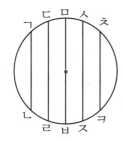

(1) 가장 긴 선분을 찾아 쓰세요.

(   )

(2) 원의 지름을 나타내는 선분을 찾아 쓰세요.

(   )

2 선분의 길이를 재어 보고 □ 안에 알맞은 수나 말을 써넣으세요.

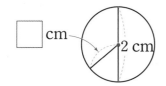

한 원에서 원의 반지름의 길이는 지름의 길이의 □입니다.

3 원에 지름을 3개 그어 보세요.

4 그림과 같이 투명 종이 2장에 각각 똑같은 크기의 원을 그리고 반 접었다가 폈더니 선이 생겼습니다. 원 2개가 겹치도록 투명 종이를 포개고 한 장을 돌려 보았습니다. 그림을 보고 원의 지름에 대해 잘못 설명한 사람은 누구인지 이름을 쓰세요.

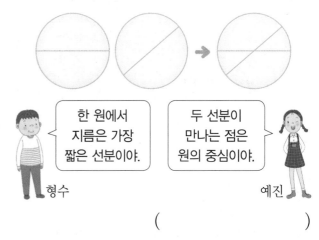

한 원에서 지름은 가장 짧은 선분이야.

형수

두 선분이 만나는 점은 원의 중심이야.

예진

(   )

5 점 ㄱ, 점 ㄴ은 원의 중심입니다. 선분 ㄱㄷ의 길이는 몇 cm일까요?

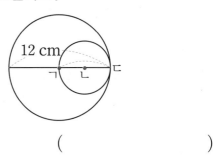

(   )

6 반지름이 8 cm인 원의 지름은 몇 cm일까요?

(   )

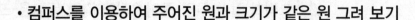
개념 3 컴퍼스를 이용하여 원을 그려 볼까요

• 컴퍼스를 이용하여 주어진 원과 크기가 같은 원 그려 보기

 크기가 같은 원을 그리려면 무엇을 알아야 할까?

 원의 중심을 찾고 반지름을 알아야 해.

예 반지름이 1 cm인 원과 크기가 같은 원 그려 보기

반지름이 1 cm인 원

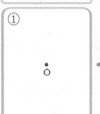
원의 중심이 되는 점 ㅇ을 정하기

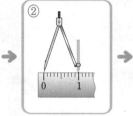
컴퍼스를 원의 반지름만큼 벌리기

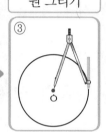
컴퍼스의 침을 점 ㅇ에 꽂고 원 그리기

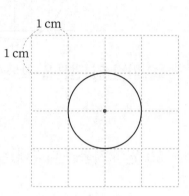

개념 확인하기

[1~3] 컴퍼스를 이용하여 주어진 원과 크기가 같은 원을 그리려고 합니다. 물음에 답하세요.

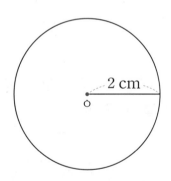

1 반지름은 몇 cm일까요?

( )

2 컴퍼스를 바르게 벌린 것에 ○표 하세요.

( ) ( )

3 왼쪽 [1~3]의 원과 크기가 같은 원을 그려 보세요.

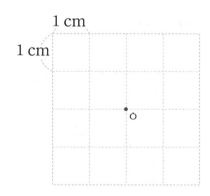

4 컴퍼스로 원을 그릴 때 관계있는 것끼리 선으로 이어 보세요.

| 컴퍼스의 침 | • | • | 원의 반지름 |

| 컴퍼스를 벌린 길이 | • | • | 원의 중심 |

개념 다지기

1 크기가 같은 원을 그릴 때 알아야 할 것에 ○표 하세요.

원의 중심의 개수	반지름의 길이
( )	( )

2 컴퍼스를 이용하여 반지름이 1 cm인 원을 그리려고 합니다. 순서에 맞게 (   ) 안에 1, 2, 3을 쓰세요.

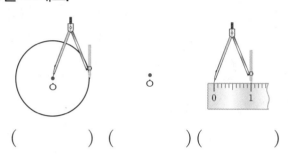

(   ) (   ) (   )

3 다음 순서에 따라 점 ㅇ을 원의 중심으로 하고 반지름이 3 cm인 원을 그려 보세요.

> ① 컴퍼스를 모눈 3칸만큼 벌립니다.
> ② 컴퍼스의 침을 점 ㅇ에 꽂고 한쪽 방향으로 돌려 원을 그립니다.

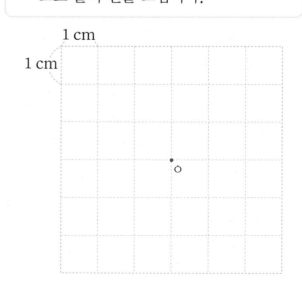

4 혜리가 그릴 원의 반지름은 몇 cm일까요?

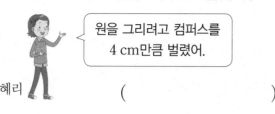

원을 그리려고 컴퍼스를 4 cm만큼 벌렸어.

혜리   (   )

5 컴퍼스를 이용하여 주어진 선분을 반지름으로 하는 원을 그려 보세요.

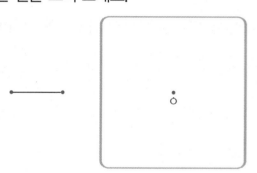

6 컴퍼스를 이용하여 반지름이 1 cm이고 크기가 같은 원 2개가 맞닿도록 그려 보세요.

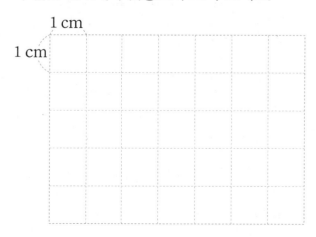

개념 4   원을 이용하여 여러 가지 모양을 그려 볼까요

1. 규칙을 찾아 원 그리기

(1) 원의 중심을 같게 그리기

 원의 중심은 모두 같고 원의 반지름이 일정하게 늘어나는 규칙이야.

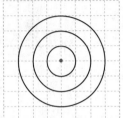

(2) 원의 반지름을 같게 그리기

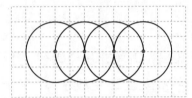

➡ 원의 반지름의 길이는 변하지 않고 원의 중심은 반지름의 길이만큼 오른쪽으로 이동하였습니다.

2. 주어진 모양과 똑같이 그리고 방법 설명하기

 정사각형의 한 변을 원의 반지름으로 해 봐!

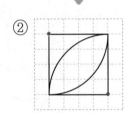

① 정사각형의 꼭짓점을 원의 중심으로 하는 원의 $\frac{1}{4}$만큼을 그립니다.

② 마주 보는 꼭짓점을 원의 중심으로 하는 원의 $\frac{1}{4}$만큼을 그립니다.

개념 확인하기

1 그린 모양의 규칙을 찾아 기호를 쓰세요.

규칙
㉠ 원의 중심은 옮겨 가고 반지름은 같게
㉡ 원의 중심은 옮겨 가고 반지름은 다르게

(1)

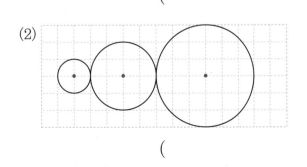

(   )

(2)

(   )

2 원을 이용하여 주어진 모양과 똑같이 그려 보고 설명을 완성하세요.

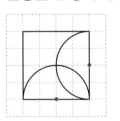 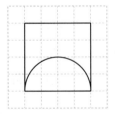

설명
정사각형의 한 변을 지름으로 하는 원의 일부분을 ☐개 그립니다. 이때 한 원은 원의 (위쪽 , 아래쪽)의 $\frac{1}{2}$만큼만, 다른 원은 원의 (오른쪽 , 왼쪽)의 $\frac{1}{2}$만큼만 그립니다.

개념 다지기

1 그림을 보고 어떤 규칙이 있는지 알맞은 말에 ◯표 하세요.

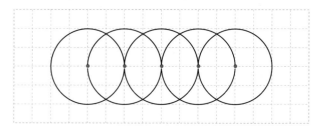

원의 중심은 (같고 , 다르고), 원의 반지름의 길이는 (같습니다 , 다릅니다).

2 주어진 모양을 그리기 위하여 컴퍼스의 침을 꽂아야 할 곳을 모두 찾아 표시해 보세요.

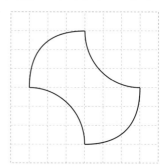

3 어떤 규칙이 있는지 ☐ 안에 알맞은 수를 써넣으세요.

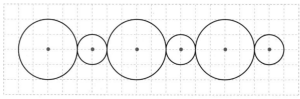

규칙 원의 중심이 오른쪽으로 ☐칸씩 옮겨

가고, 원의 반지름이 ☐칸, ☐칸이 반복

됩니다.

4 오른쪽 모양을 그리는 방법을 바르게 설명한 것을 찾아 기호를 쓰세요.

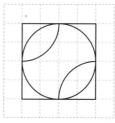

㉠ 컴퍼스의 침을 4군데 꽂습니다.
㉡ 원을 1개 그리고 원의 일부분을 2개 그립니다.

(   )

5 방법 과 같이 모양을 그린 것을 찾아 기호를 쓰세요.

방법
① 정사각형의 꼭짓점을 원의 중심으로 하는 원의 일부분을 4개 그립니다.
② 원의 반지름의 길이는 정사각형의 한 변과 같습니다.

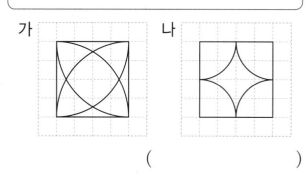

가   나

(   )

6 주어진 모양과 똑같이 그려 보세요.

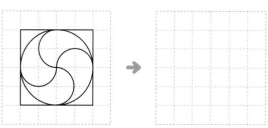

유형 1 원의 중심, 반지름, 지름

원의 반지름을 찾아 쓰세요.

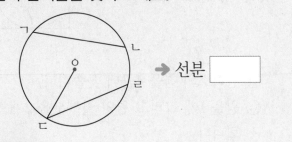

→ 선분 [　　　]

유형 코칭

- **원의 중심**: 원을 그릴 때에 누름 못이 꽂혔던 점
- **원의 반지름**: 원의 중심과 원 위의 한 점을 이은 선분
- **원의 지름**: 원의 중심을 지나는 원 위의 두 점을 이은 선분

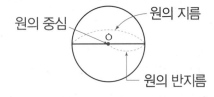

1 원의 중심을 바르게 나타낸 것을 찾아 ○표 하세요.

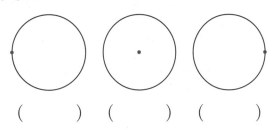

(　　) (　　) (　　)

2 원의 중심과 원 위의 한 점을 잇는 선분을 2개 그어 보세요.

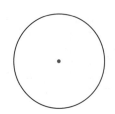

---

3 설명이 맞으면 ○표, 틀리면 ×표 하세요.

(1) 한 원에서 반지름은 1개입니다.

(　　　　　)

(2) 한 원에서 원의 중심은 1개입니다.

(　　　　　)

4 오른쪽 원을 보고 바르게 설명한 것을 찾아 기호를 쓰세요.

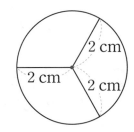

㉠ 한 원에서 반지름은 3개 그을 수 있습니다.
㉡ 한 원에서 반지름의 길이는 모두 같습니다.

(　　　　　)

융합형

5 연석이가 우리 주변에서 찾은 원 모양의 시계입니다. 원의 중심과 원의 반지름을 표시해 보세요.

시계에서 원의 중심과 원의 반지름을 찾을 수 있어.

연석

유형 2 원의 성질

원의 반지름은 몇 cm일까요?

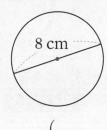

8 cm

(　　　　　　　)

유형 코칭

• 원의 성질
  - 지름은 원을 똑같이 둘로 나눕니다.
  - 지름은 원 안에 그을 수 있는 가장 긴 선분입니다.
  - 지름은 무수히 많이 그을 수 있습니다.
• 지름과 반지름의 관계
  (지름)=(반지름)×2, (반지름)=(지름)÷2

6 원 위의 선분 중 가장 긴 선분을 찾아 번호를 쓰세요.

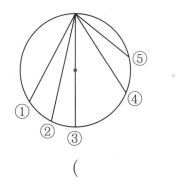

(　　　　　　　)

7 원의 지름은 몇 cm일까요?

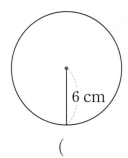

6 cm

(　　　　　　　)

8 원의 지름에 대한 설명으로 옳은 것을 찾아 기호를 쓰세요.

> ㉠ 원을 똑같이 셋으로 나눕니다.
> ㉡ 원 위의 두 점을 이은 선분 중 가장 긴 선분입니다.

(　　　　　　　)

9 원에서 ㉠과 ㉡은 각각 몇 cm일까요?

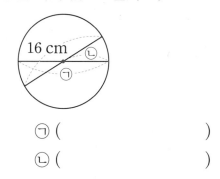

16 cm

㉠ (　　　　　　　)
㉡ (　　　　　　　)

10 주변에서 원 모양의 물건을 찾아 지름과 반지름을 재었습니다. 더 큰 원 모양의 물건을 찾은 사람은 누구인지 이름을 쓰세요.

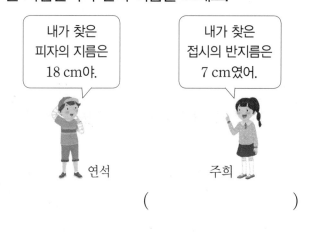

내가 찾은 피자의 지름은 18 cm야.

내가 찾은 접시의 반지름은 7 cm였어.

연석　　　　　주희

(　　　　　　　)

유형 3 원 그리기

원을 그리는 순서에 맞게 □ 안에 기호를 써 넣으세요.

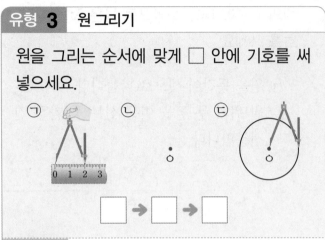

㉠ ㉡ ㉢

□ → □ → □

유형 코칭

• 원 그리는 순서
  ① 원의 중심이 되는 점 ㅇ 정하기
  ② 컴퍼스를 원의 반지름만큼 벌리기
  ③ 컴퍼스의 침을 점 ㅇ에 꽂고 원 그리기

[11~12] 컴퍼스를 이용하여 주어진 원과 크기가 같은 원을 그리려고 합니다. 물음에 답하세요.

11 □ 안에 알맞은 수를 써넣으세요.

원의 반지름의 길이를 자로 재어 보면 □ cm입니다.

12 주어진 원과 크기가 같은 원을 그리려면 컴퍼스를 몇 cm만큼 벌려야 하는지 ○표 하세요.

1 cm	2 cm	3 cm
( )	( )	( )

13 그림과 같이 컴퍼스를 벌려 원을 그렸습니다. 그린 원의 지름은 몇 cm일까요?

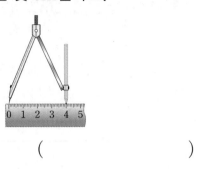

(   )

14 점 ㅇ을 중심으로 하는 반지름의 길이가 2 cm인 원을 그려 보세요.

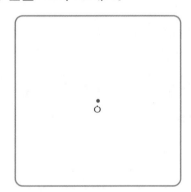

15 컴퍼스를 이용하여 단추와 크기가 같은 원을 그려 보세요.

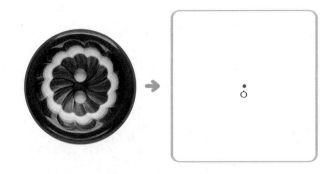

유형 4 원을 이용하여 여러 가지 모양 그려 보기

규칙에 따라 원을 1개 더 그려 보세요.

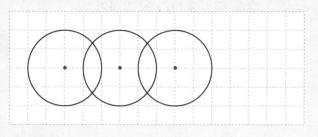

유형 코칭

• 규칙에 따라 원 그리기

	같게	다르게
원의 중심	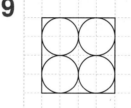	
원의 반지름		

16 주어진 모양을 그리기 위하여 컴퍼스의 침을 꽂아야 할 곳은 몇 군데일까요?

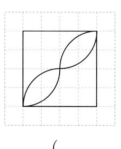

(　　　　　　)

17 원의 중심은 옮겨 가고 반지름은 같게 하여 그린 사람은 누구인지 이름을 쓰세요.

〈지환〉　　　　　〈서우〉

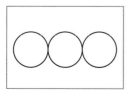 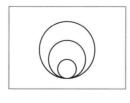

(　　　　　　)

[18~19] 주어진 모양과 똑같이 그려 보세요.

18

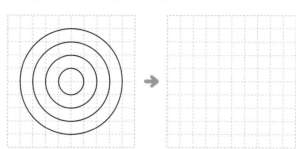

19

[20~21] 규칙을 찾아 원을 그리려고 합니다. 물음에 답하세요.

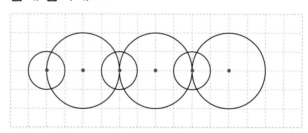

20 어떤 규칙이 있는지 ☐ 안에 알맞은 수를 써넣으세요.

규칙 　원의 중심이 오른쪽으로 ☐칸씩 옮겨가고 원의 반지름이 ☐칸, ☐칸이 반복되는 규칙입니다.

21 규칙에 따라 원을 1개 더 그려 보세요.

응용 유형의 힘

응용 유형 **1**　주어진 선분을 반지름으로 원 그리기

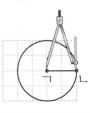

• 점 ㄱ이 원의 중심, 선분 ㄱㄴ이 반지름인 원 그리기

① 컴퍼스의 침을 점 ㄱ에 꽂은 다음

② 선분 ㄱㄴ만큼 컴퍼스를 벌려 원을 그립니다.

1 컴퍼스를 이용하여 점 ㄱ이 원의 중심, 선분 ㄱㄴ이 반지름인 원을 그려 보세요.

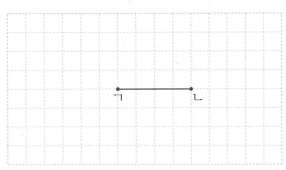

2 컴퍼스를 이용하여 점 ㄷ이 원의 중심, 선분 ㄷㄹ이 반지름인 원을 그려 보세요.

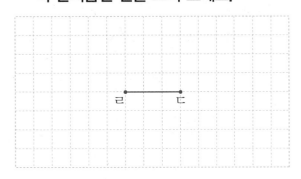

응용 유형 **2**　규칙에 따라 원 그리기

원의 중심의 변화를 확인하고 → 원의 반지름의 변화를 확인한 다음 → 규칙에 따라 원을 그립니다.

3 규칙에 따라 원을 1개 더 그려 보세요.

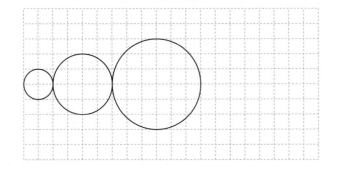

4 규칙에 따라 원을 1개 더 그려 보세요.

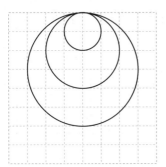

5 규칙에 따라 원을 1개 더 그려 보세요.

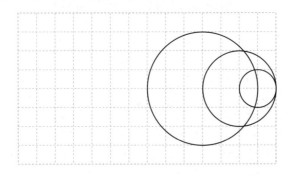

응용 유형 3 크기가 더 큰 원 찾기

• 반지름(지름)이 길수록 크기가 큰 원입니다.
 예 지름이 6 cm인 원과 반지름이 4 cm인 원의 크기 비교
 방법1 반지름으로 나타내어 비교하는 방법
  지름이 6 cm인 원 ⊘ 반지름이 4 cm인 원
   └● 반지름이 3 cm
 방법2 지름으로 나타내어 비교하는 방법
  지름이 6 cm인 원 ⊘ 반지름이 4 cm인 원
   └● 지름이 8 cm

6 크기가 더 큰 원을 찾아 기호를 쓰세요.

> ㉠ 반지름이 3 cm인 원
> ㉡ 지름이 7 cm인 원

(   )

7 크기가 더 큰 원을 찾아 기호를 쓰세요.

> ㉠ 지름이 5 cm인 원
> ㉡ 반지름이 4 cm인 원

(   )

8 크기가 더 큰 원을 그린 사람은 누구일까요?

> • 지희: 반지름이 6 cm인 원
> • 성수: 지름이 10 cm인 원

(   )

응용 유형 4 모양을 그릴 때 컴퍼스의 침이 꽂힌 횟수 구하기

• 컴퍼스의 침을 꽂아야 할 곳: 원의 중심
• 컴퍼스의 침이 꽂힌 횟수: 원과 원의 일부분의 개수

9 모양을 그릴 때 컴퍼스의 침을 꽂아야 할 곳에 모두 점을 찍어 보세요.

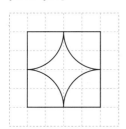

10 모양을 그릴 때 컴퍼스의 침을 꽂아야 할 곳에 모두 점을 찍어 보세요.

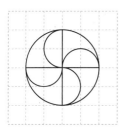

11 다음과 같은 모양을 그리려고 합니다. 컴퍼스의 침을 꽂아야 할 곳은 모두 몇 군데일까요?

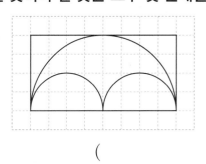

(   )

3. 원 • **85**

신의 한수

응용 유형 **5** 원의 중심의 개수 비교하기

> 원의 중심: 원을 그릴 때에 컴퍼스의 침이 꽂혔던 곳
> ① 원의 중심의 개수를 각각 구합니다.
> ② 수를 비교하여 더 많은 것을 찾습니다.

12 원의 중심의 개수가 더 많은 것을 찾아 기호를 쓰세요.

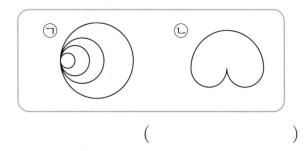

( )

13 원의 중심의 개수가 가장 많은 것을 찾아 기호를 쓰세요.

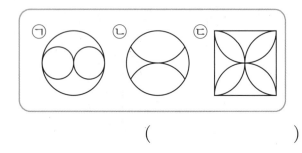

( )

14 원의 중심의 개수가 많은 순서대로 기호를 쓰세요.

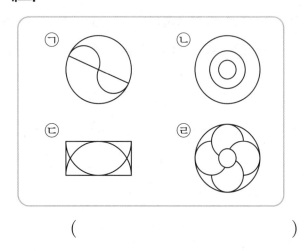

( )

응용 유형 **6** 원의 지름을 이용하여 선분의 길이 구하기

> ① 지름의 길이를 이용하여 반지름의 길이를 각각 구합니다.
> ② 주어진 선분의 길이를 구합니다.

15 점 ㄱ, 점 ㄴ, 점 ㄷ은 각각 원의 중심입니다. 선분 ㄱㄷ의 길이는 몇 cm일까요?

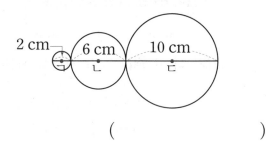

( )

16 점 ㄷ, 점 ㄹ은 각각 원의 중심입니다. 선분 ㄷㄹ의 길이는 몇 cm일까요?

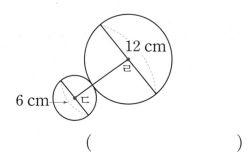

( )

17 점 ㄹ, 점 ㅁ, 점 ㅂ, 점 ㅅ은 각각 원의 중심입니다. 선분 ㄹㅅ의 길이는 몇 cm일까요?

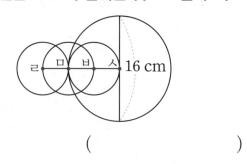

( )

응용 유형 7 원의 반지름 구하기

① 반지름의 길이를 □라 하여 식을 세웁니다.
② 한 원에서 반지름의 길이는 모두 같음을 이용하여 □의 값을 구합니다.

18 점 ㄱ은 원의 중심입니다. 삼각형 ㄱㄴㄷ의 세 변의 길이의 합은 11 cm입니다. 원의 반지름은 몇 cm일까요?

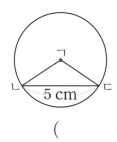

(   )

19 크기가 같은 원 2개를 서로 원의 중심을 지나도록 겹치게 그려 두 원의 중심과 두 원이 만나는 한 점을 이어 삼각형을 그렸습니다. 삼각형의 세 변의 길이의 합이 18 cm일 때 원의 반지름은 몇 cm일까요?

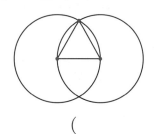

(   )

20 점 ㄱ, 점 ㄷ은 각각 원의 중심입니다. 삼각형 ㄱㄴㄷ의 세 변의 길이의 합은 30 cm입니다. 작은 원의 반지름은 몇 cm일까요?

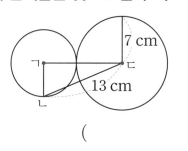

(   )

응용 유형 8 사각형의 네 변의 길이의 합 구하기

① 두 원의 반지름의 길이를 이용하여 사각형의 네 변의 길이를 각각 구합니다.
② 사각형의 네 변의 길이의 합을 구합니다.

21 점 ㄱ, 점 ㄷ은 각각 원의 중심입니다. 사각형 ㄱㄴㄷㄹ의 네 변의 길이의 합은 몇 cm일까요?

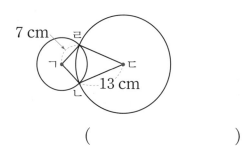

(   )

22 점 ㄱ, 점 ㄷ은 각각 원의 중심입니다. 사각형 ㄱㄴㄷㄹ의 네 변의 길이의 합은 몇 cm일까요?

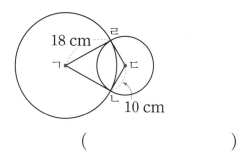

(   )

서술형의 힘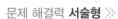

문제 해결력 **서술형** >>

1-1 두 원의 반지름의 길이의 차는 몇 cm인지 구하세요.

가   나

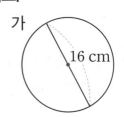

(1) 가 원의 반지름은 몇 cm일까요?

(   )

(2) 나 원의 반지름은 몇 cm일까요?

(   )

(3) 두 원의 반지름의 차는 몇 cm일까요?

(   )

바로 쓰는 **서술형** >>

1-2 두 원의 반지름의 차는 몇 cm인지 풀이 과정을 쓰고 답을 구하세요. [5점]

 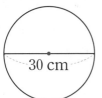

풀이

답 _____

문제 해결력 **서술형** >>

2-1 어떤 규칙으로 그린 것인지 알아보세요.

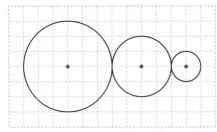

(1) 원의 반지름은 오른쪽으로 몇 칸씩 줄어들까요?

(   )

(2) 어떤 규칙에 따라 그린 것인지 설명하세요.

규칙   원의 중심이 ☐ 쪽으로 5칸,

☐ 칸 옮겨 가고 원의 반지름이 ☐ 칸씩

줄어드는 규칙입니다.

바로 쓰는 **서술형** >>

2-2 어떤 규칙에 따라 그린 것인지 설명하세요.

[5점]

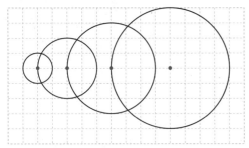

설명

문제 해결력 **서술형** ≫

3-1 점 ㄱ, 점 ㄴ은 원의 중심입니다. 선분 ㄱㄴ의 길이를 구해 보세요.

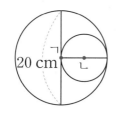

(1) 큰 원의 반지름은 몇 cm일까요?

(　　　　　)

(2) 작은 원의 지름은 몇 cm일까요?

(　　　　　)

(3) 선분 ㄱㄴ의 길이는 몇 cm일까요?

(　　　　　)

바로 쓰는 **서술형** ≫

3-2 점 ㄱ, 점 ㄴ은 원의 중심입니다. 선분 ㄱㄴ의 길이는 몇 cm인지 풀이 과정을 쓰고 답을 구하세요. [5점]

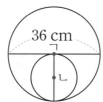

풀이

답 _____

문제 해결력 **서술형** ≫

4-1 상자에 지름이 10 cm인 원 모양의 통조림 6개가 들어 있습니다. 상자의 네 변의 길이의 합은 몇 cm일까요?

원 모양의 통조림을 빈틈없이 상자에 넣었어!

예진

(1) 상자의 가로는 몇 cm일까요?

(　　　　　)

(2) 상자의 세로는 몇 cm일까요?

(　　　　　)

(3) 상자의 네 변의 길이의 합은 몇 cm일까요?

(　　　　　)

바로 쓰는 **서술형** ≫

4-2 지름이 6 cm인 원을 이어 붙여서 그린 후 직사각형을 그렸습니다. 직사각형의 네 변의 길이의 합은 몇 cm인지 풀이 과정을 쓰고 답을 구하세요. [5점]

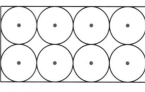

풀이

답 _____

1 □ 안에 알맞은 말을 써넣으세요.

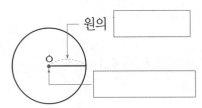

원의

2 원의 중심을 찾아 기호를 쓰세요.

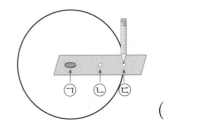

(   )

3 오른쪽 원을 보고 □ 안에 알맞은 말을 써넣으세요.

원의 □ 은 원을 똑같이 둘로 나눕니다.

4 반지름이 1 cm인 원을 그리려고 합니다. 컴퍼스를 바르게 벌린 것에 ◯표 하세요.

(   )

(   )

5 오른쪽 원의 반지름은 몇 cm일까요?

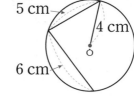

(   )

6 반지름이 7 cm인 원을 그리려고 합니다. 그리는 순서대로 번호를 쓰세요.

① 컴퍼스를 7 cm가 되도록 벌립니다.
② 원의 중심이 되는 점 ㅇ을 정합니다.
③ 컴퍼스의 침을 점 ㅇ에 꽂고, 원을 그립니다.

(   )

7 원의 지름은 몇 cm일까요?

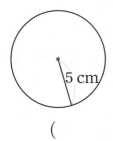

(   )

8 원 모양의 투명 종이를 반으로 2번 접었다 폈을 때 생기는 선으로 알 수 있는 원의 성질을 설명한 것입니다. 알맞은 말에 ◯표 하세요.

두 선분이 만나는 점을 원의 (반지름 , 중심) 이라고 합니다.

9 원의 중심은 옮겨 가고 반지름은 같은 모양을 찾아 기호를 쓰세요.

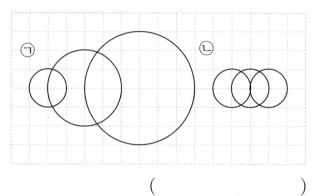

(　　　　　　)

10 점 ㅇ이 원의 중심일 때 반지름을 나타내는 선분을 모두 찾아 쓰세요.

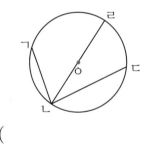

(　　　　　　)

11 두 모양을 그릴 때 컴퍼스의 침을 꽂아야 하는 곳은 모두 몇 군데인지 구하세요.

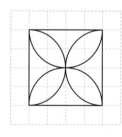 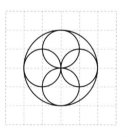

(　　　　　　)

12 지름이 10 cm인 원을 그리려면 컴퍼스를 몇 cm 벌려야 할까요?

(　　　　　　)

13 바르게 설명한 것을 찾아 기호를 쓰세요.

> ㉠ 한 원에서 그을 수 있는 지름과 반지름 은 각각 1개씩입니다.
> ㉡ 한 원의 중심은 무수히 많습니다.
> ㉢ 한 원에서 지름의 길이는 모두 같습니다.

(　　　　　　)

14 컴퍼스를 이용하여 왼쪽 원과 크기가 같은 원을 그려 보세요.

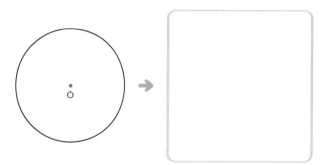

15 주어진 모양과 똑같이 그려 보세요.

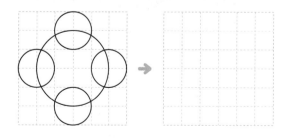

16 점 ㄴ과 점 ㄷ은 각각 원의 중심입니다. 선분 ㄱㄷ의 길이는 몇 cm일까요?

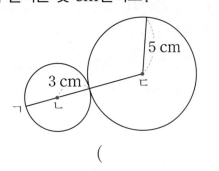

(   )

17 [규칙]에 따라 원을 3개 더 그려 보세요.

[규칙]
원의 중심이 오른쪽으로 1칸씩 옮겨 가고 원의 지름이 2칸씩 줄어드는 규칙입니다.

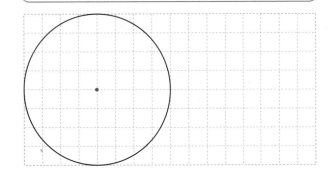

18 점 ㄱ, 점 ㄴ, 점 ㄷ은 각각 원의 중심입니다. 선분 ㄴㄷ의 길이는 몇 cm일까요?

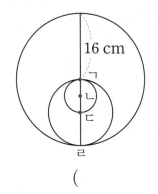

(   )

[서술형]
19 수영, 진규, 형석이는 다음과 같은 원을 그렸습니다. 크기가 가장 작은 원을 그린 사람은 누구인지 풀이 과정을 쓰고 답을 구하세요.

수영	반지름이 2 cm인 원
진규	지름이 5 cm인 원
형석	지름이 3 cm인 원

[풀이] _____

_____

_____

[답] _____

[서술형]
20 크기가 같은 원 3개의 중심을 이어 삼각형을 그렸습니다. 삼각형 ㄱㄴㄷ의 세 변의 길이의 합은 몇 cm인지 풀이 과정을 쓰고 답을 구하세요.

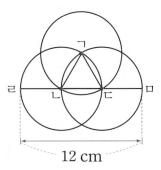

[풀이] _____

_____

_____

_____

[답] _____

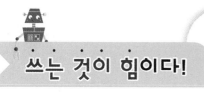

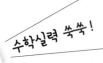

3단원 수학일기

월	일	요일	이름

☆ 3단원에서 배운 내용을 친구들에게 설명하듯이 써 봐요.

_____
_____
_____
_____
_____
_____
_____
_____

☆ 3단원에서 배운 내용이 실생활에서 어떻게 쓰이고 있는지 찾아 써 봐요.

_____
_____
_____
_____
_____
_____

👩 칭찬 & 격려해 주세요.

➜ QR코드를 찍으면 예시 답안을 볼 수 있어요.

4 분수

교과서 개념 카툰

개념 카툰 ① 분수로 나타내기

개념 카툰 ② 분수만큼은 얼마인지 알아보기

이미 배운 내용

이번에 배우는 내용

앞으로 배울 내용

[3-1] 6. 분수와 소수

✔ 분수로 나타내기
✔ 분수만큼 알아보기
✔ 진분수, 가분수, 대분수 알아보기
✔ 분수의 크기 비교하기

[4-2] 1. 분수의 덧셈과 뺄셈

개념 카툰 ❸ 진분수, 가분수 알아보기

진분수: $\dfrac{1}{2}$ $\dfrac{2}{3}$ $\dfrac{2}{4}$ 가분수: $\dfrac{4}{4}$ $\dfrac{7}{5}$

개념 카툰 ❹ 분수의 크기 비교하기

개념의 힘

개념 1 분수로 나타내어 볼까요

생각의 힘

• 6을 똑같이 나누는 방법

└─ 똑같이 6으로   └─ 똑같이 3으로   └─ 똑같이 2로

1. 부분은 전체의 얼마인지 알아보기

• 모형 8개를 똑같이 4부분으로 나누어 봅니다.

부분 [그림]은 전체 [그림]를 똑같이 4부분으로 나눈 것 중의 2입니다.

➡ 부분은 전체의 $\dfrac{2}{4}$입니다.

2. 색칠한 부분을 분수로 나타내기

(1)

12개를 2개씩 묶으면 6묶음이 됩니다.
색칠한 부분은 6묶음 중의 1묶음이므로 전체의 $\dfrac{1}{6}$입니다.

(2)

12개를 3개씩 묶으면 4묶음이 됩니다.
색칠한 부분은 4묶음 중의 3묶음이므로 전체의 $\dfrac{3}{4}$입니다.

◆개념의 힘

$\dfrac{분자}{분모}$ ← 부분 묶음 수
← 전체 묶음 수

개념 확인하기

1 빵 6개를 똑같이 나누었습니다. □ 안에 알맞은 수를 써넣으세요.

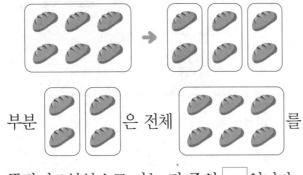

부분 [그림]은 전체 [그림]를 똑같이 3부분으로 나눈 것 중의 □입니다.

분수로 나타내면 $\dfrac{□}{□}$입니다.

[2~3] 그림을 보고 □ 안에 알맞은 수를 써넣으세요.

2 색칠한 부분은 5묶음 중의 □묶음입니다.

3 색칠한 부분은 전체의 $\dfrac{□}{□}$입니다.

개념 다지기

1 농구공 9개를 똑같이 나누어 보세요.

2 □ 안에 알맞은 수를 써넣으세요.

부분  은 전체

 를

똑같이 4묶음으로 나눈 것 중의 □ 묶음이

므로 전체의 $\frac{□}{□}$ 입니다.

3 구슬 15개를 3개씩 묶었습니다. □ 안에 알맞은 수를 써넣으세요.

구슬 15개를 3개씩 묶으면 □ 묶음이 됩니다.

9는 15의 $\frac{□}{□}$ 입니다.

4 쿠키 14개를 2개씩 묶고 □ 안에 알맞은 수를 써넣으세요.

8은 14의 $\frac{□}{□}$ 입니다.

5 물고기를 3마리씩 묶고, 15는 18의 몇 분의 몇인지 구하세요.

(　　　　　　　)

6 동주는 오렌지 24개를 6개씩 묶어서 동생에게 18개를 주었습니다. 동생에게 준 오렌지는 전체의 몇 분의 몇일까요?

(　　　　　　　)

개념 2 분수만큼은 얼마일까요(1), (2)

1. 자연수에 대한 분수만큼을 알아보기

• 10의 $\frac{3}{5}$ 알아보기

종이컵 10개를 5묶음으로 똑같이 나눕니다.

① 10의 $\frac{1}{5}$ 알아보기

10을 5묶음으로 나누면 1묶음은 2입니다.

➜ 10의 $\frac{1}{5}$은 2입니다.

② 10의 $\frac{3}{5}$ 알아보기

10을 5묶음으로 나누면 3묶음은 6입니다.

➜ 10의 $\frac{3}{5}$은 6입니다.

2. 길이에 대한 분수만큼을 알아보기

• 10 cm의 $\frac{4}{5}$ 알아보기

10 cm의 종이띠를 5부분으로 똑같이 나눕니다.

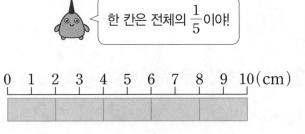

한 칸은 전체의 $\frac{1}{5}$이야!

10 cm의 $\frac{1}{5}$은 2 cm입니다.

➜ 10 cm의 $\frac{4}{5}$는 8 cm입니다.
  └ 2 cm의 4배
  $\frac{1}{5}$의 4배

개념 확인하기

[1~3] 그림을 보고 물음에 답하세요.

1 나무 8그루를 똑같이 4묶음으로 나누어 보세요.

2 8의 $\frac{1}{4}$은 얼마일까요?

(   )

3 8의 $\frac{2}{4}$는 얼마일까요?

(   )

[4~5] 12 cm의 종이띠를 분수만큼 색칠하고, □ 안에 알맞은 수를 써넣으세요.

4

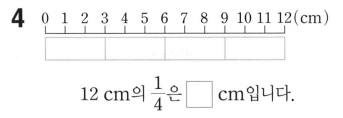

12 cm의 $\frac{1}{4}$은 □ cm입니다.

5

0 1 2 3 4 5 6 7 8 9 10 11 12(cm)

12 cm의 $\frac{3}{4}$는 □ cm입니다.

개념 다지기

1 16의 $\frac{3}{4}$을 알아보려고 합니다. 물음에 답하세요.

(1) 16의 $\frac{1}{4}$은 얼마일까요?

(　　　　　　)

(2) 16의 $\frac{3}{4}$은 얼마일까요?

(　　　　　　)

2 그림을 보고 □ 안에 알맞은 수를 써넣으세요.

15의 $\frac{2}{3}$는 □ 입니다.

3 그림을 보고 □ 안에 알맞은 수를 써넣으세요.

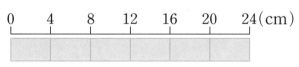

24 cm의 $\frac{1}{6}$은 □ cm입니다.

24 cm의 $\frac{5}{6}$는 □ cm입니다.

4 □ 안에 알맞은 수를 써넣고, ◯를 노란색과 빨간색으로 칠해 보세요.

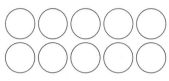

10의 $\frac{2}{5}$는 노란색 공입니다. ➡ □ 개

10의 $\frac{3}{5}$은 빨간색 공입니다. ➡ □ 개

5 그림을 보고 □ 안에 알맞은 수를 써넣으세요.

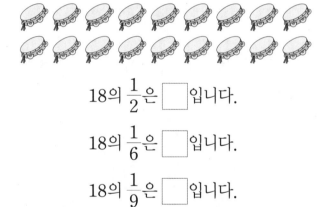

18의 $\frac{1}{2}$은 □ 입니다.

18의 $\frac{1}{6}$은 □ 입니다.

18의 $\frac{1}{9}$은 □ 입니다.

6 1시간은 60분입니다. 1시간을 똑같이 6으로 나눈 것 중의 1은 몇 분일까요?

(　　　　　　)

유형 **1** 분수로 나타내기

그림을 보고 □ 안에 알맞은 수를 써넣으세요.

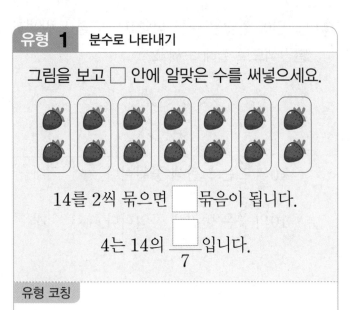

14를 2씩 묶으면 □ 묶음이 됩니다.

4는 14의 □/7 입니다.

유형 코칭

㉮ 9는 21의 얼마인지 알아보기
21을 3씩 묶으면 7묶음이 됩니다.
9는 7묶음 중의 3묶음입니다.

➡ 9는 21의 $\frac{3}{7}$ 입니다.

[1~2] 그림을 보고 □ 안에 알맞은 수를 써넣으세요.

1 부분 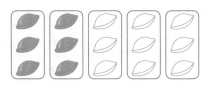 은 전체

를 똑같이 4부분으로 나눈 것 중의 □ 입니다.

2 부분 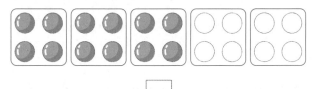 은 전체

의 □/4 입니다.

3 색칠한 송편을 분수로 나타내어 보세요.

색칠한 부분은 5묶음 중의 □ 묶음이므로

전체의 □/□ 입니다.

4 색칠한 부분을 분수로 나타내어 보세요.

□/□

5 그림을 보고 □ 안에 알맞은 수를 써넣으세요.

24를 2씩 묶으면 8은 24의 □/□ 입니다.

6 아영이는 풍선 42개를 6개씩 나누어 묶었습니다. 풍선 30개는 42개의 얼마인지 분수로 나타내어 보세요.

(   )

유형 2 분수만큼 알아보기 ⑴ ― ·자연수의 분수만큼

□ 안에 알맞은 수를 써넣으세요.

18의 $\frac{5}{6}$ 는 □ 입니다.

유형 코칭

• 16의 $\frac{3}{4}$ 알아보기

① 16의 $\frac{1}{4}$: 16을 똑같이 4로 나눈 것 중의 1

　　➔ 16의 $\frac{1}{4}$ 은 4

② 16의 $\frac{3}{4}$: 4의 3배이므로 12

10 그림을 보고 □ 안에 알맞은 수를 써넣으세요.

⑴ 20의 $\frac{1}{2}$ 은 □ 입니다.

⑵ 20의 $\frac{1}{4}$ 은 □ 입니다.

⑶ 20의 $\frac{3}{5}$ 은 □ 입니다.

[7~8] 10의 $\frac{4}{5}$ 는 얼마인지 알아보려고 합니다.
□ 안에 알맞은 수를 써넣으세요.

7 10의 $\frac{1}{5}$ 은 □ 입니다.

8 10의 $\frac{4}{5}$ 는 □ 입니다.

9 구슬 9개의 $\frac{2}{3}$ 는 몇 개일까요?

　　　　(　　　　　　　　　　)

창의 · 융합

11 조건에 맞게 ◯ 를 색칠하려고 합니다. 물음에 답하세요.

조건

노란색: 14의 $\frac{3}{7}$ 　　　빨간색: 14의 $\frac{4}{7}$

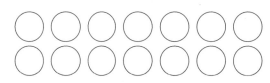

⑴ 노란색 ◯ 는 몇 개일까요?

　　　　(　　　　　　　　　　)

⑵ 빨간색 ◯ 는 몇 개일까요?

　　　　(　　　　　　　　　　)

⑶ 조건에 맞게 노란색과 빨간색으로 색칠해 보세요.

12 영주 어머니께서 달걀 10개의 $\frac{3}{5}$을 삶아 주셨습니다. 그림을 보고 영주 어머니께서 삶아 주신 달걀은 몇 개인지 구하세요.

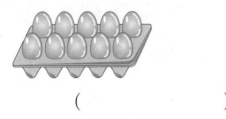

(   )

13 ☐ 안에 알맞은 수를 써넣으세요.

(1) 27의 $\frac{2}{9}$는 ☐ 입니다.

(2) 24의 $\frac{3}{8}$은 ☐ 입니다.

(3) 36의 $\frac{5}{6}$는 ☐ 입니다.

14 지호는 연필 15자루의 $\frac{2}{5}$를 동생에게 주었습니다. 동생에게 준 연필은 몇 자루일까요?

(   )

유형 3   분수만큼 알아보기 (2) ── 길이의 분수만큼

그림을 보고 ☐ 안에 알맞은 수를 써넣으세요.

| 0 | 9 | 18 | 27 | 36 (cm) |

36 cm의 $\frac{1}{4}$은 ☐ cm입니다.

36 cm의 $\frac{3}{4}$은 ☐ cm입니다.

유형 코칭

· 10 cm의 $\frac{3}{5}$ 알아보기

① 10 cm를 똑같이 5부분으로 나누어 봅니다.

② 5부분 중의 1부분을 알아봅니다.

➡ 2 cm

③ 5부분 중의 3부분을 알아봅니다.

➡ 2 cm의 3배: 6 cm

15 그림을 보고 ☐ 안에 알맞은 수를 써넣으세요.

0 1 2 3 4 5 6 7 8 9 10 11 12 13 14 15 (cm)

(1) 15 cm의 $\frac{2}{3}$는 ☐ cm입니다.

(2) 15 cm의 $\frac{2}{5}$는 ☐ cm입니다.

16 그림을 보고 □ 안에 알맞은 수를 써넣으세요.

(1) $\frac{1}{5}$ m는 □ cm입니다.

(2) $\frac{2}{5}$ m는 □ cm입니다.

창의·융합

17 조건에 맞게 규칙을 만들어 색칠해 보세요.

조건   초록색: 12의 $\frac{2}{3}$

| 0 | 1 | 2 | 3 | 4 | 5 | 6 | 7 | 8 | 9 | 10 | 11 | 12 |

(1) 초록색은 몇 칸일까요?

(   )

(2) 규칙을 만들어 위의 그림에 초록색을 칠해 보세요.

---

18 16의 $\frac{3}{4}$만큼 되는 곳의 기호를 찾아 쓰세요.

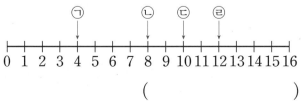

(   )

---

19 오른쪽 시계를 보고 □ 안에 알맞은 수를 써넣으세요.

(1) 1시간은 □ 분입니다.

(2) 1시간의 $\frac{1}{6}$은 □ 분입니다.

(3) 1시간의 $\frac{1}{4}$은 □ 분입니다.

---

20 건물의 높이는 28 m입니다. 건물 높이의 $\frac{3}{4}$만큼 되는 곳의 높이는 몇 m일까요?

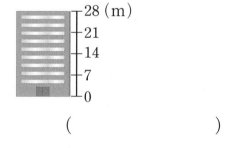

(   )

---

21 준영이는 48 cm짜리 막대를 가지고 있습니다. 이 막대의 $\frac{7}{8}$의 길이만큼 잘라서 사용했다면 준영이가 사용한 막대의 길이는 몇 cm일까요?

(   )

개념의 힘

개념 3 여러 가지 분수를 알아볼까요 (1), (2)

1. 진분수, 가분수 알아보기

- **진분수**: $\dfrac{1}{3}$, $\dfrac{2}{3}$, $\dfrac{3}{4}$과 같이 분자가 분모보다 작은 분수

- **가분수**: $\dfrac{3}{3}$, $\dfrac{4}{3}$와 같이 분자가 분모와 같거나 분모보다 큰 분수

- **자연수**: 1, 2, 3과 같은 수

 $\dfrac{2}{2}$, $\dfrac{3}{3}$, $\dfrac{4}{4}$와 같이 분모와 분자가 같은 분수는 자연수 1과 같아.

진분수 ⎰ $\dfrac{1}{3}$ $\dfrac{2}{3}$ ⎱ 가분수 ⎰ $\dfrac{3}{3}$ $\dfrac{4}{3}$ $\dfrac{5}{3}$ $\dfrac{6}{3}$ ⎱

0 ——— 1 ——— 2
└자연수 자연수┘

자연수와 같은 분수는 가분수구나!

2. 대분수 알아보기

(1) 대분수 알아보기

1과 $\dfrac{1}{3}$은 $1\dfrac{1}{3}$이라 씁니다.

쓰기 $1\dfrac{1}{3}$ 읽기 1과 3분의 1

대분수: $1\dfrac{1}{3}$과 같이 자연수와 진분수로 이루어진 분수

(2) 대분수와 가분수의 관계

대분수를 가분수로 나타내기

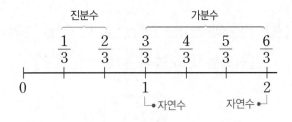

$2\dfrac{1}{3}$만큼 색칠하면 $\dfrac{1}{3}$이 7개 ➜ $2\dfrac{1}{3}=\dfrac{7}{3}$

가분수를 대분수로 나타내기

$\dfrac{9}{4}$만큼 색칠하면 2와 $\dfrac{1}{4}$ ➜ $\dfrac{9}{4}=2\dfrac{1}{4}$

개념 확인하기

1 알맞은 말에 ◯표 하세요.

$\dfrac{4}{5}$와 같이 분자가 분모보다 작은 분수를 (진분수 , 가분수)라고 합니다.

2 진분수에 ◯표, 가분수에 △표 하세요.

$\dfrac{1}{3}$ $\dfrac{4}{2}$ $\dfrac{5}{6}$ $1\dfrac{2}{7}$

3 $1\dfrac{1}{5}$을 가분수로 나타내려고 합니다. 물음에 답하세요.

(1) $1\dfrac{1}{5}$ 만큼 색칠하세요.

(2) 위 (1)의 그림을 보고 $1\dfrac{1}{5}$을 가분수로 나타내어 보세요.

(   )

개념 다지기

1 진분수는 '진', 가분수는 '가', 대분수는 '대'라고 쓰세요.

$$\frac{3}{7}$$ $$2\frac{2}{5}$$ $$\frac{10}{9}$$

(   )   (   )   (   )

2 분수를 읽어 보세요.

$$2\frac{5}{6}$$

(   )

3 자연수 1과 같은 분수를 모두 찾아 ○표 하세요.

$$\frac{2}{2}$$ $$\frac{3}{4}$$ $$\frac{9}{10}$$ $$\frac{7}{7}$$

4 보기 를 보고 오른쪽 그림을 대분수로 나타내어 보세요.

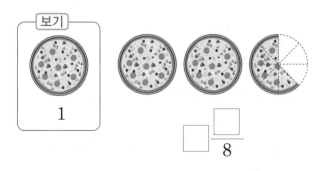

보기

1

$$\frac{\square}{8}$$

5 수직선에서 ↑가 가리키는 곳의 수를 대분수와 가분수로 각각 나타내어 보세요.

(1)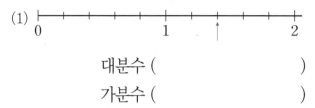

대분수 (   )

가분수 (   )

(2)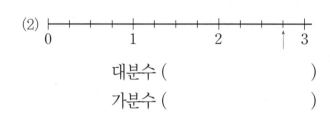

대분수 (   )

가분수 (   )

6 대분수는 가분수로, 가분수는 대분수로 나타내어 보세요.

(1) $$1\frac{5}{6} = \frac{\square}{6}$$

(2) $$\frac{13}{5} = \square\frac{\square}{5}$$

7 어떤 대분수를 가분수로 나타내었더니 $\frac{37}{9}$이었습니다. 어떤 대분수를 구하세요.

(   )

4
단원

분수

개념의 힘

개념 4 분모가 같은 분수의 크기를 비교해 볼까요

1. 분모가 같은 가분수끼리 크기 비교하기

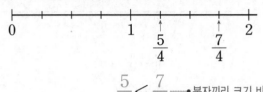

$$\frac{5}{4} < \frac{7}{4}$$ ●분자끼리 크기 비교

2. 분모가 같은 대분수끼리 크기 비교하기

(1) 자연수 부분의 크기가 다를 때

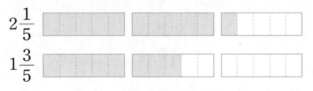

$$2\frac{1}{5} > 1\frac{3}{5}$$ ●자연수 부분끼리 크기 비교

(2) 자연수 부분의 크기가 같을 때

$$1\frac{2}{4} < 1\frac{3}{4}$$ ●분자끼리 크기 비교

3. 분모가 같은 가분수와 대분수의 크기 비교하기

• $\frac{8}{3}$과 $2\frac{1}{3}$의 크기 비교

> 대분수나 가분수로 통일하여 나타내어 크기를 비교해.

방법 1 대분수를 가분수로 나타내어 비교하기

$$\frac{8}{3} \bigcirc 2\frac{1}{3}\left(=\frac{7}{3}\right) \;\Rightarrow\; \frac{8}{3} \ggreater 2\frac{1}{3}$$

$\underbrace{\qquad}_{\frac{8}{3} > \frac{7}{3}}$

방법 2 가분수를 대분수로 나타내어 비교하기

$$\frac{8}{3}\left(=2\frac{2}{3}\right) \bigcirc 2\frac{1}{3} \;\Rightarrow\; \frac{8}{3} \ggreater 2\frac{1}{3}$$

$\underbrace{\qquad}_{2\frac{2}{3} > 2\frac{1}{3}}$

개념 확인하기

1 그림을 보고 더 큰 가분수에 ○표 하세요.

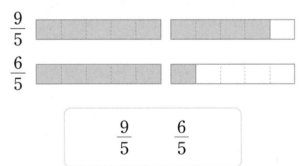

| $\dfrac{9}{5}$ | $\dfrac{6}{5}$ |

2 수직선을 보고 분수의 크기를 비교하여 ○ 안에 >, <를 알맞게 써넣으세요.

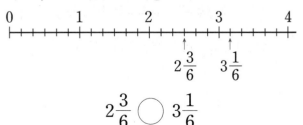

$$2\frac{3}{6} \bigcirc 3\frac{1}{6}$$

[3~4] $1\frac{3}{4}$과 $\frac{5}{4}$의 크기를 비교하려고 합니다. 물음에 답하세요.

3 $1\frac{3}{4}$을 가분수로 나타내어 보고 ○ 안에 >, <를 알맞게 써넣으세요.

$$1\frac{3}{4}\left(=\frac{\square}{4}\right) \bigcirc \frac{5}{4} \;\Rightarrow\; 1\frac{3}{4} \bigcirc \frac{5}{4}$$

4 $\frac{5}{4}$를 대분수로 나타내어 보고 ○ 안에 >, <를 알맞게 써넣으세요.

$$1\frac{3}{4} \bigcirc \frac{5}{4}\left(=\square\frac{\square}{4}\right) \;\Rightarrow\; 1\frac{3}{4} \bigcirc \frac{5}{4}$$

개념 다지기

1 수직선을 보고 $\frac{6}{4}$과 $\frac{10}{4}$ 중에서 더 큰 분수를 쓰세요.

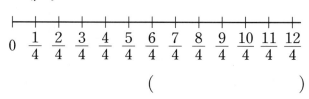

(   )

2 그림을 보고 두 분수의 크기를 비교하여 ○ 안에 >, <를 알맞게 써넣으세요.

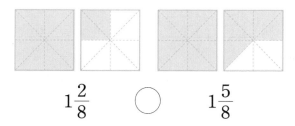

$1\frac{2}{8}$ ○ $1\frac{5}{8}$

3 두 분수의 크기를 비교하여 ○ 안에 >, <를 알맞게 써넣으세요.

$\frac{14}{4}$ ○ $\frac{11}{4}$

4 수직선에 $\frac{11}{5}$과 $1\frac{3}{5}$을 각각 나타내고, 더 작은 분수를 쓰세요.

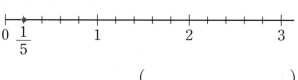

(   )

5 두 분수 중에서 더 큰 분수를 쓰세요.

$2\frac{4}{6}$ $\frac{17}{6}$

(   )

6 분수의 크기를 잘못 비교한 것을 찾아 기호를 쓰세요.

㉠ $5\frac{2}{4} > 5\frac{1}{4}$ ㉡ $\frac{41}{9} < \frac{35}{9}$

(   )

7 지선이네 강아지의 무게는 $\frac{38}{4}$ kg이고, 고양이의 무게는 $5\frac{1}{4}$ kg입니다. 강아지와 고양이 중 어느 동물의 무게가 더 무거울까요?

(   )

4

단원

분수

유형 **4** 진분수, 가분수 알아보기

그림을 보고 알맞은 분수로 나타내어 보세요.

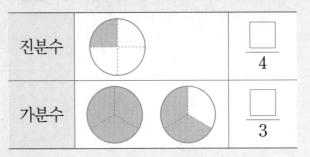

| 진분수 | | $\dfrac{\square}{4}$ |
| 가분수 | | $\dfrac{\square}{3}$ |

유형 코칭

• 진분수: 분자가 분모보다 작은 분수
• 가분수: 분자가 분모와 같거나 분모보다 큰 분수

$$\underbrace{\dfrac{1}{4},\ \dfrac{2}{4},\ \dfrac{3}{4}}_{\text{진분수}}\ /\ \underbrace{\dfrac{4}{4},\ \dfrac{5}{4},\ \dfrac{6}{4},\ \dfrac{7}{4},\ \dfrac{8}{4}}_{\text{가분수}}\cdots\cdots$$

1 가분수에 ○표 하세요.

| $\dfrac{7}{6}$ | $\dfrac{3}{5}$ | $\dfrac{2}{3}$ |

( ) ( ) ( )

2 진분수를 모두 찾아 쓰세요.

$$\dfrac{11}{10}\qquad \dfrac{6}{9}\qquad \dfrac{15}{15}\qquad \dfrac{5}{6}$$

( )

3 자연수 1과 같은 분수는 모두 몇 개일까요?

$$\dfrac{2}{4}\qquad \dfrac{5}{5}\qquad \dfrac{8}{4}\qquad \dfrac{9}{9}$$

( )

4 분수만큼 색칠해 보세요.

(1) $\dfrac{7}{8}$ m

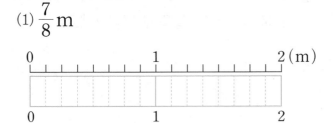

(2) $\dfrac{11}{8}$ m

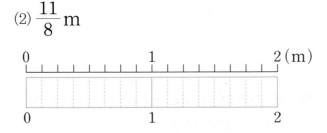

창의 · 융합

5 버터쿠키를 만드는 데 필요한 재료의 양입니다. 필요한 양을 진분수로 나타낸 재료는 무엇일까요?

밀가루	버터	달걀	슈가파우더
$\dfrac{20}{11}$ 컵	$1\dfrac{9}{25}$ 컵	$\dfrac{11}{20}$ 컵	$\dfrac{9}{9}$ 컵

( )

유형 5 대분수 알아보기

대분수를 모두 찾아 쓰세요.

$$2\frac{3}{4} \quad \frac{7}{3} \quad \frac{9}{10} \quad 3\frac{1}{5}$$

(   )

유형 코칭

- 대분수 $2\frac{3}{5}$을 가분수로 나타내는 방법

2를 $\frac{10}{5}$으로 나타내면 $2\frac{3}{5}$은 $\frac{1}{5}$이 13개입니다.

➡ $2\frac{3}{5} = \frac{13}{5}$

- 가분수 $\frac{9}{5}$를 대분수로 나타내는 방법

$\frac{5}{5}$는 1로, 나머지 $\frac{4}{5}$는 진분수로 나타냅니다.

➡ $\frac{9}{5} = 1\frac{4}{5}$

6 그림을 보고 대분수는 가분수로, 가분수는 대분수로 나타내어 보세요.

(1)
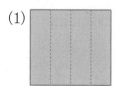 

$$2\frac{1}{4} = \frac{\boxed{}}{\boxed{}}$$

(2)
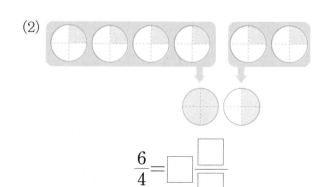

$$\frac{6}{4} = \boxed{}\frac{\boxed{}}{\boxed{}}$$

7 가분수를 대분수로 나타내어 보세요.

$$\frac{7}{2}$$

(   )

8 대분수 $1\frac{3}{7}$을 가분수로 바르게 나타낸 것에 ○표 하세요.

$$1\frac{3}{7} = \frac{4}{7} \qquad\qquad 1\frac{3}{7} = \frac{10}{7}$$

(   )   (   )

9 왼쪽 대분수의 분모가 될 수 <u>없는</u> 수를 보기에서 찾아 쓰세요.

$1\dfrac{5}{\boxed{}}$ 보기 3 7 8

(   )

10 대분수는 가분수로, 가분수는 대분수로 나타내어 보세요.

(1) $\dfrac{12}{7} = \boxed{}\dfrac{\boxed{}}{\boxed{}}$

(2) $2\dfrac{5}{7} = \dfrac{\boxed{}}{\boxed{}}$

창의 · 융합

11 수 카드 3장을 보고 물음에 답하세요.

| 3 | 6 | 7 |

(1) 수 카드 1장을 사용하여 분모가 5인 가분수를 모두 만들어 보세요.

( )

(2) 위 (1)의 가분수를 모두 대분수로 나타내어 보세요.

( )

12 소라가 만든 분수는 분자가 17이고 분모가 8입니다. 소라가 만든 분수를 대분수로 나타내어 보세요.

( )

유형 **6** 분수의 크기 비교하기

두 분수의 크기를 비교하여 ○ 안에 >, =, <를 알맞게 써넣으세요.

$$1\dfrac{3}{5} \bigcirc \dfrac{7}{5}$$

유형 코칭

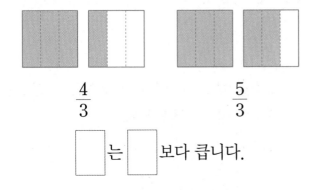

예) $1\dfrac{2}{4}$와 $\dfrac{9}{4}$의 크기 비교하기

방법 **1** 대분수를 가분수로 고쳐서 비교하기

$1\dfrac{2}{4} = \dfrac{6}{4} \;\rightarrow\; \dfrac{6}{4} \lessdot \dfrac{9}{4} \;\rightarrow\; 1\dfrac{2}{4} \lessdot \dfrac{9}{4}$

방법 **2** 가분수를 대분수로 고쳐서 비교하기

$\dfrac{9}{4} = 2\dfrac{1}{4} \;\rightarrow\; 1\dfrac{2}{4} \lessdot 2\dfrac{1}{4} \;\rightarrow\; 1\dfrac{2}{4} \lessdot \dfrac{9}{4}$

13 그림을 보고 □ 안에 알맞은 분수를 써넣으세요.

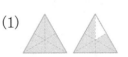

$\dfrac{4}{3}$　　　　$\dfrac{5}{3}$

$\boxed{}$ 는 $\boxed{}$ 보다 큽니다.

14 그림을 보고 분수의 크기를 비교하여 ○ 안에 >, <를 알맞게 써넣으세요.

(1)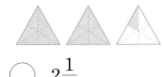

$$1\dfrac{5}{6} \bigcirc 2\dfrac{1}{6}$$

(2)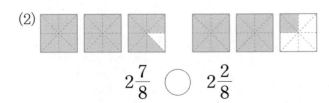

$$2\dfrac{7}{8} \bigcirc 2\dfrac{2}{8}$$

15 분수의 크기를 비교하고, □ 안에 알맞은 분수를 써넣으세요.

$$\frac{19}{10} \bigcirc 2\frac{3}{10}$$

대분수를 가분수로 바꾸어 분자의 크기를 비교하면 □ 이/가 □ 보다 더 큽니다.

16 두 분수의 크기를 비교하여 ○ 안에 >, =, <를 알맞게 써넣으세요.

$$\frac{7}{6} \bigcirc 2\frac{1}{6}$$

17 더 큰 분수의 기호를 쓰세요.

$$\bigcirc \frac{7}{3} \qquad \bigcirc 1\frac{2}{3}$$

(   )

18 가장 큰 분수를 찾아 쓰세요.

$$2\frac{1}{7} \qquad \frac{11}{7} \qquad 2\frac{4}{7}$$

(   )

19 두 분수의 크기를 비교하여 더 큰 분수를 □ 안에 써넣으세요.

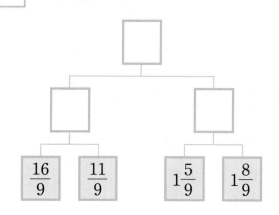

$$\frac{16}{9} \qquad \frac{11}{9} \qquad 1\frac{5}{9} \qquad 1\frac{8}{9}$$

20 찬영이는 분모가 6이고 $\frac{7}{6}$ 보다 작은 가분수를 만들었습니다. 찬영이가 만든 가분수를 찾아 쓰세요

$$\frac{3}{6} \qquad \frac{6}{6} \qquad \frac{8}{6} \qquad \frac{9}{6}$$

(   )

21 수연이가 가지고 있는 참외는 $1\frac{2}{8}$ kg, 복숭아는 $\frac{9}{8}$ kg입니다. 참외와 복숭아 중 어느 것이 더 가벼울까요?

(   )

4. 분수 • **111**

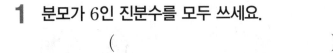

응용 유형 1 진분수 구하기

• 분모가 5인 진분수 구하기
분자는 1부터 4까지의 자연수입니다.

1 분모가 6인 진분수를 모두 쓰세요.

(   )

2 분모가 7인 진분수를 모두 쓰세요.

(   )

3 분모가 8이고 분자가 4보다 큰 진분수를 모두 쓰세요.

(   )

4 분모가 11이고 분자가 6보다 큰 진분수를 모두 쓰세요.

(   )

응용 유형 2 가분수에서 □ 안에 들어갈 수 있는 자연수 구하기

• 가분수 $\dfrac{3}{\square}$에서 □ 구하기

□=3 또는 3>□ ➡ □=1, 2, 3

• 가분수 $\dfrac{\square}{3}$에서 □ 구하기

□=3 또는 □>3 ➡ □=3, 4, 5, 6 ……

5 다음은 가분수입니다. □ 안에 들어갈 수 있는 자연수를 모두 쓰세요.

$$\dfrac{4}{\square}$$

(   )

6 다음은 가분수입니다. □ 안에 들어갈 수 있는 자연수를 모두 쓰세요.

$$\dfrac{7}{\square}$$

(   )

7 다음은 가분수입니다. 1부터 12까지의 자연수 중 □ 안에 들어갈 수 있는 수는 모두 몇 개일까요?

$$\dfrac{\square}{8}$$

(   )

응용 유형 3 분수만큼을 구하여 크기 비교하기

- 어떤 수의 분수만큼 구하기
  어떤 수를 분모로 나눈 몫에 분자만큼 곱합니다.

8 더 큰 수에 ○표 하세요.

| 24의 $\dfrac{1}{3}$ | 35의 $\dfrac{1}{7}$ |

(　　　　) 　　　(　　　　)

9 더 작은 수에 △표 하세요.

| 28의 $\dfrac{1}{4}$ | 32의 $\dfrac{1}{8}$ |

(　　　　) 　　　(　　　　)

10 가장 큰 수를 나타내는 것을 찾아 기호를 쓰세요.

| ㉠ 12의 $\dfrac{1}{3}$ 　　㉡ 16의 $\dfrac{1}{8}$ |
| ㉢ 36의 $\dfrac{3}{4}$ 　　㉣ 56의 $\dfrac{2}{7}$ |

(　　　　　　　　　)

응용 유형 4 □ 안에 들어갈 수 있는 수 구하기

분모가 같은 분수의 크기를 비교하여 □ 안에 들어갈 수를 찾습니다.

예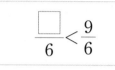

→ □ 안에는 17보다 작은 수가 들어갈 수 있습니다.

11 □ 안에 들어갈 수 있는 수에 모두 ○표 하세요.

$$\dfrac{\square}{6} < \dfrac{9}{6}$$

(6 , 7 , 8 , 9 , 10)

12 □ 안에 들어갈 수 있는 수에 모두 ○표 하세요.

$$\dfrac{\square}{3} > \dfrac{4}{3}$$

(2 , 3 , 4 , 5 , 6)

13 □ 안에 들어갈 수 있는 자연수를 모두 구하세요.

$$1\dfrac{7}{11} < \dfrac{\square}{11} < 1\dfrac{10}{11}$$

(　　　　　　　　　)

4

단원

분수

응용 유형 5 전체의 몇 분의 몇인지 알아보기

> ① 전체가 몇 묶음인지 알아봅니다. ➡ 분모
> ② 구하려는 것이 몇 묶음인지 알아봅니다. ➡ 분자
> ③ 위 ①, ②에서 구한 분모, 분자로 분수를 나타냅니다.

14 서준이는 연필 15자루를 3자루씩 묶은 것 중 몇 묶음을 친구들에게 선물하였습니다. 남은 연필이 3자루일 때, 서준이가 친구들에게 선물한 연필은 전체의 몇 분의 몇인지 분수로 나타내어 보세요.

( )

15 은서는 초콜릿 42개를 6개씩 묶은 것 중 몇 묶음을 선물했습니다. 선물하고 남은 초콜릿이 12개일 때, 은서가 선물한 초콜릿은 전체의 몇 분의 몇인지 분수로 나타내어 보세요.

( )

16 장미 63송이를 7송이씩 묶은 것 중 몇 묶음을 팔았습니다. 팔고 남은 장미의 수를 세어 보니 14송이였습니다. 판 꽃다발은 전체의 몇 분의 몇인지 분수로 나타내어 보세요.

( )

응용 유형 6 수 카드를 사용하여 분수 만들기

> • 수 카드로 가장 큰 대분수 만들기
>   자연수를 가장 크게 만들고, 나머지 수 카드로 진분수를 만듭니다.
> • 수 카드로 가장 작은 대분수 만들기
>   자연수를 가장 작게 만들고, 나머지 수 카드로 진분수를 만듭니다.

17 ⑨ , ④ , ⑦ 3장의 수 카드를 한 번씩 사용하여 가장 큰 대분수를 만들어 보세요.

( )

18 ⑤ , ③ , ⑧ 3장의 수 카드를 한 번씩 사용하여 가장 큰 대분수를 만들어 보세요.

( )

19 ② , ⑦ , ⑥ 3장의 수 카드를 한 번씩 사용하여 가장 작은 대분수를 만들어 보세요.

( )

응용 유형 7 어떤 수 구하기

어떤 수의 $\frac{1}{3}$이 8일 때, 어떤 수는 8×3입니다.

20 어떤 수의 $\frac{1}{4}$은 5입니다. 어떤 수는 얼마일까요?

(　　　　　　　)

21 어떤 수의 $\frac{1}{6}$은 7입니다. 어떤 수는 얼마일까요?

(　　　　　　　)

22 어떤 수의 $\frac{1}{8}$은 2입니다. 어떤 수의 $\frac{1}{4}$은 얼마일까요?

(　　　　　　　)

응용 유형 8 조건에 맞는 분수 구하기

• 분모와 분자의 합과 차가 주어질 때 분수 구하기
① 합에 알맞은 두 수를 모두 찾습니다.
② ①에서 찾은 두 수에서 차에 알맞은 것을 찾습니다.
③ ②에서 찾은 두 수로 알맞게 분수를 만듭니다.

23 분모와 분자의 합이 5, 차가 1인 진분수를 구하세요.

(　　　　　　　)

24 분모와 분자의 합이 7, 차가 3인 진분수를 구하세요.

(　　　　　　　)

25 분모와 분자의 합이 6, 차가 2인 가분수를 구하세요.

(　　　　　　　)

4 단원

분수

문제 해결력 **서술형** ≫

1-1 나무를 18그루 심으려고 합니다. 전체의 $\frac{1}{6}$을 심었다면 앞으로 심어야 할 나무는 몇 그루일까요?

(1) 18그루의 $\frac{1}{6}$은 몇 그루일까요?

(   )

(2) 앞으로 심어야 할 나무는 몇 그루일까요?

(   )

바로 쓰는 **서술형** ≫

1-2 지후는 연필 32자루를 가지고 있었는데 전체의 $\frac{3}{4}$을 혜수에게 주었습니다. 혜수에게 주고 남은 연필은 몇 자루인지 풀이 과정을 쓰고 답을 구하세요. [5점]

> 풀이

답 _____

문제 해결력 **서술형** ≫

2-1 무게가 $1\frac{3}{7}$ kg보다 무겁고 $\frac{13}{7}$ kg보다 가벼운 물건을 찾아 쓰세요.

물건	물병	아령	가방
무게	$\frac{9}{7}$ kg	$1\frac{5}{7}$ kg	$\frac{16}{7}$ kg

(1) $1\frac{3}{7}$을 가분수로 나타내어 보세요.

(   )

(2) 아령의 무게를 가분수로 나타내어 보세요.

(   )

(3) 무게가 $1\frac{3}{7}$ kg보다 무겁고 $\frac{13}{7}$ kg보다 가벼운 물건을 찾아 쓰세요.

(   )

바로 쓰는 **서술형** ≫

2-2 길이가 $2\frac{5}{8}$ m보다 길고 $\frac{27}{8}$ m보다 짧은 막대를 찾아 기호를 쓰려고 합니다. 풀이 과정을 쓰고 답을 구하세요. [5점]

막대	㉮	㉯	㉰
길이	$\frac{12}{8}$ m	$3\frac{1}{8}$ m	$\frac{30}{8}$ m

> 풀이

답 _____

문제 해결력 **서술형** ≫

3-1 오른쪽 분수는 $1\frac{3}{5}$보다 작은 가분수 입니다. 이 가분수의 분자가 될 수 있는 자연수를 모두 구하세요.

(1) $1\frac{3}{5}$을 가분수로 나타내어 보세요.

(   )

(2) 주어진 가분수의 분자가 될 수 있는 자연수를 모두 구하세요.

(   )

바로 쓰는 **서술형** ≫

3-2 오른쪽 분수는 $1\frac{4}{9}$보다 작은 가분수 입니다. 이 가분수의 분자가 될 수 있는 자연수를 모두 구하는 풀이 과정을 쓰고 답을 구하세요. [5점]

풀이

답 _____

문제 해결력 **서술형** ≫

4-1 지아와 선우는 길이가 48 cm인 끈을 각각 샀습니다. 지아는 끈의 $\frac{2}{6}$만큼 사용하고 선우는 $\frac{3}{8}$만큼 사용했습니다. 누가 끈을 몇 cm 더 많이 사용했을까요?

(1) 지아가 사용한 끈은 몇 cm일까요?

(   )

(2) 선우가 사용한 끈은 몇 cm일까요?

(   )

(3) 누가 끈을 몇 cm 더 많이 사용했을까요?

(   ), (   )

바로 쓰는 **서술형** ≫

4-2 은수와 영서는 길이가 72 cm인 테이프를 각각 샀습니다. 은수는 테이프의 $\frac{3}{9}$을 사용하고 영서는 $\frac{5}{8}$를 사용했습니다. 누가 테이프를 몇 cm 더 많이 사용했는지 풀이 과정을 쓰고 답을 구하세요. [5점]

풀이

답 _____, _____

4 단원

분수

1 그림을 보고 □ 안에 알맞은 수를 써넣으세요.

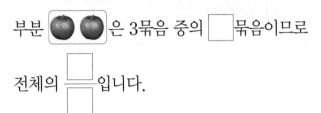

부분 🍎🍎 은 3묶음 중의 □ 묶음이므로

전체의 $\dfrac{□}{□}$ 입니다.

2 그림을 보고 □ 안에 알맞은 수를 써넣으세요.

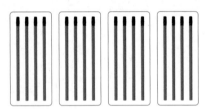

16을 4씩 묶으면 □ 묶음이 됩니다.

12는 16의 $\dfrac{□}{□}$ 입니다.

3 분모가 7인 진분수는 어느 것일까요?
··· (　　　)

① $\dfrac{7}{9}$　　② $\dfrac{3}{7}$　　③ $7\dfrac{1}{5}$

④ $\dfrac{7}{6}$　　⑤ $\dfrac{10}{7}$

4 두 분수의 크기를 비교하여 ○ 안에 >, <를 알맞게 써넣으세요.

$\dfrac{3}{6}$ ○ $\dfrac{8}{6}$

5 대분수를 모두 찾아 쓰세요.

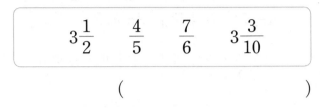

$3\dfrac{1}{2}$　　$\dfrac{4}{5}$　　$\dfrac{7}{6}$　　$3\dfrac{3}{10}$

(　　　　　　　　　)

6 49 cm의 $\dfrac{3}{7}$만큼 색칠하고 □ 안에 알맞은 수를 써넣으세요.

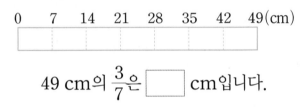

49 cm의 $\dfrac{3}{7}$은 □ cm입니다.

7 왼쪽 분수는 가분수입니다. □ 안에 들어갈 수 있는 수를 보기에서 찾아 쓰세요.

$\dfrac{□}{9}$　　보기 　3　5　9

(　　　　　　　　　)

8 ㉠과 ㉡에 알맞은 수를 각각 구하세요.

$\dfrac{㉠}{4}=1$　　　$\dfrac{㉡}{4}=2$

㉠ (　　　　　), ㉡ (　　　　　)

9 설명이 틀린 것을 찾아 기호를 쓰세요.

> ㉠ 4는 9의 $\frac{4}{9}$입니다.
>
> ㉡ 11은 8의 $\frac{8}{11}$입니다.

(　　　　　　)

10 그림을 보고 $\frac{4}{5}$ m는 몇 cm인지 구하세요.

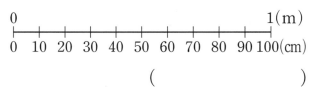

(　　　　　　)

11 다음을 만족하는 수는 모두 몇 개인지 구하세요.

> 분모가 5인 진분수

(　　　　　　)

12 블럭이 50개 있습니다. 성 모양을 만드는 데 전체의 $\frac{4}{5}$를 사용했습니다. 성을 만드는 데 사용한 블럭은 몇 개일까요?

(　　　　　　)

13 관계있는 것끼리 선으로 이어 보세요.

42의 $\frac{5}{6}$ ·

40의 $\frac{4}{5}$ ·

· 30

· 32

· 35

14 냄비에 물이 $2\frac{3}{7}$ L 들어 있습니다. 냄비에 들어 있는 물의 양을 가분수로 나타내면 몇 L일까요?

(　　　　　　)

15 감자를 유나는 $\frac{26}{16}$ kg 캤고 승지는 $1\frac{5}{16}$ kg 캤습니다. 감자를 더 많이 캔 사람의 이름을 쓰세요.

(　　　　　　)

4 단원

분수

융합형

16 배추흰나비의 애벌레가 알에서 나오는 데 걸리는 시간은 10분입니다. 1시간을 10분씩으로 나누면 10분은 1시간의 몇 분의 몇일까요?

 →

(   )

＊배추흰나비: 배추, 무, 양배추 등에 피해를 끼치는 나비.

17 1부터 9까지의 자연수 중 □ 안에 들어갈 수 있는 수를 모두 구하세요.

$$\frac{5}{7} < \frac{\square}{7} < 1\frac{3}{7}$$

(   )

18 3장의 수 카드를 한 번씩 사용하여 분모가 5인 대분수를 만들어 보세요.

7 5 2 → □ $\frac{\square}{\square}$

서술형

19 진호는 구슬을 56개 가지고 있습니다. 진호가 은수에게 구슬 전체의 $\frac{3}{8}$만큼을 주었습니다. 진호에게 남은 구슬은 몇 개인지 풀이 과정을 쓰고 답을 구하세요.

풀이 _____

_____

_____

_____

답 _____

서술형

20 ㉠과 ㉡의 합을 구하는 풀이 과정을 쓰고 답을 구하세요.

㉠ 14의 $\frac{3}{7}$ ㉡ 25의 $\frac{4}{5}$

풀이 _____

_____

_____

_____

답 _____

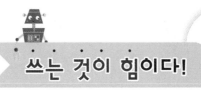 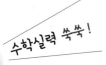

4단원 수학일기

쓰는 것이 힘이다!

수학실력 쑥쑥!

월	일	요일	이름

☆ **4단원**에서 배운 내용을 친구들에게 설명하듯이 써 봐요.

☆ **4단원**에서 배운 내용이 실생활에서 어떻게 쓰이고 있는지 찾아 써 봐요.

칭찬 & 격려해 주세요.

➜ QR코드를 찍으면
예시 답안을 볼 수
있어요.

5 들이와 무게

교과서 개념 카툰

개념 카툰 ① 들이의 단위

파트라슈~ 이제 우리가 할아버지 대신 우유 배달을 해야 해.

우선 제인 아줌마네는 1 L 400 mL야. 이걸 mL 단위로 바꾸면……

$$1 \text{ L} = 1000 \text{ mL}$$

이렇게 말해도 넌 개라서 이해 못 하겠구나.

$$1 \text{ L } 400 \text{ mL}$$
$$= 1000 \text{ mL} + 400 \text{ mL}$$
$$= 1400 \text{ mL}$$

다 이해했네……

개념 카툰 ② 들이의 차

아로아네는 5 L 700 mL!! 이 정도야 번쩍 들 수 있……

네로! 엄마가 1 L 200 mL는 덜어 내고 가져와 달라셔~!

아로아~ 그런 건 진작 말해주지……

L는 L끼리, mL는 mL끼리 빼면 4 L 500 mL구나. 휴~ 이제 들 수 있겠다.

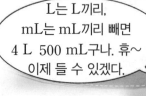

$$\begin{array}{r} 5 \text{ L } 700 \text{ mL} \\ - 1 \text{ L } 200 \text{ mL} \\ \hline 4 \text{ L } 500 \text{ mL} \end{array}$$

이미 배운 내용

[2-2] 3. 길이 재기
[3-1] 5. 길이와 시간

이번에 배우는 내용

✓ 들이와 무게 비교하기
✓ 들이와 무게의 단위
✓ 들이와 무게를 어림하고 재어 보기
✓ 들이와 무게의 덧셈과 뺄셈

앞으로 배울 내용

[5-2] 1. 수의 범위와 어림하기

개념 카툰 **3** 무게의 단위

개념 카툰 **4** 무게의 합과 차

개념의 힘

개념 1 들이를 비교해 볼까요

1. 여러 가지 방법으로 들이 비교하기

방법 1 주스병에 옮겨 담아 비교하기

우유병에 물을 가득 채운 뒤 주스병에 옮겨 담아 비교합니다.

우유병

주스병

> 우유병의 물이 주스병에 다 들어갔으니깐 주스병의 들이가 더 많은 거야.

방법 2 크기가 같은 수조에 옮겨 담아 비교하기

우유병과 주스병 모두 물을 가득 채운 뒤 크기가 같은 수조 2개에 병에 담긴 물을 각각 부어 수조에 담긴 물의 양을 비교합니다.

우유병   주스병

> 물의 높이가 더 높은 주스병의 들이가 더 많아.

2. 물병의 들이를 여러 가지 단위로 비교하기

민지의 물병과 영호의 물병의 들이를 여러 가지 단위로 비교해 봅니다. └ 종이컵, 요구르트병 등

민지 물병   영호 물병   종이컵

단위	민지 물병	영호 물병
종이컵	3개	5개

→ 영호 물병은 민지 물병보다 종이컵 2개 만큼 물이 더 많이 들어갑니다.

☑ 주의 **사용하는 단위가 다를 때 불편한 점**

들이를 비교할 때 사용하는 단위가 다르면 들이가 어느 것이 더 많은지 비교하기 어렵습니다.

개념 확인하기

1 어항에 물을 가득 채운 후 꽃병에 옮겨 담았더니 오른쪽과 같이 물이 넘쳤습니다. 들이가 더 많은 것에 ○표 하세요.

| 어항 | 꽃병 |

2 각 그릇에 물을 가득 채운 후 모양과 크기가 같은 그릇에 옮겨 담았습니다. 그릇의 들이가 더 적은 것에 △표 하세요.

(   )　　(   )

3 가와 나 물통에 물을 가득 채운 후 모양과 크기가 같은 작은 컵에 각각 가득 담았더니 다음과 같았습니다. □ 안에 알맞게 써넣으세요.

가　　　　　　　나

(1) 가 물통은 작은 컵으로 □컵, 나 물통은 작은 컵으로 □컵입니다.

(2) □ 물통이 □ 물통보다 물이 더 많이 들어갑니다.

▶ 빠른 정답 9쪽, 정답 및 풀이 40쪽

개념 다지기

1 들이가 더 많은 그릇에 ◯표 하세요.

(   )   (   )

2 우유병에 물을 가득 채운 후 물병에 옮겨 담았더니 오른쪽과 같이 물이 채워졌습니다. 알맞은 말에 ◯표 하세요.

우유병

물병

> 우유병의 들이가 물병의 들이보다 더 (많습니다 , 적습니다).

3 두 사람이 보온병에 각각 물을 가득 채웠다가 모양과 크기가 같은 그릇에 옮겨 담았습니다. 보온병의 들이가 더 적은 사람의 이름을 쓰세요.

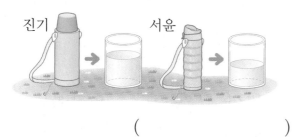

진기   서윤

(   )

4 두 비커에 물을 가득 채운 후 모양과 크기가 같은 작은 컵에 각각 가득 담았더니 다음과 같았습니다. 물음에 답하세요.

ㄱ   ㄴ

(1) 들이가 더 많은 비커를 찾아 기호를 쓰세요.

(   )

(2) ㄴ 비커는 ㄱ 비커보다 몇 컵만큼 물이 더 많이 들어갈까요?

(   )

(3) ㄴ 비커의 들이는 ㄱ 비커의 들이의 몇 배일까요?

(   )

5 수조에 물을 가득 채우려면 각각의 컵으로 다음과 같이 부어야 합니다. 들이가 더 적은 컵은 어느 색깔일까요?

> ▶ 부은 횟수가 많을수록 들이가 더 적습니다.

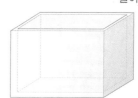

컵의 색깔	빨간색	노란색
부은 횟수(번)	10	12

(   )

5

단원

들이와 무게

개념 2 들이의 단위는 무엇일까요 / 들이를 어림하고 재어 볼까요

1. 들이의 단위 알아보기

(1) 1 L와 1 mL 알아보기

쓰기 **1 L 1 mL**

읽기 **1 리터 1 밀리리터**

$$1\ L = 1000\ mL$$

(2) '몇 L 몇 mL'와 '몇 mL'로 나타내기

1 L보다 300 mL 더 많은 들이

→ 쓰기 1 L 300 mL

읽기 1 **리터** 300 **밀리리터**

$$1\ L\ 300\ mL = 1300\ mL$$

1 L · 300 mL

2. 여러 가지 물건의 들이를 어림하고 재어 보기

들이를 어림하여 말할 때에는 **약 □ L**
또는 **약 □ mL**라고 합니다.

(1) 물건의 들이를 어림하고 재어 보기

물건	어림한 들이	직접 잰 들이
간장병	약 1 L	1 L 200 mL
물컵	약 200 mL	220 mL

 간장병은 500 mL짜리 우유갑으로 2번쯤
들어갈 것 같아서 약 1 L로 어림했어.

물컵은 100 mL짜리 요구르트병으로 2번쯤
들어갈 것 같아서 약 200 mL로 어림했어.

(2) 알맞은 단위 찾기

㉠ 욕조의 들이: 약 200 (mL ,(L))

약병의 들이: 약 30 ((mL), L)

개념 확인하기

1 다음을 쓰고 읽어 보세요.

6 mL

쓰기 _____

읽기 (_____)

2 그림을 보고 □ 안에 알맞은 수를 써넣으세요.

2 L보다 900 mL 더 많은 들이를
□ L □ mL라고 씁니다.

3 들이가 10 mL에 가장 가까운 것을 찾아 ○
표 하세요.

4 알맞은 단위를 찾아 ○표 하세요.

(1) 대야의 들이는 약 2 (mL , L)입니다.

(2) 컵의 들이는 약 400 (mL , L)입니다.

5 단원

들이와 무게

개념 다지기

1 주어진 들이를 읽어 보세요.

(1)
> 3 L

(   )

(2)
> 2 L 500 mL

(   )

2 오른쪽 생수통은 700 mL짜리 우유병으로 4번 들어갑니다. 생수통의 들이를 어림하여 알맞은 말에 ○표 하세요.

> 생수통의 들이는 2 L보다
> (많습니다 , 비슷합니다 , 적습니다).

3 들이의 단위 L와 mL 중에서 물건의 들이를 나타내는 데 알맞은 단위를 각각 쓰세요.

(   )   (   )

4 물의 양이 몇 mL인지 눈금을 읽어 보세요.

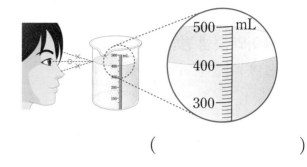

(   )

5 보기에 있는 물건을 선택하여 문장을 완성해 보세요.

> 보기
>
> 주전자   요구르트   수족관

(1) [   ]의 들이는 약 70 mL입니다.

(2) [   ]의 들이는 약 500 L입니다.

융합형

6 성인의 하루 수분 섭취 권장량을 mL로 나타내어 보세요.

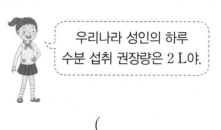

> 우리나라 성인의 하루
> 수분 섭취 권장량은 2 L야.

(   )

개념 3 들이의 덧셈과 뺄셈을 해 볼까요

L는 L끼리, mL는 mL끼리 더하거나 뺍니다.

1. 들이의 덧셈 방법 알아보기

(1) 받아올림이 없는 들이의 합

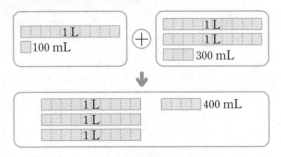

$$\begin{array}{r} 1\ \text{L} \quad 100\ \text{mL} \\ +\ 2\ \text{L} \quad 300\ \text{mL} \\ \hline 3\ \text{L} \quad 400\ \text{mL} \end{array}$$

(2) 받아올림이 있는 들이의 합

₁ → 1000 mL를 1 L로 받아올림

$$\begin{array}{r} 1\ \text{L} \quad 500\ \text{mL} \\ +\ 2\ \text{L} \quad 600\ \text{mL} \\ \hline 4\ \text{L} \quad 100\ \text{mL} \end{array}$$

2. 들이의 뺄셈 방법 알아보기

(1) 받아내림이 없는 들이의 차

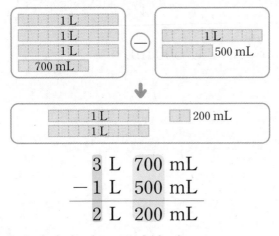

$$\begin{array}{r} 3\ \text{L} \quad 700\ \text{mL} \\ -\ 1\ \text{L} \quad 500\ \text{mL} \\ \hline 2\ \text{L} \quad 200\ \text{mL} \end{array}$$

(2) 받아내림이 있는 들이의 차

4   1000 → 1 L를 1000 mL로 받아내림

$$\begin{array}{r} \overset{4}{\cancel{5}}\ \text{L} \quad \overset{1000}{}300\ \text{mL} \\ -\ 3\ \text{L} \quad 800\ \text{mL} \\ \hline 1\ \text{L} \quad 500\ \text{mL} \end{array}$$

개념 확인하기

1 그림을 보고 □ 안에 알맞은 수를 써넣으세요.

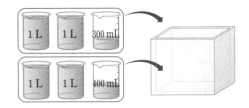

2 L 300 mL + 2 L 400 mL

= □ L □ mL

2 □ 안에 알맞은 수를 써넣으세요.

$$\begin{array}{r} \overset{1}{}\quad\ \ \ \\ 2\ \text{L} \quad 500 \quad \text{mL} \\ +\ 5\ \text{L} \quad 700 \quad \text{mL} \\ \hline \square\ \text{L} \quad \square \quad \text{mL} \end{array}$$

3 들이가 3 L 500 mL인 수조에 2 L 100 mL 만큼 물이 들어 있습니다. □ 안에 알맞은 수를 써넣으세요.

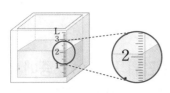

3 L 500 mL − 2 L 100 mL

= □ L □ mL

4 □ 안에 알맞은 수를 써넣으세요.

$$\begin{array}{r} \overset{5}{}\quad \overset{1000}{} \\ 6\ \text{L} \quad 100 \quad \text{mL} \\ -\ 2\ \text{L} \quad 700 \quad \text{mL} \\ \hline \square\ \text{L} \quad \square \quad \text{mL} \end{array}$$

▸ 빠른 정답 9쪽, 정답 및 풀이 41쪽

개념 다지기

1 계산해 보세요.

(1)
```
    1 L  200 mL
 +  4 L  600 mL
```

(2)
```
    3 L  600 mL
 -  1 L  500 mL
```

2 □ 안에 알맞은 수를 써넣으세요.

(1) 2200 mL + 3700 mL

= ☐ mL

= ☐ L ☐ mL

(2) 4800 mL - 2500 mL

= ☐ mL

= ☐ L ☐ mL

3 □ 안에 알맞은 수를 써넣으세요.

(1)
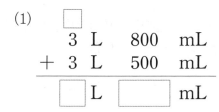
```
        ☐
    3 L    800   mL
 +  3 L    500   mL
    ☐ L    ☐     mL
```

(2)
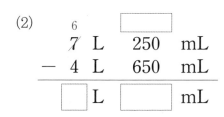
```
      6   ☐
    7 L    250   mL
 -  4 L    650   mL
    ☐ L    ☐     mL
```

4 두 사람이 말한 들이의 합은 몇 L 몇 mL인지 구하세요.

4 L 600 mL   1 L 300 mL

지희   형수

(   )

5 다음 계산에서 잘못된 부분을 찾아 바르게 고쳐 보세요.

```
    6 L  400 mL              6 L  400 mL
 -  3 L  900 mL    →      -  3 L  900 mL
    3 L  500 mL
```

6 피자 가게에서 콜라를 은혁이는 1 L 200 mL, 하선이는 400 mL 시켰습니다. 두 사람이 시킨 콜라는 모두 몇 L 몇 mL일까요?

식 _____

답 _____

5단원

들이와 무게

기본 유형의 힘

유형 1 들이 비교하기

음료수 캔에 물을 가득 채운 후 컵에 옮겨 담았더니 그림과 같이 흘러 넘쳤습니다. 들이가 더 많은 것에 ◯표 하세요.

(음료수 캔 , 컵)

유형 코칭

• 주스병에 물을 가득 채운 후 그릇에 옮겨 담았을 때, 그릇에 물이 넘쳤을 경우
→ 주스병의 들이가 더 많습니다.
• 비교하는 그릇들에 물을 가득 채운 후 모양과 크기가 같은 그릇에 각각 옮겨 담았을 때
→ 물의 높이가 높을수록 들이가 더 많습니다.

1 항아리에 물을 가득 채운 후 어항에 옮겨 담았더니 그림과 같이 물이 채워졌습니다. 들이가 더 많은 것은 어느 것일까요?

(   )

2 가, 나 그릇에 물을 가득 채운 후 모양과 크기가 같은 그릇에 옮겨 담았습니다. 들이가 더 많은 그릇의 기호를 쓰세요.

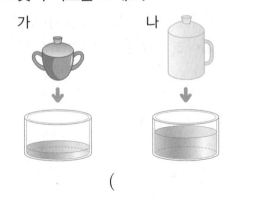

(   )

3 들이가 많은 순서대로 번호를 써 보세요.

(   ) (   ) (   )

융합형

4 통조림통과 꽃병에 물을 가득 채우기 위해 종이컵으로 물을 부었습니다. 들이가 더 많은 것은 어느 것일까요?

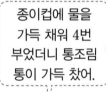
종이컵에 물을 가득 채워 4번 부었더니 통조림통이 가득 찼어.

같은 종이컵으로 물을 가득 채워 5번 부었더니 꽃병이 가득 찼어.

(   )

서술형

5 약수통과 물병의 들이를 비교하려고 합니다. 들이를 비교하는 방법을 쓰세요.

약수통   물병

방법 _____

_____

유형 2　들이의 단위

1 L 500 mL를 쓰고 읽어 보세요.

쓰기 ....

읽기 (　　　　　　　　　　　)

유형 코칭

• 1 L와 1 mL

쓰기 $1\,L\ 1\,mL$

읽기　1 리터　1 밀리리터

• 1 L보다 800 mL 더 많은 들이

쓰기 1 L 800 mL

읽기 1 리터 800 밀리리터

6 □ 안에 알맞은 수를 써넣으세요.

(1) 4700 mL = □ L □ mL

(2) 3 L = □ mL

7 주전자에 물을 가득 채운 후 비커에 모두 옮겨 담았습니다. 주전자의 들이는 몇 L 몇 mL일 까요?

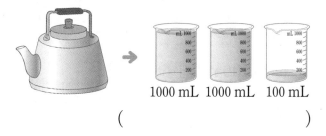

1000 mL　1000 mL　100 mL

(　　　　　　　　　　　)

8 그릇에 주스가 5 L보다 200 mL 더 많이 들 어 있습니다. 그릇에 들어 있는 주스는 몇 mL 일까요?

(　　　　　　　　　　　)

9 단위가 어색하거나 틀린 문장을 찾아 기호를 쓰고 바르게 고쳐 보세요.

> ㉠ 물뿌리개의 들이는 약 2 L입니다.
> ㉡ 요구르트병의 들이는 약 70 L입니다.

(　　　　　　　　　　　)

➜ _____

_____

10 물을 주성이는 1 L 50 mL 마셨고, 상우는 1100 mL 마셨습니다. 물을 더 많이 마신 사 람의 이름을 쓰세요.

(　　　　　　　　　　　)

유형 3   들이를 어림하고 재기

오른쪽 물통의 들이를 어림하여 □ 안에 L와 mL 중 알맞은 단위를 써넣으세요.

물통의 들이는 약 3 □ 입니다.

유형 코칭

- 들이를 어림하여 말할 때에는 약□L 또는 약□mL 라고 합니다.
- 어림한 들이와 실제 들이의 차가 작을수록 더 적절히 어림한 것입니다.

11 보기에 있는 들이를 선택하여 문장을 완성해 보세요.

┌ 보기 ┐
3 L   300 L   200 mL

(1) 냄비의 들이는 약 □ 입니다.

(2) 음료수 캔의 들이는 약 □ 입니다.

12 실제 들이가 1 L인 물병의 들이를 더 적절히 어림한 사람의 이름을 쓰세요.

> 진영: 물병에 250 mL 컵으로 3번쯤 들어 갑니다. 들이는 약 750 mL입니다.
>
> 재환: 물병에 500 mL 우유갑으로 1번, 200 mL 우유갑으로 2번 들어갑니다. 들이는 약 900 mL입니다.

(   )

유형 4   들이의 합과 차

□ 안에 알맞은 수를 써넣으세요.

(1)
```
    5 L   400   mL
+   2 L   500   mL
─────────────────
    □ L   □     mL
```

(2)
```
    9 L   600   mL
─   4 L   200   mL
─────────────────
    □ L   □     mL
```

유형 코칭

L는 L끼리, mL는 mL끼리 자리를 맞추어 쓴 후 계산합니다.

• 들이의 합	• 들이의 차
예 1	예 2 1000
1 L 500 mL	3 L 100 mL
+ 2 L 600 mL	− 600 mL
4 L 100 mL	2 L 500 mL

13 계산해 보세요.

(1)
```
    5 L   700 mL
+   1 L   500 mL
```

(2)
```
    4 L   400 mL
−   2 L   600 mL
```

14 □ 안에 알맞은 수를 써넣으세요.

(1) 2800 mL − 1500 mL

= □ mL

= □ L □ mL

(2) 1100 mL + 6800 mL

= □ mL

= □ L □ mL

15 두 들이의 합은 몇 L 몇 mL일까요?

| 2 L 600 mL | 2 L 300 mL |

(　　　　　　　)

16 빈칸에 알맞은 들이는 몇 L 몇 mL인지 써넣으세요.

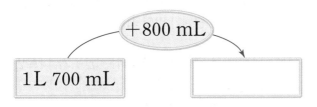

17 <u>잘못</u> 계산한 곳을 찾아 바르게 계산하세요.

$$\begin{array}{r} 6\,L\ \ 500\,mL \\ -\ 2\,L\ \ 900\,mL \\ \hline 4\,L\ \ 600\,mL \end{array}$$

↓

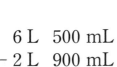

$$\begin{array}{r} 6\,L\ \ 500\,mL \\ -\ 2\,L\ \ 900\,mL \\ \hline \end{array}$$

융합형

18 2000원으로 더 많은 양의 우유를 사는 방법을 이야기 한 사람을 찾아 이름을 쓰세요.

초코우유 1팩은 값이 2000원이고 양이 1 L야.
지희

딸기우유 1팩은 값이 1000원이고 550 mL야.
성준

(　　　　　　　)

19 식용유가 3 L 200 mL 들어 있는 통에서 1 L 800 mL의 식용유를 덜어 내었습니다. 통에 남아 있는 식용유는 몇 L 몇 mL일까요?

식 _____

답 _____

20 예림이와 형준이가 이틀 동안 마신 물의 들이입니다. 누가 몇 mL 더 많이 마셨는지 차례로 구하세요.

	예림	형준
월요일	1 L	1 L 200 mL
화요일	550 mL	400 mL

(　　　　　), (　　　　　)

5. 들이와 무게

무게를 비교해 볼까요

1. 무게를 비교하는 방법

예 필통과 가위의 무게 비교하기

방법 1 양손에 들어서 무게 비교하기

양손에 물건을 하나씩 들고 무게를 비교해 봅니다. → 더 무겁게 느껴지는 필통의 무게가 더 무겁습니다.

방법 2 저울로 무게 비교하기

• 우선 저울의 영점을 맞추고 물건을 저울에 올립니다.

아래로 내려가는 쪽에 있는 필통이 더 무겁습니다.

2. 무게를 여러 가지 단위로 비교하기

필통과 가위의 무게를 단위를 사용하여 비교해 봅니다.

•바둑돌 9개   •바둑돌 4개

→ 필통이 가위보다 바둑돌 9-4=5(개)만큼 더 무겁습니다.

 같은 단위로 무게를 비교할 때에는 단위가 많이 사용된 물건이 더 무거워.

☑참고 **무게를 비교할 때 사용하는 단위가 다르면 불편한 점**
서로 다른 단위로 비교하면 어느 것이 더 무거운지 알기 어렵습니다.

개념 확인하기

1 무게를 비교하여 더 무거운 것에 ○표 하세요.

(   )   (   )

2 그림을 보고 더 가벼운 것에 ○표 하세요.

3 윗접시저울과 100원짜리 동전을 사용하여 어느 것이 얼마나 더 무거운지 알아보세요.

귤   5개   바나나   10개

(1) 귤의 무게는 100원짜리 동전 몇 개의 무게와 같을까요?

(   )

(2) 바나나의 무게는 100원짜리 동전 몇 개의 무게와 같을까요?

(   )

(3) 바나나가 귤보다 100원짜리 동전 몇 개만큼 더 무거울까요?

☐ - ☐ = ☐(개)

▶ 빠른 정답 10쪽, 정답 및 풀이 42쪽

5 단원

들이와 무게

개념 다지기

1 직접 들어서 무게를 비교했을 때 더 무거운 것에 ○표 하세요.

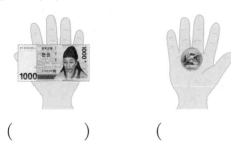

(   )   (   )

2 더 가벼운 것을 찾아 기호를 쓰세요.

(   )

3 지우개가 연필보다 공깃돌 몇 개만큼 더 무거울까요?

연필   8개   지우개   11개

(   )

4 단위를 사용하여 물건의 무게를 재려고 합니다. 단위로 사용하기에 알맞지 <u>않은</u> 물건을 찾아 쓰세요.

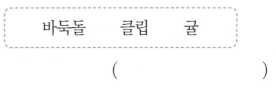

바둑돌   클립   귤

(   )

5 저울로 사과, 배, 감의 무게를 비교하고 있습니다. 사과, 배, 감 중에서 가장 가벼운 과일이 무엇인지 알 수 있는 방법을 써 보세요.

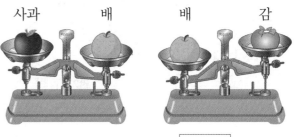

사과   배   배   감

방법 사과와 배 중에서는 ☐ 가 더 가볍고 배와 감 중에서는 ☐ 이/가 더 가벼우므로 사과와 ☐ 의 무게를 저울을 사용하여 비교합니다.

6 1개의 무게가 더 가벼운 것은 무엇일까요?

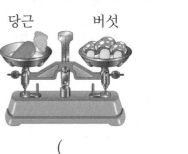

당근   버섯

(   )

개념 5 무게의 단위는 무엇일까요 / 무게를 어림하고 재어 볼까요

1. 무게의 단위 알아보기

(1) kg과 g 알아보기

눈금과 단위를 같이 읽어!

쓰기 **1kg 1g**

읽기 **1 킬로그램 1 그램**

$$1\ kg = 1000\ g$$

(2) '몇 kg 몇 g'과 '몇 g'으로 나타내기

1 kg보다 400 g 더 무거운 무게

→ 쓰기 1 kg 400 g

읽기 **1 킬로그램 400 그램**

$$1\ kg\ 400\ g = 1400\ g$$

(3) 1 t: 1000 kg의 무게

쓰기 **1 t**   읽기 **1 톤**

2. 여러 가지 물건의 무게를 어림하고 재어 보기

무게를 어림하여 말할 때에는 **약 ☐ kg** 또는 **약 ☐ g**이라고 합니다.

(1) 물건의 무게를 어림하고 재어 보기

물건	어림한 무게	직접 잰 무게
노트북	약 1 kg 100 g	1 kg 200 g
컵	약 100 g	130 g

 노트북은 1 kg보다 조금 무거우므로 약 1 kg 100 g으로 어림했어.

컵은 200 g짜리 물건보다 가벼워서 약 100 g으로 어림했어.

(2) 알맞은 단위 찾기

예 고양이의 무게: 약 3 (g , ⓚg)

헬리콥터의 무게: 약 7 (g , kg , ⓣ)

개념 확인하기

1 다음을 써 보세요.

(1) 3 kg ....

(2) 5 g ....

2 ☐ 안에 알맞은 수를 써넣으세요.

(1) 2 kg 100 g = ☐ kg + 100 g

= ☐ g + 100 g

= ☐ g

(2) 1 t = ☐ kg

3 무게가 100 g에 더 가까운 것에 ○표 하세요.

(   )   (   )

4 보기 에 주어진 단어를 선택하여 문장을 완성해 보세요.

보기
코끼리   국어사전   지우개

(1) ☐ 의 무게는 약 4 t입니다.

(2) ☐ 의 무게는 약 10 g입니다.

개념 다지기

1 주어진 무게를 쓰고 읽어 보세요.

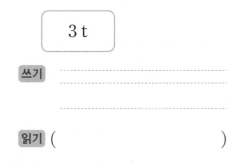

| 3 t |

쓰기 ------------------------------------

읽기 (　　　　　　　　　　)

2 [보기] 중에서 □ 안에 알맞은 단위를 써넣으세요.

┌─ 보기 ─────────────┐
│　　g　　kg　　t　　│
└────────────────────┘

(1) 탁구공의 무게는 약 2 □ 입니다.

(2) 텔레비전의 무게는 약 2 □ 입니다.

3 저울의 눈금을 읽어 보세요.

(1)
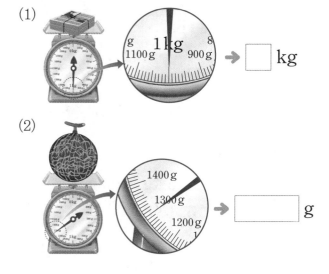
→ □ kg

(2)
→ □ g

4 오른쪽 호른의 무게를 바르게 읽은 사람의 이름을 쓰세요.

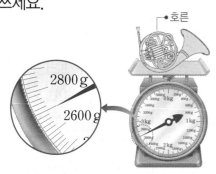

●호른

태경	약 2 kg 700 g
주희	약 27 kg

(　　　　　　　　　　)

5 무게를 비교하여 ○ 안에 >, =, <를 알맞게 써넣으세요.

6 kg 6 g ○ 6600 g

6 단위가 어색한 문장을 찾아 기호를 쓰고 문장을 바르게 고쳐 보세요.

┌─────────────────────────────────┐
│ ㉠ 사과 한 박스의 무게는 약 8 t입니다. │
│ ㉡ 연필 한 자루의 무게는 약 8 g입니다. │
└─────────────────────────────────┘

(　　　　　　　　　　)

→ □□□□의 무게는 약 8 □

입니다.

개념 6 무게의 덧셈과 뺄셈을 해 볼까요

> kg은 kg끼리, g은 g끼리 더하거나 뺍니다.

1. 무게의 덧셈 방법 알아보기

(1) 받아올림이 없는 무게의 합

$$\begin{array}{r} 2\ \text{kg}\quad 300\ \text{g} \\ +\ 1\ \text{kg}\quad 200\ \text{g} \\ \hline 3\ \text{kg}\quad 500\ \text{g} \end{array}$$

(2) 받아올림이 있는 무게의 합

> 1000 g을 1 kg으로 받아올림.

$$\begin{array}{r} {}^{1}\ 1\ \text{kg}\quad 600\ \text{g} \\ +\ 2\ \text{kg}\quad 800\ \text{g} \\ \hline 400\ \text{g} \end{array} \rightarrow \begin{array}{r} {}^{1}\ 1\ \text{kg}\quad 600\ \text{g} \\ +\ 2\ \text{kg}\quad 800\ \text{g} \\ \hline 4\ \text{kg}\quad 400\ \text{g} \end{array}$$

600+800=1400 ●┘   └● 1+1+2=4

2. 무게의 뺄셈 방법 알아보기

(1) 받아내림이 없는 무게의 차

$$\begin{array}{r} 3\ \text{kg}\quad 500\ \text{g} \\ -\ 1\ \text{kg}\quad 400\ \text{g} \\ \hline 2\ \text{kg}\quad 100\ \text{g} \end{array}$$

(2) 받아내림이 있는 무게의 차

> 1 kg을 1000 g으로 받아내림.

$$\begin{array}{r} {}^{6}\ 7\ \text{kg}\quad {}^{1000}\ 300\ \text{g} \\ -\ 4\ \text{kg}\quad 700\ \text{g} \\ \hline 600\ \text{g} \end{array} \rightarrow \begin{array}{r} {}^{6}\ 7\ \text{kg}\quad {}^{1000}\ 300\ \text{g} \\ -\ 4\ \text{kg}\quad 700\ \text{g} \\ \hline 2\ \text{kg}\quad 600\ \text{g} \end{array}$$

1000+300-700=600 ●┘   └● 7-1-4=2

개념 확인하기

1 그림을 보고 ☐ 안에 알맞은 수를 써넣으세요.

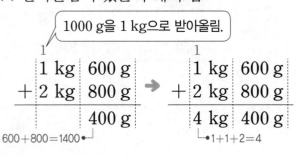

$$1\ \text{kg}\ 500\ \text{g} + 3\ \text{kg}\ 200\ \text{g}$$

$$= \boxed{}\ \text{kg}\ \boxed{}\ \text{g}$$

3 그림을 보고 ☐ 안에 알맞은 수를 써넣으세요.

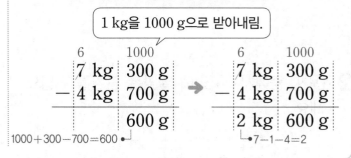

$$2\ \text{kg}\ 700\ \text{g} - 1\ \text{kg}\ 300\ \text{g}$$

$$= \boxed{}\ \text{kg}\ \boxed{}\ \text{g}$$

2 ☐ 안에 알맞은 수를 써넣으세요.

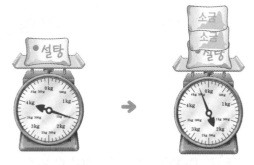

$$\begin{array}{r} {}^{1}\ 3\ \text{kg}\quad 800\quad\text{g} \\ +\ 2\ \text{kg}\quad 700\quad\text{g} \\ \hline \boxed{}\ \text{kg}\quad \boxed{}\quad\text{g} \end{array}$$

4 계산해 보세요.

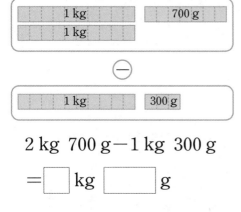

$$\begin{array}{r} 6\ \text{kg}\quad 200\ \text{g} \\ -\ 1\ \text{kg}\quad 400\ \text{g} \\ \hline \end{array}$$

개념 다지기

1 □ 안에 알맞은 수를 써넣으세요.

(1)
```
    5  kg    900  g
+   1  kg    200  g
   □  kg    □    g
```

(2)
```
         1000
    8  kg    300  g
-   4  kg    600  g
   □  kg    □    g
```

2 3 kg 200 g+4 kg 600 g의 계산 결과를 찾아 기호를 쓰세요.

> ㉠ 7 kg 800 g   ㉡ 8 kg 800 g

(   )

3 빈칸에 알맞은 무게는 몇 kg 몇 g인지 써넣으세요.

1 kg 300 g

+2 kg 400 g

4 다음을 계산하여 몇 kg 몇 g인지 구하세요.

6900 g − 2100 g

(   )

5 두 사람의 몸무게의 합은 몇 kg 몇 g인지 구하세요.

40 kg 100 g   35 kg 350 g

형수   나경

식 _____

답 _____

6 태호가 가방을 메고 무게를 재면 35 kg 200 g이고, 태호만 무게를 재면 32 kg 700 g입니다. 가방의 무게는 몇 kg 몇 g일까요?

식 _____

답 _____

유형 5 무게 비교하기

더 무거워 보이는 것에 ○표 하세요.

(   )   (   )

유형 코칭

- 양손으로 직접 들어 보거나 저울을 사용하여 어느 것이 더 무거운지 알 수 있습니다.
- 저울을 사용할 때 아래로 내려가는 쪽에 있는 물건이 더 무겁습니다.

1 감과 귤 중 어느 것이 더 무거울까요?

감   귤

(   )

2 무게가 무거운 순서대로 1, 2, 3을 써넣으세요.

(   )   (   )   (   )

3 그림을 보고 □ 안에 알맞은 수를 써넣고, 알맞은 말에 ○표 하세요.

연필   동전 5개   볼펜   동전 4개

볼펜이 연필보다 동전 □개만큼 더
(무겁습니다 , 가볍습니다).

4 그림을 보고 초콜릿과 도넛의 무게를 바르게 비교한 사람의 이름을 쓰세요.

500원짜리
동전 3개   초콜릿   100원짜리
동전 3개   도넛

지희: 초콜릿과 도넛의 무게는 같습니다.
      각각 동전 3개의 무게와 같기 때문
      입니다.
호원: 초콜릿과 도넛의 무게는 다릅니다.

(   )

5 골프공과 야구공을 양손에 들어 보니 무게가 비슷하여 어느 것이 더 무거운지 알 수 없었습니다. 두 공의 무게를 비교할 수 있는 방법을 써 보세요.

방법 저울의 양쪽 접시에 □과
□을 각각 올려 무게를 비교합니다.
아래로 내려온 쪽의 공이 더 □습니다.

유형 6 무게의 단위

□ 안에 알맞게 써넣으세요.

(1) 2 kg보다 700 g 더 무거운 무게

→ □ kg □ g

(2) 900 kg보다 100 kg 더 무거운 무게

→ 1 □

유형 코칭

· 1 g, 1 kg, 1 t

쓰기 1g　1kg　1t

읽기 　1 그램　　1 킬로그램　　1 톤

· 1 kg보다 300 g 더 무거운 무게

쓰기 1 kg 300 g

읽기 1 킬로그램 300 그램

6 저울의 눈금을 읽어 보세요.

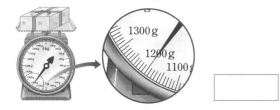

□ g

7 무게의 단위로 g을 사용하기에 적당한 것에 ○표, kg을 사용하기에 적당한 것에 △표 하세요.

(　)　　(　)　(　)

8 무게가 같은 것끼리 선으로 이어 보세요.

| 2 kg 300 g | · | · | 2300 g |

| 2 kg 700 g | · | · | 2070 kg |

| 2 t 70 kg | · | · | 2700 g |

9 지수가 주운 밤의 무게를 재었습니다. 밤은 모두 몇 kg 몇 g일까요?

(　　　　　)

10 단위가 틀린 문장을 찾아 기호를 쓰고 바르게 고쳐 보세요.

㉠ 4 kg 30 g은 4030 g입니다.
㉡ 2800 g은 2 kg 800 g입니다.
㉢ 5160 g은 5 kg 16 g입니다.

(　　　　　)

→ _____

_____

유형 7 무게를 어림하고 재기

보기 에 주어진 물건을 선택하여 문장을 완성해 보세요.

보기

자동차   책상   토마토

(1) [ ]의 무게는 약 10 kg입니다.

(2) [ ]의 무게는 약 2 t입니다.

유형 코칭

• 무게를 어림하여 말할 때에는 약 □ kg 또는 약 □ g이라고 합니다.

유형 8 무게의 합과 차

□ 안에 알맞은 수를 써넣으세요.

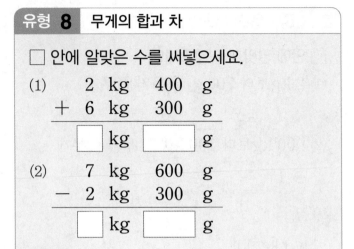

(1)   2 kg   400   g
    + 6 kg   300   g
     [ ] kg [ ] g

(2)   7 kg   600   g
    − 2 kg   300   g
     [ ] kg [ ] g

유형 코칭

kg은 kg끼리, g은 g끼리 자리를 맞추어 쓴 후 계산합니다.

• 무게의 합

예   1
    3 kg 500 g
  + 2 kg 600 g
    6 kg 100 g

• 무게의 차

예   3   1000
    4 kg 100 g
  − 2 kg 300 g
    1 kg 800 g

---

11 무게가 1 t보다 무거운 것을 찾아 기호를 쓰세요.

㉠ 자전거 2대
㉡ 비행기 1대
㉢ 공책 3권

(   )

융합형

12 하마의 무게는 약 100 kg입니다. 1 t은 하마의 무게의 약 몇 배쯤 될까요?

약 (   )

---

13 그림을 보고 □ 안에 알맞은 수를 써넣으세요.

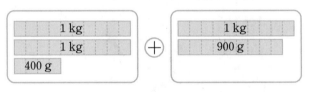

1 kg
1 kg
400 g
⊕
1 kg
900 g

2 kg 400 g + 1 kg 900 g

= [ ] kg [ ] g

14 계산해 보세요.

(1)   4 kg 800 g
    + 3 kg 500 g

(2)   6 kg 700 g
    − 4 kg 900 g

---

15 □ 안에 알맞은 수를 써넣으세요.

(1) 3600 g＋5100 g＝ □ g

＝ □ kg □ g

(2) 5800 g－2600 g＝ □ g

＝ □ kg □ g

16 빈칸에 알맞은 무게는 몇 kg 몇 g인지 써넣으세요.

3 kg 200 g

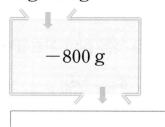

－800 g

17 두 물건의 무게의 합은 몇 kg 몇 g일까요?

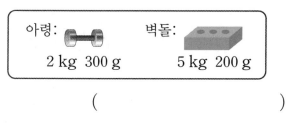

아령: 2 kg 300 g   벽돌: 5 kg 200 g

(   )

18 잘못 계산한 사람의 이름을 쓰고, 바르게 계산한 값을 구하세요.

종민: 1 kg 500 g
     ＋ 4 kg 500 g
     ─────────────
        6 kg

하은: 7 kg 700 g
      － 1 kg 800 g
     ─────────────
        6 kg 900 g

이름 (   )

바르게 계산한 값 (   )

19 우용이의 몸무게는 38 kg 500 g이고, 수지의 몸무게는 35 kg 250 g입니다. 우용이는 수지보다 몇 kg 몇 g 더 무거울까요?

식 _____

답 _____

20 5 kg까지 담을 수 있는 가방이 있습니다. 이 가방에 1 kg 700 g의 물건이 담겨 있다면 몇 kg 몇 g을 더 담을 수 있는지 구하세요.

식 _____

답 _____

응용 유형 **1** 알맞은 무게의 단위 찾기

kg은 1 kg보다 무거운 물건, g은 1 kg보다 가벼운 물건, t은 1 t보다 무거운 물건의 무게를 나타내기에 알맞은 단위입니다.

1 kg과 g 중에서 물건의 무게를 나타내는 데 알맞은 단위를 쓰세요.

> 아기 젖병

( )

2 kg과 g 중에서 물건의 무게를 나타내는 데 알맞은 단위를 쓰세요.

> 욕조

( )

3 무게를 t으로 나타내기에 알맞은 것을 찾아 기호를 쓰세요.

> ㉠ 선풍기 　 ㉡ 종이컵
> ㉢ 버스 　 ㉣ 요구르트병

( )

응용 유형 **2** 무게 비교하기

방법 **1** '몇 kg 몇 g'을 '몇 g'으로 바꾸어 비교
방법 **2** '몇 g'을 '몇 kg 몇 g'으로 바꾸어 비교

4 더 무거운 것을 찾아 기호를 쓰세요.

> ㉠ 5050 g 　 ㉡ 5 kg 100 g

( )

5 더 무거운 것을 찾아 기호를 쓰세요.

> ㉠ 3 kg 250 g 　 ㉡ 3100 g

( )

6 더 가벼운 과일을 찾아 이름을 쓰세요.

> 파인애플: 1 kg 450 g
> 바나나: 1030 g

( )

응용 유형 3　주전자의 들이 구하기

① 주전자에 물을 가득 채운 후 1000 mL짜리 비커에 담았을 때 꽉찬 비커의 수를 구합니다.
　예 1000 mL짜리 비커 2개 ➡ 2000 mL
② 꽉 차지 않은 비커는 몇 mL인지 구합니다.
③ 위 ①과 ②에서 구한 비커의 들이를 더하여 주전자의 들이를 구합니다.

7　주전자에 물을 가득 채운 후 비커에 모두 옮겨 담았습니다. 주전자의 들이는 몇 mL일까요?

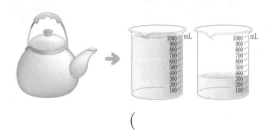

（　　　　　　　）

8　대야에 물을 가득 채운 후 비커에 모두 옮겨 담았습니다. 대야의 들이는 몇 mL일까요?

（　　　　　　　）

9　약수통에 물을 가득 채운 후 비커에 모두 옮겨 담았습니다. 약수통의 들이는 몇 mL일까요?

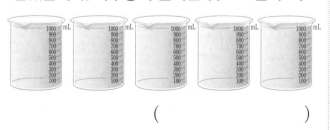

（　　　　　　　）

응용 유형 4　빈 그릇의 무게

（빈 그릇의 무게）
＝（물건을 담은 그릇의 무게）－（물건의 무게）

10　만두를 담은 접시의 무게는 1 kg 800 g입니다. 만두의 무게가 900 g이라면 빈 접시의 무게는 몇 g일까요?

식 _____

답 _____

11　구슬을 담은 상자의 무게는 2 kg 500 g입니다. 구슬의 무게가 1 kg 900 g이라면 빈 상자의 무게는 몇 g일까요?

식 _____

답 _____

12　사과를 담은 바구니의 무게는 6 kg 600 g입니다. 사과의 무게가 5 kg 800 g이라면 빈 바구니의 무게는 몇 g일까요?

식 _____

답 _____

5 단원

들이와 무게

① 어림한 무게와 실제 무게의 차를 구합니다.
② 차가 가장 작은 사람이 가장 적절히 어림한 사람입니다.

13 실제 무게가 1 kg 200 g인 시계의 무게를 가장 적절히 어림한 사람의 이름을 쓰세요.

이름	어림한 무게
은수	1 kg 100 g
지영	1 kg 350 g
하람	990 g

( )

14 세 명이 각각 토마토를 비닐 주머니 속에 1 kg쯤 되게 넣고 무게를 재어 보았습니다. 1 kg에 가장 적절히 어림한 사람의 이름을 쓰세요.

이름	실제 무게
수아	970 g
진주	1 kg 200 g
미영	1 kg 110 g

( )

세 종류의 그릇으로 같은 크기의 그릇에 각각 물을 가득 채워 부을 때 물을 부은 횟수가 적을수록 들이가 많습니다.

15 ㉮, ㉯, ㉰ 컵에 물을 가득 담아 모양과 크기가 같은 어항에 각각 부어 가득 채울 때 부은 횟수를 나타낸 표입니다. 들이가 많은 컵부터 차례로 기호를 쓰세요.

컵	㉮	㉯	㉰
부은 횟수(번)	16	14	11

( )

16 ㉠, ㉡, ㉢ 컵에 물을 가득 담아 모양과 크기가 같은 수조에 각각 부어 가득 채울 때 부은 횟수를 나타낸 표입니다. 들이가 많은 컵부터 차례로 기호를 쓰세요.

컵	㉠	㉡	㉢
부은 횟수(번)	11	9	13

( )

17 ㉠, ㉡, ㉢ 컵에 물을 가득 담아 모양과 크기가 같은 수조에 각각 부어 가득 채울 때 부은 횟수를 나타낸 표입니다. 들이가 많은 컵부터 차례로 기호를 쓰세요.

컵	㉠	㉡	㉢
부은 횟수(번)	8	10	14

( )

5 단원

들이와 무게

응용 유형 7 □ 안에 알맞은 수 구하기

① 받아올림 또는 받아내림이 있는지 살펴봅니다.
② 1 kg＝1000 g임을 이용하여 □ 안에 알맞은 수를 구합니다.

18 □ 안에 알맞은 수를 써넣으세요.

	2	kg	[ ]	g
＋	3	kg	800	g
	[ ]	kg	200	g

19 □ 안에 알맞은 수를 써넣으세요.

	4	kg	[ ]	g
＋	5	kg	200	g
	[ ]	kg	100	g

20 □ 안에 알맞은 수를 써넣으세요.

	3	kg	700	g
－	1	kg	[ ]	g
	[ ]	kg	800	g

응용 유형 8 주어진 들이만큼 담는 방법 알아보기

방법 1 들이를 합하는 방법
㉮ 그릇과 ㉯ 그릇의 들이를 더하여 주어진 들이가 되는 방법을 찾습니다.

방법 2 들이를 덜어내는 방법
㉮ 그릇과 ㉯ 그릇의 들이의 차를 이용하여 주어진 들이가 되는 방법을 찾습니다.

21 ㉮ 그릇과 ㉯ 그릇의 들이를 나타낸 표입니다. 두 그릇을 이용하여 수조에 물 10 L를 담는 방법과 그렇게 생각한 이유를 쓰세요.

㉮ 그릇	㉯ 그릇
2 L 500 mL	7 L 500 mL

방법 _____

_____

이유 _____

_____

22 ㉮ 물병과 ㉯ 물병의 들이를 나타낸 표입니다. 두 물병을 이용하여 대야에 물 1 L를 담는 방법과 그렇게 생각한 이유를 쓰세요.

㉮ 물병	㉯ 물병
1 L 250 mL	250 mL

방법 _____

_____

이유 _____

_____

문제 해결력 **서술형** ≫

1-1 윤주의 몸무게는 25 kg 420 g이고, 한진이의 몸무게는 윤주보다 6 kg 360 g 더 무겁습니다. 한진이의 몸무게는 몇 kg 몇 g일까요?

(1) 한진이의 몸무게를 구하려면 주어진 두 무게를 더해야 할지, 빼야 할지 알맞은 것에 ○표 하세요.

(덧셈 , 뺄셈)

(2) 한진이의 몸무게는 몇 kg 몇 g일까요?

(   )

바로 쓰는 **서술형** ≫

1-2 아버지의 몸무게는 72 kg 300 g이고, 삼촌의 몸무게는 아버지보다 5 kg 더 가볍습니다. 삼촌의 몸무게는 몇 kg 몇 g인지 풀이 과정을 쓰고 답을 구하세요. [5점]

풀이

답 _____

문제 해결력 **서술형** ≫

2-1 한 달에 한 번씩 선인장에 다음과 같은 양의 물을 줍니다. 1년 동안 선인장에 주어야 할 물은 모두 몇 L 몇 mL일까요?

(1) 한 달에 한 번씩 선인장에 주는 물은 몇 mL일까요?

(   )

(2) 1년 동안 선인장에 주어야 할 물은 모두 몇 L 몇 mL일까요?

(   )

바로 쓰는 **서술형** ≫

2-2 수도꼭지에서 한 시간에 50 mL씩 물이 샙니다. 하루 동안 새는 물은 모두 몇 L 몇 mL인지 풀이 과정을 쓰고 답을 구하세요. [5점]

풀이

답 _____

문제 해결력 **서술형** ≫

3-1 두 사람이 각각 우유를 마시기 전과 마신 후의 우유의 들이를 나타낸 표입니다. 두 사람이 마신 우유는 모두 몇 mL인지 구하세요.

	영재	태희
마시기 전	2 L	2 L 500 mL
마신 후	1 L 200 mL	1 L 800 mL

(1) 영재가 마신 우유는 몇 mL일까요?

(　　　　　　　)

(2) 태희가 마신 우유는 몇 mL일까요?

(　　　　　　　)

(3) 두 사람이 마신 우유는 모두 몇 mL일까요?

(　　　　　　　)

바로 쓰는 **서술형** ≫

3-2 두 사람이 각각 물을 마시기 전과 마신 후의 물의 들이를 나타낸 표입니다. 두 사람이 마신 물은 모두 몇 mL인지 풀이 과정을 쓰고 답을 구하세요. [5점]

	채혁	민정
마시기 전	1 L	3 L 800 mL
마신 후	150 mL	2 L 400 mL

풀이

답 _____

문제 해결력 **서술형** ≫

4-1 예지와 도희가 딴 사과는 모두 15 kg입니다. 예지가 딴 사과는 도희가 딴 사과보다 3 kg이 더 가볍습니다. 도희가 딴 사과는 몇 kg일까요?

(1) 도희가 딴 사과의 무게를 ■ kg이라 하면 예지가 딴 사과의 무게를 바르게 나타낸 것을 찾아 기호를 쓰세요.

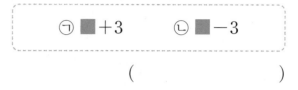

(　　　　　　　)

(2) 두 사람이 딴 사과의 무게의 합을 구하는 식을 쓰세요.

 _____

(3) 도희가 딴 사과는 몇 kg일까요?

(　　　　　　　)

바로 쓰는 **서술형** ≫

4-2 기홍이와 정원이가 딴 사과는 모두 20 kg입니다. 기홍이가 딴 사과는 정원이가 딴 사과보다 4 kg이 더 가볍습니다. 기홍이가 딴 사과는 몇 kg인지 구하는 풀이 과정을 쓰고 답을 구하세요. [5점]

풀이

답 _____

1 그림을 보고 □ 안에 알맞은 수를 써넣으세요.

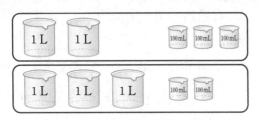

$$2 \text{ L } 300 \text{ mL} + 3 \text{ L } 200 \text{ mL}$$
$$= \boxed{} \text{ L } \boxed{} \text{ mL}$$

2 다음을 읽어 보세요.

4 kg 200 g

(   )

3 설명을 보고 더 무거운 것에 ○표 하세요.

풀과 가위를 윗접시저울에 올려 놓으면 풀이 위로 올라갑니다.

(풀 , 가위)

4 직접 들어서 무게를 비교했을 때 더 가벼운 것은 무엇일까요?

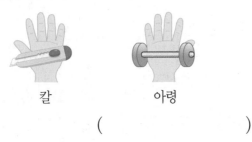

칼   아령

(   )

5 계산을 하여 몇 kg 몇 g인지 써넣으시오.

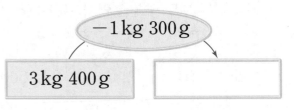

−1 kg 300 g

3 kg 400 g

6 분무기와 냄비에 물을 가득 채운 후 모양과 크기가 같은 비커에 옮겨 담았습니다. 들이를 비교하여 ○ 안에 >, <를 알맞게 써넣으세요.

분무기의 들이 ○ 냄비의 들이

7 준수가 트럭에 실은 짐은 몇 t일까요?

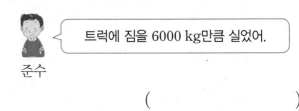

트럭에 짐을 6000 kg만큼 실었어.

준수

(   )

8 1 L에 가장 가까운 것을 찾아 기호를 쓰세요.

㉠ 종이컵   ㉡ 욕조   ㉢ 페트병

(   )

9 두 들이의 차는 몇 L 몇 mL일까요?

$$3 \text{ L } 250 \text{ mL} \qquad 7 \text{ L } 600 \text{ mL}$$

(   )

10 선풍기와 가습기 중에서 무게가 약 2 kg인 것을 쓰세요.

선풍기	가습기
1 kg 900 g	1 kg 100 g

(   )

11 수조에 채워진 물의 양은 몇 mL인지 눈금을 읽어 보세요.

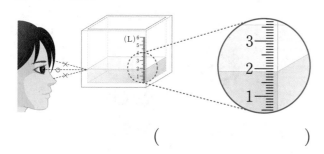

(   )

12 물병에 물을 가득 채운 후 뚝배기에 옮겨 담았더니 물이 넘쳤습니다. 물병과 뚝배기 중에서 들이가 더 적은 것은 무엇일까요?

(   )

13 무게가 1 t보다 무거운 것을 모두 찾아 기호를 쓰세요.

┌─────────────────────────┐
│ ㉠ 트럭   ㉡ 메뚜기   │
│ ㉢ 오토바이   ㉣ 코끼리   │
└─────────────────────────┘

(   )

14 600 kg까지 실을 수 있는 엘리베이터가 있습니다. 이 엘리베이터에 450 kg 600 g의 물건이 실렸다면 몇 kg 몇 g을 더 실을 수 있을까요?

식 _____

답 _____

15 장난감 로봇의 무게를 구슬을 사용하여 재었습니다. 같은 색 구슬끼리는 무게가 같다면 구슬 1개의 무게가 더 무거운 구슬은 어느 색일까요?

빨간색 구슬
21개

파란색 구슬
14개

(   )

16 문제집 1권의 무게를 저울로 잰 것입니다. 같은 문제집 1권을 저울에 더 올렸을 때의 무게는 몇 kg 몇 g일까요?

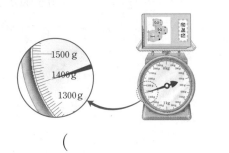

(　　　　　　　　　　)

17 □ 안에 알맞은 수를 써넣으세요.

$$
\begin{array}{r}
9\ \text{L} \boxed{}\ \text{mL} \\
-\ \boxed{}\ \text{L}\ \ 500\ \text{mL} \\
\hline
6\ \text{L}\ \ 900\ \text{mL}
\end{array}
$$

18 책가방의 무게가 나영이는 2 kg 50 g, 정진이는 1855 g, 미애는 1 kg 900 g입니다. 책가방이 가장 무거운 사람의 이름을 쓰세요.

(　　　　　　　　　　)

서술형

19 물건의 무게를 어림하고 잰 것입니다. 직접 잰 무게에 더 적절히 어림한 물건은 무엇인지 풀이 과정을 쓰고 답을 구하세요.

물건	어림한 무게	직접 잰 무게
음료수 캔	450 g	300 g
주전자	1 kg 400 g	1 kg 500 g

풀이 _____

_____

_____

_____

답 _____

인포그래픽 서술형

20 색의 *3원색인 빨간색, 파란색, 노란색 페인트를 섞어서 검정색을 만들었습니다. 검정색 페인트의 양은 몇 L 몇 mL인지 풀이 과정을 쓰고 답을 구하세요.

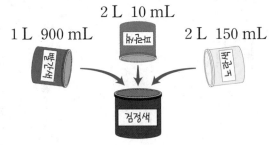

풀이 _____

_____

_____

_____

_____

답 _____

*3원색: 다른 색을 섞어서 만들 수 없는 기본적인 3가지 색

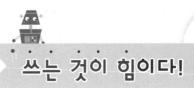

월	일	요일	이름

☆ 5단원에서 배운 내용을 친구들에게 설명하듯이 써 봐요.

_____

_____

_____

_____

_____

_____

_____

_____

☆ 5단원에서 배운 내용이 실생활에서 어떻게 쓰이고 있는지 찾아 써 봐요.

_____

_____

_____

_____

_____

_____

칭찬 & 격려해 주세요.

➡ QR코드를 찍으면
예시 답안을 볼 수
있어요.

6 자료의 정리

교과서 개념 카툰

개념 카툰 ① 자료를 수집하여 표로 나타내기

개념 카툰 ① 자료를 수집하여 표로 나타내기

어느 곡식 창고에 무시무시한 고양이 때문에 언제나 배가 고픈 쥐 가족이 살았어요.

꼬르르륵~ 덜덜

원하는 곡식을 조사해서 한 종류만 가져 오자!

나이를 18개월이나 먹으니 한눈에 이해가 안 돼요.

26개월이나 산 내 앞에서 나이 타령 이라니!

원하는 곡식
쌀 / 콩 / 팥 / 옥수수

자~ 원하는 곡식을 조사하여 표로 나타낸 거란다.

곡식	쌀	콩	팥	옥수수	합계
쥐의 수	2	5	4	1	12

가장 많은 쥐들이 원하는 곡식은 콩이군요!

콩콩콩!!

개념 카툰 ② 그림그래프 알아보기

곡식을 가장 많이 가져온 쥐가 고양이 목에 방울을 달자.

예?!!

한 달간 쥐별 가져온 곡식 양

쥐	쥐식	쥐상	쥐훈	쥐명	합계
곡식 양 (주머니)	18	14	33	25	90

곡식을 가장 많은 가져온 쥐는 쥐훈이네.

한 달간 쥐별 가져온 곡식 양

쥐	곡식 양
쥐식	
쥐상	
쥐훈	
쥐명	

10 주머니 / 1 주머니

자, 그림그래프로 그렸어! 네가 (10주머니)의 수가 가장 많지?

끄응~

다음날 와아~ 헤헤

성공했구나. 장하다!

이미 배운 내용

[2-2] 5. 표와 그래프

이번에 배우는 내용

✔ 표 읽기
✔ 표 만들기
✔ 그림그래프 읽기
✔ 그림그래프 만들기

앞으로 배울 내용

[4-1] 5. 막대그래프
[4-2] 5. 꺾은선그래프

개념 카툰 ③ 그림그래프 그리기

개념의 힘

개념 1 표에서 무엇을 알 수 있을까요 / 자료를 수집하여 표로 나타내어 볼까요

1. 자료를 표로 나타내고 내용 알아보기

㉎ 학생들이 좋아하는 색깔 조사하기

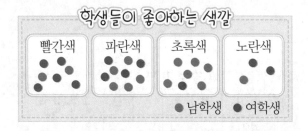

학생들이 좋아하는 색깔

| 빨간색 | 파란색 | 초록색 | 노란색 |

● 남학생 ● 여학생

좋아하는 색깔별 학생 수

색깔	빨간색	파란색	초록색	노란색	합계
학생 수(명)	7	9	7	3	26

(1) 빨간색을 좋아하는 학생 수: 7명
(2) 가장 많은 학생들이 좋아하는 색깔: 파란색

2. 표를 다른 방법으로 나타내고 내용 알아보기

좋아하는 색깔별 학생 수

색깔	빨간색	파란색	초록색	노란색	합계
남학생 수(명)	2	5	6	1	14
여학생 수(명)	5	4	1	2	12

(1) 가장 많은 남학생이 좋아하는 색깔: 초록색
(2) 가장 많은 여학생이 좋아하는 색깔: 빨간색

3. 자료를 수집하여 표로 나타내기

① 조사할 내용 정하기
② 자료 수집 방법 정하기
　㉎ 직접 손 들기, 붙임딱지 붙이기 등
③ 조사한 자료를 표로 정리하기

개념 확인하기

[1~2] 선주네 반 학생들이 좋아하는 민속놀이를 조사하려고 합니다. 물음에 답하세요.

1 조사하려는 것을 찾아 기호를 쓰세요.

> ㉠ 선주네 반 학생들이 좋아하는 운동
> ㉡ 선주네 반 학생들이 좋아하는 민속놀이

(　　　　　　　)

2 자료를 수집할 대상은 누구인지 ○표 하세요.

선주네 학교 선생님	선주네 반 학생
(　　　)	(　　　)

[3~4] 선주네 반 학생들이 좋아하는 민속놀이를 조사했습니다. 물음에 답하세요.

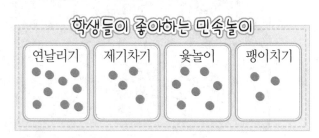

학생들이 좋아하는 민속놀이

| 연날리기 | 제기차기 | 윷놀이 | 팽이치기 |

3 조사한 자료를 보고 표로 나타내어 보세요.

좋아하는 민속놀이별 학생 수

민속놀이	연날리기	제기차기	윷놀이	팽이치기	합계
학생 수(명)	9				23

4 윷놀이를 좋아하는 학생은 몇 명일까요?

(　　　　　　　)

개념 다지기

[1~7] 유하네 반 학생들이 좋아하는 동물을 조사하여 표로 나타내었습니다. 물음에 답하세요.

좋아하는 동물별 학생 수

동물	사자	호랑이	기린	사슴	합계
학생 수(명)	8	6	7	4	25

1 사자를 좋아하는 학생은 몇 명일까요?

(　　　　　　　　)

2 가장 많은 학생들이 좋아하는 동물은 무엇일까요?

(　　　　　　　　)

3 가장 적은 학생들이 좋아하는 동물은 무엇일까요?

(　　　　　　　　)

4 기린을 좋아하는 학생 수는 호랑이를 좋아하는 학생 수보다 몇 명 더 많을까요?

(　　　　　　　　)

5 유하네 반 학생들이 좋아하는 동물을 여학생과 남학생으로 나누어 표를 만들었습니다. 빈칸에 알맞은 수를 써넣으세요.

좋아하는 동물별 남녀 학생 수

동물	사자	호랑이	기린	사슴	합계
여학생 수(명)	2	4		3	11
남학생 수(명)	6	2	5		14

6 위 **5**의 표를 보고 가장 많은 여학생들이 좋아하는 동물을 쓰세요.

(　　　　　　　　)

7 위 **5**의 표를 보고 좋아하는 남학생 수가 많은 동물부터 순서대로 쓰세요.

(　　　　　　　　)

개념 2 그림그래프를 알아볼까요

그림그래프: 알고자 하는 수(조사한 수)를 그림으로 나타낸 그래프

예 **도서관에서 빌려 온 종류별 책의 수**

종류	책의 수
동화책	📖 📖📖📖📖📖
위인전	📖 📖
동시집	📖📖📖📖
과학책	📖

• 2가지 그림이 각각 나타내는 책 수
📖 10권
📖 1권

1. 그림그래프에서 그림이 나타내는 수 알아보기

동화책: 📖 1개, 📖 5개 ➡ 15권

위인전: 📖 2개 ➡ 20권

동시집: 📖 4개 ➡ 4권

과학책: 📖 1개 ➡ 10권

2. 그림그래프에서 알게 된 점

(1) 가장 많이 빌려 온 책: 위인전

(2) 가장 적게 빌려 온 책: 동시집

(3) 두 번째로 많이 빌려 온 책: 동화책

3. 그림그래프 해석하기

(1) 동화책은 15권, 위인전은 20권, 동시집은 4권, 과학책은 10권 빌려 왔습니다.

(2) 위인전, 동화책, 과학책, 동시집 순서로 도서관에서 책을 빌려 왔습니다. 10권 그림이 많은 순서를 본 후 1권 그림 수를 비교

(3) 동화책은 과학책보다 5권 더 많이 빌려 왔습니다.

(4) 위인전은 과학책의 2배만큼 빌려 왔습니다.

개념 확인하기

[1~4] 반별 안경 쓴 학생 수를 조사하여 나타낸 그림그래프입니다. 물음에 답하세요.

반별 안경 쓴 학생 수

반	학생 수
1	😊 😊😊
2	😊 😊😊😊
3	😊 😊
4	😊 😊😊😊😊

😊 10명
😊 1명

1 그림 😊과 😊은 각각 학생 몇 명을 나타낼까요?

😊 ☐ 명, 😊 ☐ 명

2 ☐ 안에 알맞은 수를 써넣으세요.

2반에서 안경 쓴 학생 수는 😊이 ☐ 개, 😊이 ☐ 개이므로 ☐ 명입니다.

3 안경 쓴 학생 수가 가장 많은 반을 쓰세요.

( )

4 4반은 2반보다 안경 쓴 학생 수가 몇 명 더 많을까요?

( )

개념 다지기

1 알맞은 말에 ◯표 하세요.

> 조사한 수를 그림으로 나타낸 그래프를
> (표, 그림그래프)라고 합니다.

[2~3] 재은이가 인터넷에서 찾은 그림그래프입니다. 물음에 답하세요.

목장별 젖소 수

목장	젖소 수
가	🐄🐄🐄🐄🐄🐄
나	🐄🐄🐄🐄🐄
다	🐄🐄🐄🐄

🐄 10마리
🐄 1마리

2 가 목장의 젖소는 몇 마리일까요?

(   )

3 가 목장과 나 목장 중 젖소 수가 더 많은 목장은 어느 곳일까요?

(   )

[4~6] 과수원별 사과 생산량을 조사하여 나타낸 표와 그림그래프입니다. 물음에 답하세요.

과수원별 사과 생산량

과수원	상큼	아삭	달콤	신선	합계
생산량(상자)	240	120	160	320	840

과수원별 사과 생산량

과수원	사과 생산량
상큼	🍎🍎🍎🍎🍎🍎
아삭	🍎🍎🍎
달콤	🍎🍎🍎🍎🍎🍎
신선	🍎🍎🍎🍎🍎

🍎 100상자
🍎 10상자

4 달콤 과수원은 아삭 과수원보다 사과 생산량이 몇 상자 더 많을까요?

(   )

5 사과 생산량이 가장 많은 과수원은 어느 과수원이고, 몇 상자일까요?

(   ), (   )

6 표와 그림그래프 중 과수원별로 사과 생산량을 한눈에 비교하기 편리한 것은 어느 것일까요?

(   )

6 단원

자료의 정리

개념 3 │ 그림그래프로 나타내어 볼까요

<small>예</small> **마을별 복숭아 생산량**

마을	초원	사랑	풍년	햇살	합계
생산량(상자)	250	170	320	400	1140

1. 그림그래프로 나타내는 방법

① 그림의 수 정하기

　　예 2가지: 100상자, 10상자

② 그림 모양 정하기

　　예 100상자: 🍎, 10상자: 🍎

③ 그림 그리기

④ 제목 쓰기 →표와 같게 쓰면 됩니다.

마을별 복숭아 생산량

마을	복숭아 생산량
초원	🍎🍎🍎🍎🍎🍎
사랑	🍎🍎🍎🍎🍎🍎🍎
풍년	🍎🍎🍎🍎
햇살	🍎🍎🍎🍎

🍎 100상자
🍎 10상자

2. 그림그래프를 다른 방법으로 나타내기

그림을 3가지로 정하기

→ 🍎100상자, 🍎50상자, 🍎10상자

마을별 복숭아 생산량

마을	복숭아 생산량
초원	🍎🍎🍎
사랑	🍎🍎🍎
풍년	🍎🍎🍎🍎🍎
햇살	🍎🍎🍎🍎

🍎 100상자
🍎 50상자
🍎 10상자

3. 표와 그림그래프의 다른 점

(1) 표

• 그림을 일일이 세지 않아도 됩니다.

• 조사한 양의 크기를 바로 알 수 있습니다.

(2) 그림그래프

• 조사한 내용을 그림으로 알 수 있습니다.

• 한눈에 비교가 잘됩니다.

개념 확인하기

[1~3] 준하네 반 모둠 학생들이 한 달 동안 마신 우유의 수를 조사하여 나타낸 표를 보고 그림그래프를 그리려고 합니다. 물음에 답하세요.

모둠별 한 달 동안 마신 우유의 수

모둠	가	나	다	합계
우유의 수(개)	15	21	14	50

1 그림을 2가지로 정할 때 그림의 단위로 알맞은 것 2개에 ○표 하세요.

100개	10개	1개
(　　　)	(　　　)	(　　　)

2 그림으로 알맞은 것에 ○표 하세요.

(　　　)　　(　　　)

3 왼쪽 표를 보고 그림그래프를 완성하세요.

모둠별 한 달 동안 마신 우유의 수

모둠	우유의 수
가	🥛🥛🥛🥛🥛🥛
나	
다	

🥛 10개
🥛 1개

개념 다지기

[1~2] 어느 꽃 가게에서 판매한 꽃을 조사하여 나타낸 표입니다. 물음에 답하세요.

종류별 판매한 꽃의 수

종류	장미	국화	백합	튤립	합계
꽃의 수(송이)	25	18	41	13	97

1 표를 보고 그림그래프로 나타냈습니다. 이상한 점을 바르게 설명한 사람에 ○표 하세요.

종류별 판매한 꽃의 수

종류	꽃의 수
장미	🌸🌸🌸 ✿✿✿✿✿
국화	🌸 ✿✿✿✿✿✿✿✿
백합	🌸🌸🌸🌸 ✿

🌸 10송이
✿ 1송이

꽃의 종류 중 튤립이 빠졌어.
장미의 수를 잘못 나타냈어.

(　　　　) 　　(　　　　)

2 표를 보고 그림그래프를 완성하세요.

종류별 판매한 꽃의 수

종류	꽃의 수
장미	🌸🌸 ✿✿✿✿✿
국화	🌸 ✿✿✿✿✿✿✿✿
백합	🌸🌸🌸🌸 ✿
튤립	

🌸 10송이
✿ 1송이

[3~5] 학교 도서관에 방문한 학생의 학년을 조사하여 나타낸 표입니다. 물음에 답하세요.

학년별 학교 도서관에 방문한 학생 수

학년	3	4	5	6	합계
학생 수(명)	45	12	17	11	85

3 표를 보고 그림그래프를 완성하세요.

학년별 학교 도서관에 방문한 학생 수

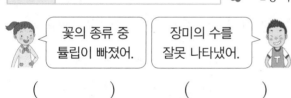

학년	학생 수
3	○○○○○ ○○○○○
4	
5	○ ○○○○○○○
6	

○ 10명
○ 1명

4 그림을 ○는 10명, △는 5명, ○는 1명으로 정하여 그림그래프를 완성하세요.

학년별 학교 도서관에 방문한 학생 수

학년	학생 수
3	
4	
5	
6	

□ 10명
□ 5명
□ 1명

5 학교 도서관에 방문한 3학년은 4학년보다 몇 명 더 많을까요?

식 _____

답 _____

6 단원

자료의 정리

유형 1	표에서 알 수 있는 것 / 자료를 수집하여 표로 나타내기

은미네 반 학생들이 생일에 받고 싶은 선물을 조사한 것입니다. 조사한 것을 보고 표를 완성하세요.

생일에 받고 싶은 선물은?

생일에 받고 싶은 선물별 학생 수

선물	책	자전거	게임기	옷	합계
학생 수(명)	9				30

유형 코칭

• 조사한 자료를 보고 표로 나타내기
  붙임딱지의 수를 각각 세어 표에 써넣고 합계와 제목도 빠짐없이 써야 합니다.

[1~3] 유형1의 표를 보고 물음에 답하세요.

1 책을 선물로 받고 싶은 학생은 몇 명일까요?

( )

2 책을 받고 싶은 학생 수는 옷을 받고 싶은 학생보다 몇 명 더 많을까요?

( )

3 받고 싶은 학생 수가 많은 선물부터 순서대로 쓰세요.

( )

[4~7] 지후네 반 학생들이 좋아하는 애완동물을 조사하려고 합니다. 물음에 답하세요.

4 조사하려는 것은 무엇일까요?

( )

5 자료를 수집할 대상은 누구일까요?

( )

6 조사한 자료를 보고 표로 나타내어 보세요.

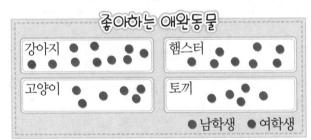

좋아하는 애완동물

●남학생 ●여학생

좋아하는 애완동물별 학생 수

애완동물	강아지	햄스터	고양이	토끼	합계
남학생 수(명)	6	3			15
여학생 수(명)	4				14

7 가장 많은 여학생들이 좋아하는 애완동물은 무엇일까요?

( )

유형 2　그림그래프 알아보기

마을별 자동차 수를 조사하여 그림그래프로 나타낸 것입니다. 그림을 몇 가지로 나타내었을까요?

마을별 자동차 수

마을	자동차 수
가	
나	
다	
라	

🚗 10대
🚗 1대

(　　　　　　　　　)

유형 코칭

• 표는 각각의 수와 합계를 쉽게 알 수 있습니다.
• 그림그래프는 각각의 자료의 수와 크기를 쉽게 비교할 수 있습니다.

[8~10] 유형2의 그림그래프를 보고 물음에 답하세요.

8 그림 🚗과 🚗은 각각 자동차 몇 대를 나타낼까요?

🚗 (　　　　　　　)
🚗 (　　　　　　　)

9 나 마을의 자동차 수는 몇 대일까요?

(　　　　　　　)

10 자동차가 가장 적은 마을은 어느 마을이고 자동차가 몇 대일까요?

(　　　　　), (　　　　　)

[11~13] 마을별 기르는 돼지 수를 조사하여 그림그래프로 나타낸 것입니다. 물음에 답하세요.

마을별 기르는 돼지 수

마을	돼지 수
초롱	
금성	
햇살	
푸름	

🐷 10마리
🐷 1마리

11 □ 안에 알맞은 수를 써넣으세요.

초롱 마을이 햇살 마을보다 돼지를 □마리 더 많이 기르고 있습니다.

12 초롱 마을보다 돼지를 더 많이 기르는 마을을 모두 쓰세요.

(　　　　　　　　　)

13 그림그래프를 보고 잘못 해석한 것을 찾아 기호를 쓰세요.

㉠ 푸름 마을에서 돼지를 가장 많이 기릅니다.
㉡ 초롱 마을에서 돼지를 가장 적게 기릅니다.
㉢ 금성 마을의 돼지 수가 햇살 마을의 돼지 수보다 많습니다.

(　　　　　　　　　)

6
단원

자료의 정리

[14~16] 일주일 동안 어느 가게에서 팔린 호빵의 종류를 조사하여 나타낸 그림그래프입니다. 물음에 답하세요.

종류별 팔린 호빵 수

종류	팔린 호빵 수
팥 호빵	⬯⬯⬯⬯⬯⬯◯◯
야채 호빵	⬯⬯⬯⬯⬯◯◯
매운 호빵	⬯◯◯
카레 호빵	⬯◯◯◯◯◯◯◯

◯ 10개
◯ 1개

14 일주일 동안 많이 팔린 호빵부터 순서대로 쓰세요.

( )

15 야채 호빵과 매운 호빵 중 어느 것이 몇 개 더 많이 팔렸을까요?

( ), ( )

16 내가 가게 주인이라면 다음 주에 어떤 호빵을 가장 많이 준비하면 좋을까요?

( )

유형 3 그림그래프로 나타내기

산부인과별 하루 동안 태어난 신생아 수를 조사하여 나타낸 표입니다. 😊을 10명, ☺을 1명으로 하여 그림그래프로 나타낼 때 기쁨 산부인과에는 그림을 각각 몇 개 그려야 할까요?

산부인과별 하루 동안 태어난 신생아 수

산부인과	은빛	기쁨	축복	합계
신생아 수(명)	12	21	23	56

😊 ( )
☺ ( )

유형 코칭

그림그래프 그릴 때 주의할 점
• 내용에 맞는 그림 정하기
• 그림이 나타내는 단위에 맞게 그리기

17 지훈이가 학교별 쌀 소비량을 조사하여 나타낸 표입니다. 표를 보고 그림그래프를 완성하세요.

학교별 쌀 소비량

학교	가	나	다	합계
쌀 소비량(가마)	310	250	160	720

학교별 쌀 소비량

학교	쌀 소비량
가	🌾🌾🌾🌾
나	
다	

🌾 100가마
🌾 10가마

[18~20] 줄넘기 시합에 참가한 학생 수를 학년별로 조사하여 나타낸 표입니다. 물음에 답하세요.

줄넘기 시합에 참가한 학년별 학생 수

학년	1	2	3	4	합계
학생 수(명)	21	15	17	22	75

18 위의 표를 보고 그림그래프를 완성하세요.

줄넘기 시합에 참가한 학년별 학생 수

학년	학생 수
1	☺ ☺ ☺
2	
3	
4	

☺ 10명
☺ 1명

19 줄넘기 시합에 참가한 학생 수가 1학년보다 많은 학년을 쓰세요.

(   )

20 줄넘기 시합에 가장 많이 참가한 학년의 학생 수와 가장 적게 참가한 학년의 학생 수의 차는 몇 명일까요?

(   )

[21~23] 성현이네 학교 3학년이 반별로 읽은 책 수를 조사하여 나타낸 표입니다. 물음에 답하세요.

반별로 읽은 책 수

반	1	2	3	4	합계
책 수(권)	160	70		90	470

21 3반이 읽은 책은 몇 권일까요?

(   )

22 조사한 표를 보고 그림그래프를 완성하세요.

반별로 읽은 책 수

반	책 수
1	☐ ☐☐☐☐☐
2	
3	
4	

☐ 100권
☐ 10권

23 조사한 표를 보고 ☐는 100권, △는 50권, ☐는 10권으로 나타내어 그림그래프를 완성하세요.

반별로 읽은 책 수

반	책 수
1	
2	
3	
4	

☐ 100권
△ 50권
☐ 10권

응용 유형의 힘

응용 유형 1 그림그래프에서 가장 많은 것 찾기

① 큰 단위를 나타내는 그림이 가장 많은 것 찾기
② 위 ①의 수가 같으면 더 작은 단위 수의 그림이 더 많은 것 찾기

1 수현이가 신문에서 찾은 그림그래프입니다. 30회 런던올림픽에서 금메달을 가장 많이 딴 나라는 어디일까요?

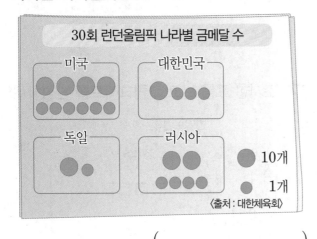

( )

2 가영이가 잡지에서 찾은 그림그래프입니다. 2017년에 교사 1인당 학생 수가 가장 많은 학교는 어디일까요?

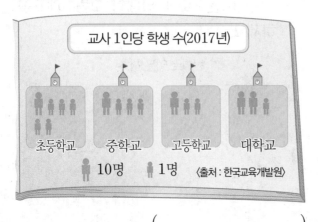

( )

응용 유형 2 표를 보고 몇 배인지 구하기

① 두 항목의 자료 수를 각각 찾기
② 큰 수를 작은 수로 나누기

3 반별로 지각한 학생 수를 조사하여 나타낸 표입니다. 1반에서 지각한 학생 수는 2반에서 지각한 학생 수의 몇 배일까요?

반별 지각한 학생 수

반	1	2	3	4	합계
학생 수(명)	6	3	1	2	12

( )

4 마을별 병원 수를 조사하여 나타낸 표입니다. 가 마을의 병원 수는 다 마을의 병원 수의 몇 배일까요?

마을별 병원 수

마을	가	나	다	라	합계
병원 수(개)	27	15	9	20	71

( )

5 재우네 반 학생들이 좋아하는 계절을 조사하여 나타낸 표입니다. 좋아하는 학생 수가 가을을 좋아하는 학생 수의 2배인 계절을 쓰세요.

좋아하는 계절별 학생 수

계절	봄	여름	가을	겨울	합계
학생 수(명)	8	12	6	3	29

( )

응용 유형 **3** 　얼마나 더 많은지, 더 적은지 구하기

둘 중 어느 것이 더 많은지(더 적은지) 알아보고 큰 수에서 작은 수를 뺍니다.

6 서점에서 지난 달에 팔린 종류별 책 수를 조사하여 나타낸 그림그래프입니다. 위인전은 동화책보다 몇 권 더 팔았을까요?

지난 달에 팔린 종류별 책 수

종류	책 수
동화책	📖📖📖📖 📖📖
위인전	📖📖📖📖
과학책	📖📖 📖📖📖

📖 10권
📖 1권

(　　　　　　　　)

7 마을별 강아지 수를 조사하여 나타낸 그림그래프입니다. 우수 마을은 으뜸 마을보다 강아지가 몇 마리 더 적을까요?

마을별 강아지 수

마을	강아지 수
우수	🐶🐶🐶 🐶🐶🐶
으뜸	🐶🐶🐶 🐶🐶🐶🐶
최고	🐶 🐶🐶🐶

🐶 100마리
🐶 10마리

(　　　　　　　　)

응용 유형 **4** 　준비해야 할 개수 구하기

자료 수의 합계를 구하여 준비할 물건이 몇 개 필요한지 알아봅니다.

8 마을별 유치원생 수를 조사하여 나타낸 그림그래프입니다. 유치원생에게 사탕 목걸이를 한 개씩 걸어 주려고 합니다. 사탕 목걸이는 모두 몇 개를 준비해야 할까요?

마을별 유치원생 수

마을	유치원생 수
가	👤👤 👤👤👤👤👤👤
나	👤 👤👤👤👤
다	👤 👤👤
라	👤 👤👤👤👤

👤 10명
👤 1명

(　　　　　　　　)

9 세진이네 학교 3학년의 반별 학생 수를 조사하여 나타낸 그림그래프입니다. 3학년 학생들에게 공책을 2권씩 나누어 주려고 합니다. 공책은 모두 몇 권을 준비해야 할까요?

반별 학생 수

반	학생 수
1	☺☺☺ ☺☺☺
2	☺☺ ☺☺☺☺☺
3	☺☺☺ ☺
4	☺☺ ☺☺☺☺
5	☺☺☺ ☺☺☺☺☺

☺ 10명
☺ 1명

(　　　　　　　　)

6단원

자료의 정리

자료의 항목별로 두 가지 붙임딱지 수를 각각 세어 표를 완성합니다.

10 은수네 반 학생들이 체험하고 싶은 활동을 조사하였습니다. 자료를 보고 표를 완성하세요.

체험하고 싶은 활동

●남학생 ●여학생

체험하고 싶은 활동별 학생 수

체험활동	물레 체험	악기 체험	요리 체험	합계
남학생 수(명)	2			
여학생 수(명)	4			

11 채희네 반 학생들이 운동회 때 하고 싶은 운동을 조사하였습니다. 자료를 보고 표를 완성하세요.

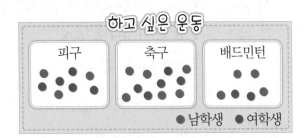

하고 싶은 운동

●남학생 ●여학생

하고 싶은 운동별 학생 수

운동	피구	축구	배드민턴	합계
남학생 수(명)	3			
여학생 수(명)	5			

그림그래프를 그릴 때 큰 단위의 그림부터 순서대로 그립니다.

12 마을별 소의 수를 조사하여 나타낸 표입니다. 표를 보고 ◎는 10마리, △는 5마리, ○는 1마리로 나타내어 그림그래프를 완성하세요.

마을별 소의 수

마을	너른	산골	분지	합계
소의 수(마리)	26	17	38	81

마을별 소의 수

마을	소의 수
너른	
산골	
분지	

◎ 10마리
△ 5마리
○ 1마리

13 가게별 판매한 사과 수를 조사하여 나타낸 표입니다. 표를 보고 ◎는 10개, △는 5개, ○는 1개로 나타내어 그림그래프를 완성하세요.

가게별 판매한 사과 수

가게	가	나	다	합계
사과 수(개)	35	28	47	110

가게별 판매한 사과 수

가게	사과 수
가	
나	
다	

◎ 10개
△ 5개
○ 1개

응용 유형 7 전체 개수를 이용하여 그림그래프 완성하기

① 전체의 개수에서 주어진 항목별 자료 수를 모두 빼서 나머지 항목의 자료 수를 구합니다.
② 그림그래프를 완성합니다.

14 연지네 반에서 모둠별로 모은 캔 수를 조사하여 나타낸 그림그래프입니다. 연지네 반에서 모은 캔이 모두 110개일 때 그림그래프를 완성하세요.

모둠별로 모은 캔 수

모둠	가	나	다	라
캔 수				

🥫 10개
🥫 1개

15 소리네 고장의 마을별 감 생산량을 조사하여 나타낸 그림그래프입니다. 소리네 고장의 감 생산량이 모두 800상자일 때 그림그래프를 완성하세요.

마을별 감 생산량

마을	비	바람	파도	햇살
감 생산량				

🍅 100상자
🍅 10상자

응용 유형 8 표를 보고 두 반 학생들이 가고 싶은 장소 구하기

항목별로 두 자료 수를 더합니다.

16 지후네 반과 선애네 반은 함께 현장 체험 학습을 가려고 학생들이 가고 싶은 장소를 조사하였습니다. 두 반은 어디로 현장 체험 학습을 가면 좋을까요?

현장 체험 학습으로 가고 싶은 장소별 학생 수

장소	과학관	박물관	생태관	미술관	합계
지후네 반 학생 수(명)	7	6	5	4	22
선애네 반 학생 수(명)	5	10	4	2	21

(　　　　　　　)

17 은비네 반과 정혜네 반 학생들이 함께 특별활동으로 배우고 싶은 악기를 조사하였습니다. 두 반은 어떤 악기를 배우면 좋을까요?

악기별 배우고 싶은 학생 수

악기	피아노	장구	바이올린	해금	합계
은비네 반 학생 수(명)	4	5	8	3	20
정혜네 반 학생 수(명)	5	9	2	5	21

(　　　　　　　)

6
단원

자료의 정리

서술형의 힘

문제 해결력 **서술형** ≫

1-1 소은이네 학교 3학년 학생 수를 반별로 조사하여 나타낸 그림그래프입니다. 세 반의 학생은 모두 몇 명일까요?

반별 학생 수

반	학생 수
1	😀😀😊😊😊😊😊😊
2	😀😊😊😊😊
3	😀😀😀😊😊

😀10명
😊1명

(1) 세 반의 학생 수는 그림별로 몇 개일까요?

😀 (　　　　　　), 😊 (　　　　　　)

(2) 세 반의 학생 수는 모두 몇 명일까요?

(　　　　　　　　)

바로 쓰는 **서술형** ≫

1-2 세 유치원에 다니는 어린이는 모두 몇 명인지 풀이 과정을 쓰고 답을 구하세요. [5점]

유치원별 어린이 수

😀10명
😊1명

풀이

답 _____

문제 해결력 **서술형** ≫

2-1 모은 빈 병의 수가 1반은 3반의 2배일 때 그림그래프를 완성하세요.

반별 모은 빈 병의 수

반	빈 병의 수
1	
2	🍶🍶🍶🍶🍶
3	🍶🍶🍶

🍶10개
🍶1개

(1) 3반이 모은 빈 병의 수는 몇 개일까요?

(　　　　　　　　)

(2) 1반이 모은 빈 병의 수는 몇 개인지 구하고, 그림그래프를 완성하세요.

(　　　　　　　　)

바로 쓰는 **서술형** ≫

2-2 포도나무 수가 사과나무 수의 2배일 때 포도나무는 몇 그루인지 구하는 풀이 과정을 쓰고 그림그래프를 완성하세요. [5점]

종류별 과일나무 수

🌳100그루
🌲10그루

풀이

문제 해결력 **서술형** ≫

3-1 일주일 동안 열대어 가게에서 팔린 열대어를 조사하여 나타낸 그림그래프입니다. 내가 열대어 가게 주인이라면 다음 주에는 어떤 열대어를 어떻게 준비하면 좋을까요?

종류별 팔린 열대어 수

종류	열대어 수
구피	🐟🐟🐟🐟🐟
베타	🐟🐟🐟🐟🐟🐟
엔젤피시	🐟🐟🐟🐟🐟🐟🐟

🐟 10마리
🐟 1마리

(1) 일주일 동안 많이 팔린 열대어부터 순서대로 쓰세요.

(   )

(2) □ 안에 알맞은 말을 써넣으세요.

내가 열대어 가게 주인이라면 다음 주에는 엔젤피시보다 □를 더 많이 준비하겠습니다.

바로 쓰는 **서술형** ≫

3-2 일주일 동안 분식점에서 팔린 음식을 조사하여 나타낸 그림그래프입니다. 내가 분식점 주인이라면 다음 주에는 어떤 분식 재료를 어떻게 준비하면 좋을지 쓰세요. [5점]

종류별 팔린 분식 수

종류	분식 수
떡볶이	⭕⭕⭕⭕⭕◦◦
순대	⭕⭕⭕◦◦◦◦
김밥	⭕⭕⭕⭕⭕⭕⭕

⭕ 10인분
◦ 1인분

풀이

문제 해결력 **서술형** ≫

4-1 그림그래프를 보고 표를 완성하세요.

종류별 아이스크림 판매량

종류	아이스크림 판매량
초콜릿	🍦🍦🍦
바닐라	🍦🍦
딸기	🍦🍦🍦🍦🍦
녹차	

🍦 10개
🍦 1개

종류별 아이스크림 판매량

종류	초콜릿	바닐라	딸기	녹차	합계
판매량(개)					53

(1) 팔린 녹차 아이스크림 수는 몇 개일까요?

(   )

(2) 위의 표를 완성하세요.

바로 쓰는 **서술형** ≫

4-2 그림그래프를 보고 표를 완성하는 풀이 과정을 쓰고 표를 완성하세요. [5점]

종류별 책 판매량

종류	책 판매량
만화책	📖 📖 📖 📖 📖
문제집	📖 📖
소설책	
사전	📖📖📖 📖 📖

📖 10권
📖 1권

종류별 책 판매량

종류	만화책	문제집	소설책	사전	합계
판매량(권)					66

풀이

6
단원

자료의 정리

[1~4] 어느 편의점에서 하루 동안 팔린 우유를 조사한 것입니다. 물음에 답하세요.

팔린 우유의 종류

초콜릿
卌 卌 //

바나나
卌 卌

딸기
卌 卌 卌 /

커피
卌 ///

1 조사한 것을 보고 표를 완성하세요.

종류별 우유 판매량

종류	초콜릿	바나나	딸기	커피	합계
판매량(개)	12				46

2 바나나 우유는 몇 개 팔렸을까요?

(   )

3 표를 보고 하루 동안 팔린 우유는 모두 몇 개인지 쓰세요.

(   )

4 가장 많이 팔린 우유는 어떤 우유일까요?

(   )

[5~8] 희수네 반 학생들이 좋아하는 운동을 조사하여 나타낸 표입니다. 물음에 답하세요.

좋아하는 운동별 학생 수

운동	축구	야구	배구	농구	합계
학생 수(명)	10	9	5	6	30

5 가장 적은 학생들이 좋아하는 운동은 무엇일까요?

(   )

6 축구를 좋아하는 학생은 농구를 좋아하는 학생보다 몇 명 더 많을까요?

(   )

7 축구를 좋아하는 학생 수는 배구를 좋아하는 학생 수의 몇 배일까요?

(   )

8 좋아하는 학생 수가 많은 운동부터 순서대로 쓰세요.

(   )

[9~11] 과수원별 포도 생산량을 조사하여 나타낸 그림그래프입니다. 물음에 답하세요.

과수원별 포도 생산량

과수원	포도 생산량
가	
나	
다	
라	

🍇 10 kg
🍇 1 kg

9 그림은 각각 몇 kg을 나타낼까요?

🍇 (　　　　), 🍇 (　　　　)

10 가 과수원의 포도 생산량은 몇 kg일까요?

(　　　　)

11 그림그래프를 보고 바르게 해석한 사람은 누구일까요?

주현: 포도를 가장 많이 생산한 과수원은 가 과수원입니다.
동해: 나 과수원은 라 과수원보다 포도를 17 kg 더 많이 생산했습니다.

(　　　　)

[12~15] 마을별 약국 수를 조사하여 나타낸 표입니다. 물음에 답하세요.

마을별 약국 수

마을	새싹	별이	좋은	푸른	합계
약국 수(개)	42	13	31	24	110

12 조사한 표를 보고 그림그래프를 완성하세요.

마을별 약국 수

마을	약국 수
새싹	
별이	
좋은	
푸른	

● 10개
● 1개

13 약국이 가장 많은 마을은 어디일까요?

(　　　　)

14 약국 수가 20개보다 적은 마을은 어디일까요?

(　　　　)

15 표와 그림그래프 중 마을별로 약국 수가 더 많은지, 더 적은지 한눈에 비교하기에 더 쉬운 것은 어느 것일까요?

(　　　　)

6단원

자료의 정리

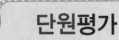

[16~17] 헌혈하는 학생들의 혈액형을 조사하여 나타낸 표와 그림그래프입니다. 물음에 답하세요.

혈액형별 학생 수

혈액형	A형	B형	AB형	O형	합계
학생 수(명)		12	5	8	38

혈액형별 학생 수

혈액형	학생 수
A형	
B형	
AB형	
O형	

◎ 10명
△ 5명
○ 1명

16 표를 보고 혈액형이 A형인 학생 수는 몇 명인지 구하세요.

( )

17 그림그래프를 완성하세요.

18 공장별 연필 생산량을 조사하여 나타낸 그림그래프입니다. 네 공장의 연필 생산량은 모두 몇 상자일까요?

공장별 연필 생산량

공장	가	나	다	라
연필 생산량				

✏ 100상자
✏ 10상자

( )

서술형

19 문화재청 누리집에서 찾은 그림그래프입니다. 경기도와 경상도의 국보 수는 모두 몇 개인지 풀이 과정을 쓰고 답을 구하세요.

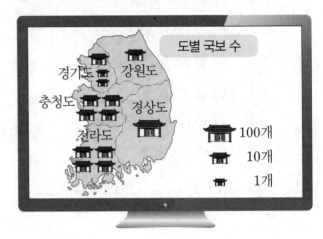

도별 국보 수

🏯 100개
🏯 10개
🏯 1개

풀이 _____

_____

_____

답 _____

서술형

20 재유네 반 학생들이 좋아하는 간식을 조사하여 나타낸 표입니다. 재유네 반 학생들에게 간식을 주려고 할 때 어떤 것을 준비하면 좋을지 쓰고, 그 이유를 설명하세요.

간식별 좋아하는 학생 수

간식	떡	과자	빵	과일	합계
남학생 수(명)	1	2	8	2	13
여학생 수(명)	2	3	5	2	12

답 _____

이유 _____

_____

_____

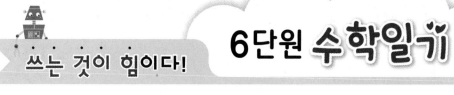 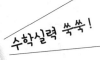

쓰는 것이 힘이다!

6단원 수학일기

월	일	요일	이름

☆ 6단원에서 배운 내용을 친구들에게 설명하듯이 써 봐요.

_____

☆ 6단원에서 배운 내용이 실생활에서 어떻게 쓰이고 있는지 찾아 써 봐요.

_____

칭찬 & 격려해 주세요.

→ QR코드를 찍으면 예시 답안을 볼 수 있어요.

수학의 힘을 더! 완벽하게 만들어주는
보충 자료를 받아보시겠습니까?

YES	NO

ACA에는 다~ 있다!

https://aca.chunjae.co.kr/

정답 및 풀이
포인트 ❸가지

▶ 빠른 정답과 혼자서도 이해할 수 있는 친절한 문제 풀이

▶ 문제 해결에 필요한 핵심 내용 또는
  틀리기 쉬운 내용을 담은 참고 및 주의 사항

▶ 모범 답안 및 단계별 채점 기준과 배점 제시로
  실전 서술형 문항 완벽 대비

연산의 힘

2쪽   1. 곱셈

1 2, 4, 6   **2** 9, 3, 6   **3** 8, 0, 4
4 339   **5** 848   **6** 862
7 2 / 6, 5, 1   **8** 1 / 8, 7, 8
9 1 / 6, 5, 4   **10** 472
11 832   **12** 678
13 1 / 9, 2, 8   **14** 1 / 7, 4, 2
15 1, 0, 4, 8   **16** 3652
17 1566   **18** 1670

3쪽

1 (위에서부터) 1600, 100
2 (위에서부터) 450, 10
3 (위에서부터) 63, 63
4 (위에서부터) 168, 168
5 1600   **6** 810   **7** 4200
8 2300   **9** 3, 2, 4   **10** 1 / 7, 5
11 1 / 2, 9, 4   **12** 96
13 207   **14** 310

4쪽

1 4, 8 / 7, 2, 0 / 7, 6, 8
2 2, 0, 4 / 5, 1, 0 / 7, 1, 4
3 496   **4** 210   **5** 775
6 559   **7** 728   **8** 777
9 224   **10** 336   **11** 966
12 3111   **13** 468   **14** 945

5쪽

1 5, 2 / 7, 8, 0 / 8, 3, 2
2 3, 0, 1 / 1, 2, 9, 0 / 1, 5, 9, 1
3 1952   **4** 812   **5** 2905
6 1596   **7** 5590   **8** 3723
9 936   **10** 1769   **11** 1836
12 570   **13** 3311   **14** 4788

6쪽

1 228
2 465   **3** 684   **4** 252
5 2400   **6** 954   **7** 2092
8 1025   **9** 4608   **10** 4000
11 759   **12** 989   **13** 264
14 4298   **15** 884   **16** 4920
17 2555

7쪽   2. 나눗셈

1 (위에서부터) 1, 0 / 5, 5, 0 / 5 / 0
2 (위에서부터) 2, 0 / 4, 8, 0 / 8 / 0
3 10   **4** 30   **5** 30
6 40   **7** 10   **8** 20
9 2 / 1, 0 / 1, 0   **10** 5 / 1, 0 / 1, 0
11 6 / 3, 0 / 3, 0   **12** 15
13 45   **14** 14   **15** 18
16 35   **17** 15

8쪽

1 (위에서부터) 3, 9, 9
2 (위에서부터) 8, 4, 4   **3** 14
4 11   **5** 23   **6** 23
7 12   **8** 31   **9** 11 … 2
10 11 … 1   **11** 7 … 3   **12** 22 … 1
13 9 … 1   **14** 31 … 1   **15** 12 … 2
16 11 … 3

9쪽

1 (위에서부터) 5 / 3 / 1, 5
2 (위에서부터) 8 / 4 / 1, 6
3 24   **4** 12   **5** 12
6 18   **7** 13   **8** 12
9 28 … 1   **10** 19 … 3   **11** 17 … 1
12 11 … 6   **13** 12 … 4   **14** 14 … 1
15 15 … 4   **16** 13 … 2

10쪽

1 (위에서부터) 2, 4 / 6 / 1, 2
2 (위에서부터) 9, 6 / 3, 6 / 2, 4
3 300   **4** 91   **5** 317
6 140   **7** 86   **8** 141
9 200 … 2   **10** 143 … 1   **11** 67 … 2
12 107 … 2   **13** 66 … 7   **14** 461 … 1

11쪽

1 40   **2** 12 … 1
3 35   **4** 16 … 3   **5** 22
6 302   **7** 32 … 1   **8** 12
9 82 … 3   **10** 21   **11** 18
12 14   **13** 43   **14** 150
15 18 … 1   **16** 10 … 6   **17** 111 … 4

12쪽   4. 분수

1 $\frac{1}{3}$, $\frac{2}{3}$ **2** $\frac{1}{8}$, $\frac{3}{8}$ **3** $\frac{1}{4}$, $\frac{2}{4}$ **4** $\frac{1}{4}$, $\frac{3}{4}$
5 3, 6   **6** 6, 12   **7** 2, 10

13쪽

1 진   **2** 대
3 가   **4** 대   **5** 대
6 진   **7** 가   **8** 가
9 진   **10** $\frac{7}{3}$ **11** $2\frac{1}{5}$
12 $\frac{16}{9}$ **13** $2\frac{1}{4}$ **14** $\frac{29}{6}$
15 $5\frac{1}{3}$ **16** $\frac{13}{5}$ **17** $3\frac{2}{6}$

14쪽

1 >   **2** <
3 <   **4** >   **5** <
6 >   **7** >   **8** <
9 <   **10** <
11 $\frac{22}{5}$에 ○표   **12** $3\frac{4}{8}$에 ○표
13 $5\frac{3}{4}$에 ○표   **14** $1\frac{7}{9}$에 ○표
15 $\frac{14}{5}$에 ○표   **16** $3\frac{6}{7}$에 ○표

15쪽   5. 들이와 무게

1 3, 500   **2** 5, 400
3 2, 400   **4** 4, 500
5 1 / 5, 300   **6** 1 / 7, 100
7 6, 1000 / 2, 800
8 8, 1000 / 3, 950
9 4700, 4, 700   **10** 7, 200
11 2500, 2, 500   **12** 3, 600

16쪽

1 2, 800
2 5, 500   **3** 3, 300
4 3, 400   **5** 1 / 4, 500
6 1 / 8, 300
7 7, 1000 / 4, 600
8 5, 1000 / 3, 750
9 3300, 3, 300   **10** 7
11 5800, 5, 800   **12** 6, 500

1 단원 곱셈

8~9쪽 개념의 힘

개념 확인하기

1 264

2 (1) 9, 0 (2) 4, 8

3 4, 8, 12 / 492

개념 다지기

1 (위에서부터) 6, 4, 4 / 8, 6, 4

2
```
    1
  2 2 6
×     3
─────────
  6 7 8
```

3 872

4

5 <

6 230×3＝690, 690원

10~11쪽 개념의 힘

개념 확인하기

1 789

2 (   ) (○)

3
```
  3 2 1
×     4
─────────
      4 …    1×4
    8 0 …   20×4
1 2 0 0 … 300×4
─────────
1 2 8 4
```

4 (1) (위에서부터) 1 / 7, 2, 3
  (2) (위에서부터) 2 / 1, 4, 1, 6

개념 다지기

1 60×3에 ○표

2 (1) 924 (2) 3840

3 (1) 1684 (2) 784

4
```
  4 8 0
×     2
─────────
  9 6 0
```

5 (1) 1486, 1486 (2) 2164, 2164

6 252×3＝756, 756개

12~13쪽 개념의 힘

개념 확인하기

1 (1) 400 (2) 620

2 (1) 8, 0, 0 (2) 1, 5, 0, 0

3 (1) 3, 360 (2) 10, 360 (3) 360

개념 다지기

1 930에 ○표

2 180, 1800 / 18, 1800

3 (1) 3500 (2) 750 (3) 3200 (4) 2520

4 (1) 1800 (2) 1040   **5** ㉡

6 60×24＝1440, 1440분

14~17쪽 1 STEP 기본 유형의 힘

유형 1 4, 2, 6

1 3, 639

2 (1) 666 (2) 933 (3) 264

3 286   **4** >

5 366

6 120×3＝360, 360 mL

유형 2 4, 3, 6

7
```
  2 2 7
×     3
─────────
    2 1 …    7×3
    6 0 …   20×3
  6 0 0 … 200×3
─────────
  6 8 1
```

8 (1) 272
  (2) 570
  (3) 657

9 975

10 (△) (   )   **11** ㉣

12 218×3＝654, 654킬로칼로리

유형 3 5, 1, 6

13 2, 348

14 (1) 579 (2) 1413 (3) 2196

15 (△) (   )   **16** 2244

17 171×3＝513, 513원

유형 4 1400

18 (1) 1200 (2) 2040

19 (1) 800, 880 (2) 1500, 1650

20 3280   **21**

22 3개

23 50×31＝1550, 1550원

18~19쪽 개념의 힘

개념 확인하기

1 (1) 60, 30 (2) 90

2 (1)
```
        4
×     2 1
─────────
        4 … 4×1
      8 0 … 4×20
─────────
      8 4
```
  (2)
```
        9
×     3 2
─────────
      1 8 … 9×2
    2 7 0 … 9×30
─────────
    2 8 8
```

3 (1) 126 (2) 384

개념 다지기

1 80, 24, 104   **2** 50, 35

3 135   **4**
```
        6
×     2 4
─────────
      2 4
    1 2 0
─────────
    1 4 4
```

5 ㉠

6 4×24＝96, 96권

20~21쪽 개념의 힘

개념 확인하기

1 130, 78, 208

2
```
      3 6
×     4 3
─────────
    1 0 8 … 36×3
  1 4 4 0 … 36×40
─────────
  1 5 4 8
```

3 (1) 915 (2) 2491

개념 다지기

1 (1) 399 (2) 1554 (3) 648
  (4) 819

2 20, 1040, 1196

3 988   **4**
```
      4 2
×     3 2
─────────
      8 4
  1 2 6 0
─────────
  1 3 4 4
```

5 <

6 35×14＝490, 490권

22~23쪽 개념의 힘

개념 확인하기

1 (1) 15×35　(2) 7×19
　(3) 12×23

2

3 용재

4 173, 6, 1038　**5** 1038개

개념 다지기

1 (1) 학생　(2) 20, 40
　(3) 20, 40, 800　(4) 800명

2 13, 16, 208 / 208 km

3 $12 \times 40 = 480$, 480자루

4
방법1
$$\begin{array}{r} 8 \\ \times 12 \\ \hline 16 \\ 80 \\ \hline 96 \end{array}$$
방법2
$$\begin{array}{r} 12 \\ \times 8 \\ \hline 96 \end{array}$$

5 (1) $15 \times 36 = 540$, 540개
　(2) $540 + 324 = 864$, 864개

24~27쪽 1 STEP 기본 유형의 힘

유형 5 68

1
$$\begin{array}{r} 6 \\ \times 23 \\ \hline 18 \quad \cdots 6 \times 3 \\ 120 \quad \cdots 6 \times 20 \\ \hline 138 \end{array}$$

2 (1) 315　(2) 136

3 72

4 135

5

6 $6 \times 53 = 318$, 318개

유형 6
$$\begin{array}{r} 23 \\ \times 34 \\ \hline 92 \\ 690 \\ \hline 782 \end{array}$$

7
$$\begin{array}{r} 39 \\ \times 12 \\ \hline 78 \quad \cdots 39 \times 2 \\ 390 \quad \cdots 39 \times 10 \\ \hline 468 \end{array}$$

8 (1) 867　(2) 806

9 (○)
　(　)

10 (위에서부터) 448, 800

11 438

12 $25 \times 31 = 775$, 775개

유형 7 210, 1400, 1610

13
$$\begin{array}{r} 51 \\ \times 38 \\ \hline 408 \\ 1530 \\ \hline 1938 \end{array}$$

14 은수

15 1152

16 (○) (　)

17 (1) 32권
　(2) $32 \times 54 = 1728$, 1728권

유형 8 (1) 배　(2) 35, 43
　(3) 35, 43　(4) 1505

18 26, 364 / 364개

19 (1) 13일　(2) $13 \times 60 = 780$, 780번

20 (1) 27개　(2) $27 \times 15 = 405$, 405개

28~31쪽 2 STEP 응용 유형의 힘

1 $562 \times 4 = 2248$

2 $395 \times 3 = 1185$

3 $926 \times 5 = 4630$

4 $681 \times 8 = 5448$

5 56　**6** 762

7 375　**8** 888

9 3528　**10** 5100

11 5400　**12** >

13 <　**14** ㉢

15 (위에서부터) 5, 3

16 (위에서부터) 5, 2

17 9　**18** 1, 2, 3, 4

19 1, 2, 3　**20** 5개

21 1159　**22** 265

23 2368

24 예
$$\begin{array}{r} 82 \\ \times 64 \end{array}$$ / 5248

25 예 73×54 / 3942

32~33쪽 3 STEP 서술형의 힘

1-1 (1) 652 mm　(2) 65 cm 2 mm

1-2 풀이 참고, 146 cm 8 mm

2-1 (1) 75번　(2) 31일　(3) 2325번

2-2 풀이 참고, 2940번

3-1 (1) 86　(2) 12　(3) 1032

3-2 풀이 참고, 3395

4-1 (1) 23번　(2) 322분
　(3) 5시간 22분

4-2 풀이 참고, 12시간 36분

34~36쪽 수학의 힘 단원평가

1 648

2 10, 2700

3 381

4 156

5
$$\begin{array}{r} 235 \\ \times 5 \\ \hline 25 \quad \cdots 5 \times 5 \\ 150 \quad \cdots 30 \times 5 \\ 1000 \quad \cdots 200 \times 5 \\ \hline 1175 \end{array}$$

6 혜리　**7** 642, 3, 1926

8 ㉡

9 1620

10
$$\begin{array}{r} 27 \\ \times 12 \\ \hline 54 \\ 270 \\ \hline 324 \end{array}$$

11 $70 \times 30 = 2100$, 2100원

12 <　**13**

14 $27 \times 29 = 783$, 783개

15 564

16 8

17 ㉣, ㉡, ㉠, ㉢

18 60

19 풀이 참고, 1264개

20 풀이 참고, 896대

2단원 나눗셈

40~41쪽 개념의 힘

개념 확인하기

1 2개   **2** 20

3 (위에서부터) 40, 2

4 (1) 5, 30, 30   (2) 15, 20

개념 다지기

1 35

2 (1) (위에서부터) 10, 6
   (2) 30, 3, 10

3
```
    4 5
2) 9 0
   8
   1 0
   1 0
     0
```
4 10

5 예

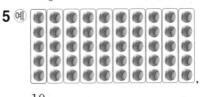

10

6 12   **7** 80÷5=16, 16개

42~43쪽 개념의 힘

개념 확인하기

1 21

2 (1) 2, 3, 6   (2) 1, 8, 0

3 몫, 나머지

4
```
    1 1
7) 7 9
   7
   9
   7
   2 / 11, 2
```

개념 다지기

1 (1) 12, 0   (2) 나누어떨어진다

2 (   ) (   ) (○)

3 12, 1   **4** 6, 3

5   **6** ㉡

7 39÷3=13, 13송이

44~45쪽 개념의 힘

개념 확인하기

1 (1) 7, 21   (2) 15, 27, 2

2 (1) 18   (2) 15…2   (3) 14   (4) 11…5

3 (1) 14   (2) 12…3

4 13   **5** 13

개념 다지기

1 (1) 2, 8, 16   (2) 14, 19, 16, 3

2 19, 1   **3** 14

4 ㉡   **5**
```
    1 5
3) 4 6
   3
   1 6
   1 5
     1
```

6 ㉠

7 72÷6=12, 12마리

46~49쪽 1 STEP 기본 유형의 힘

유형 1 (위에서부터) 10, 9

1 20   **2** =

3 70÷7=10, 10줄

유형 2 18

4 45   **5** 14

6 ㉡   **7**

8 ㉢

9 90÷5=18, 18개

유형 3 21

10 (   ) (○)

11 ㉡

12 28÷2=14, 14명

유형 4 11, 2

13 6, 1   **14**
```
    1 1
6) 6 7
   6
   7
   6
   1
```

15 ㉠

16 (   ) (○)

17

18 79÷8=9…7, 9일, 7개

유형 5 13

19 28

20 >

21 72÷4=18, 18권

유형 6 18, 2

22 (1) 16…1   (2) 14…3

23 (   ) (○)

24 88÷5=17…3, 17개

50~51쪽 개념의 힘

개념 확인하기

1 (1) 8, 24, 0   (2) 6, 24, 12

2 200

3 (1) 270   (2) 93

4 140

개념 다지기

1 130에 ○표

2 (1) 200   (2) 180

3
```
    2 5 4
3) 7 6 2
   6
   1 6
   1 5
     1 2
     1 2
       0
```

4 ㉡

5 <

6 (○) (   )

7 160÷4=40, 40송이

52~53쪽 개념의 힘

개념 확인하기

1 ㉠

2 4, 16 / 41, 4, 3

3 (1) 101…1　(2) 51…1
　　(3) 117…1　(4) 66…4
4 72, 4

개념 다지기

1 (1) 62, 5, 1　(2) 9, 4, 36, 8
2

3 52, 1　　　　**4** 204
5 322÷5에 색칠
6 ㉠
7 536÷6=89…2, 89명, 2개

54~55쪽　개념의 힘

개념 확인하기

1 예

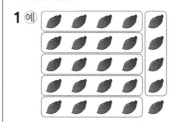

2 1개　　　　　**3** 아니요
4 16, 16, 17　**5** 9, 2
6 9, 2 / 9, 2

개념 다지기

1 5, 6
2 (1) 7, 1 / 7, 1, 29
　　(2) 21, 4 / 147 / 147, 4
3 55, 55, 57 / ×
4

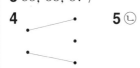

5 ㉡

6 34

56~59쪽　**1** STEP　기본 유형의 힘

유형 7 (1) 180　(2) 181

1 4, 0
2 (△)(　)
3 170　　　　**4** ㉠
5 197
6 (　)(○)

---

7 5　　　　　**8** ㉡
9 576÷6=96, 96명
10 522÷9=58, 58개

유형 8 101, 1

11 78…1
12 (　)(○)
13 94　　　　**14** ㉡
15
16 ㉡
17 (위에서부터) 84, 1 / 63, 1
18 9에 ○표
19 143÷9=15…8, 15개
20 261÷7=37…2, 37개, 2조각

유형 9 9, 45, 45, 46

21 ㉡
22 4×8=32, 32+3=35
23
```
    1 2
6)7 6
    6
    1 6
    1 2
      4  /
```
　6×12=72, 72+4=76
24 109
25 99, 8, 12, 3 / 12, 3

60~63쪽　**2** STEP　응용 유형의 힘

1
```
    1 8
4)7 3
    4
    3 3
    3 2
      1
```
2
```
    1 0 1
3)3 0 5
    3
      5
      3
      2
```
3 ㉡, 78
4 (○)(　)
5 (○)(　)
6 1, 2에 ○표　**7** 6, 5에 ○표
8 =　　　　　**9** <
10 ㉡　　　　**11** ㉠
12 12자루　　**13** 15개
14 32줄

---

15 25　　　　**16** 72
17 111　　　**18** 1, 2
19 1, 2, 4
20 1, 2, 3, 4, 6, 8
21 (위에서부터) 1, 8, 5, 8, 5
22 (위에서부터) 1, 8, 6, 8, 3, 6
23 3　　　　　**24** 6

64~65쪽　**3** STEP　서술형의 힘

1-1 (1) 72개　(2) 24일
1-2 풀이 참고, 22개
2-1 (1) 90장　(2) 15명
2-2 풀이 참고, 32명
3-1 (1) 10군데　(2) 11개　(3) 22개
3-2 풀이 참고, 40그루
4-1 (1) 23, 9　(2) 2, 5
4-2 풀이 참고, 1, 7

66~68쪽　수학의 힘　단원평가

1 18　　　　　**2** 12, 2
3 70, 7, 10
4 (1) 2　(2) 81, 48, 0
5 ㉠　　　**6**
```
    1 3 1
5)6 5 7
    5
    1 5
    1 5
      7
      5
      2
```
7 59, 4　　　**8** (　)(○)
9 <　　　　　**10** ③
11 6에 ×표, 4에 ○표
12 80÷8=10, 10대
13　　　　　　**14** 17
　　　　　　　　15 28자루
16 삼, 국, 지
17 (위에서부터) 1, 9, 7, 28
18 47, 1
19 풀이 참고, 44모둠
20 풀이 참고, 56

3 원
단원

72~73쪽 개념의 힘

개념 확인하기

1
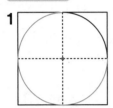

2 같습니다에 ◯표

3 (1) 원의 중심 (2) 반지름 (3) 지름

개념 다지기

1 지름   **2** 점 ㄴ
3 ㉠   **4** 8 cm
5 예

, 지효

6 1개

74~75쪽 개념의 힘

개념 확인하기

1 지름에 ◯표   **2**

3 6, 2   **4** ◯

개념 다지기

1 (1) 선분 ㅁㅂ (2) 선분 ㅁㅂ
2 1, 반   **3** 예

4 형수   **5** 6 cm
6 16 cm

76~77쪽 개념의 힘

개념 확인하기

1 2 cm
2 (◯) ( )

3
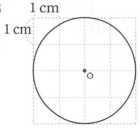

4 •⟍⟋•
   •⟋⟍•

개념 다지기

1 ( ) (◯)   **2** 3, 1, 2

3
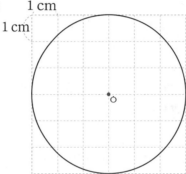

4 4 cm   **5**
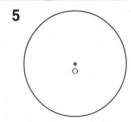

6 예
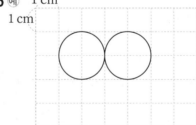

78~79쪽 개념의 힘

개념 확인하기

1 (1) ㉠ (2) ㉡

2

, 2, 위쪽에 ◯표,
왼쪽에 ◯표

개념 다지기

1 다르고에 ◯표, 같습니다에 ◯표

2
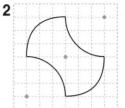

3 3, 2, 1   **4** ㉡
5 가   **6**

80~83쪽 **1** STEP 기본 유형의 힘

유형 **1** ㅇㄷ

1 ( ) (◯) ( )

2 예

3 (1) × (2) ◯
4 ㉡
5 예
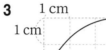
─ 원의 중심
─ 원의 반지름

유형 **2** 4 cm

6 ③
7 12 cm
8 ㉡
9 16 cm, 8 cm
10 연석

유형 **3** ㉡, ㉠, ㉢

11 1
12 (◯) ( ) ( )
13 8 cm

14
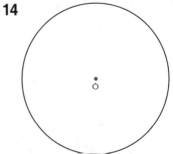

15

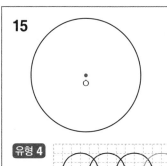

유형 **4**

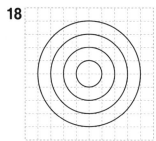

16 4군데

17 지환

18

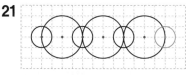

19

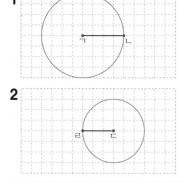

20 2, 1, 2

21

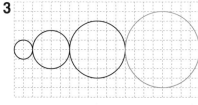

84~87쪽 **2** STEP 응용 유형의

1

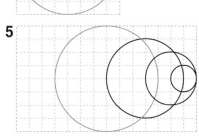

2

3

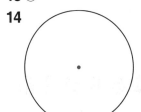

4

5

6 ㉡

7 ㉡

8 지희

9

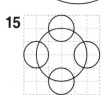

10

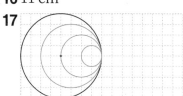

11 3군데

12 ㉠

13 ㉢

14 ㉣, ㉠, ㉢, ㉡

15 12 cm

16 9 cm

17 12 cm

18 3 cm

19 6 cm

20 5 cm

21 40 cm

22 56 cm

88~89쪽 **3** STEP 서술형의

1-1 (1) 8 cm (2) 3 cm (3) 5 cm

1-2 풀이 참고, 7 cm

2-1 (1) 1칸씩 (2) 오른, 3, 1

2-2 풀이 참고

3-1 (1) 10 cm

(2) 10 cm

(3) 5 cm

3-2 풀이 참고, 9 cm

4-1 (1) 30 cm

(2) 20 cm

(3) 100 cm

4-2 풀이 참고, 72 cm

90~92쪽 수학의 단원평가

1 반지름, 원의 중심

2 ㉠

3 지름

4 (   ) (○)

5 4 cm

6 ②, ①, ③

7 10 cm

8 중심에 ○표

9 ㉡

10 선분 ㅇㄴ, 선분 ㅇㄹ

11 9군데

12 5 cm

13 ㉢

14

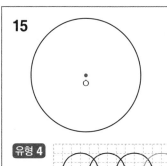

15

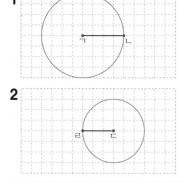

16 11 cm

17

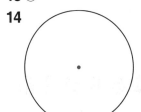

18 4 cm

19 풀이 참고, 형석

20 풀이 참고, 12 cm

4 분수
단원

96~97쪽 개념의 힘

개념 확인하기

1 $2, \dfrac{2}{3}$　　　　**2** 3

3 $\dfrac{3}{5}$

개념 다지기

1 (예)

2 $3, \dfrac{3}{4}$　　　　**3** $5, \dfrac{3}{5}$

4 (예)

／$\dfrac{4}{7}$

5 (예)  ／$\dfrac{5}{6}$

6 $\dfrac{3}{4}$

98~99쪽 개념의 힘

개념 확인하기

1

2 2　　　　**3** 4

4 0 1 2 3 4 5 6 7 8 9 10 11 12(cm)
(예)
／3

5 0 1 2 3 4 5 6 7 8 9 10 11 12(cm)
(예)
／9

개념 다지기

1 (1) 4　(2) 12　　**2** 10

3 4, 20

4 (예) ／4, 6

100~103쪽 1 STEP 기본 유형의 힘

유형 1 7, 2

1 1　　　　　　　　**2** 1

3 $2, \dfrac{2}{5}$　　　　**4** $\dfrac{3}{5}$

5 $\dfrac{4}{12}$　　　　　**6** $\dfrac{5}{7}$

유형 2 15

7 2　　　　　　　　**8** 8

9 6개

10 (1) 10　(2) 5　(3) 12

11 (1) 6개　(2) 8개
(3) (예)

12 6개

13 (1) 6　(2) 9　(3) 30

14 6자루

유형 3 9, 27

15 (1) 10　(2) 6

16 (1) 20　(2) 40

17 (1) 8칸
(2) (예)
0 1 2 3 4 5 6 7 8 9 10 11 12

18 ㉣

19 (1) 60　(2) 10　(3) 15

20 21 m　　　　**21** 42 cm

104~105쪽 개념의 힘

개념 확인하기

1 진분수에 ◯표

2 $\dfrac{1}{3}, \dfrac{5}{6}$에 ◯표, $\dfrac{4}{2}$에 △표

3 (1) (예)

(2) $\dfrac{6}{5}$

개념 다지기

1 진, 대, 가　　　　**2** 2와 6분의 5

3 $\dfrac{2}{2}, \dfrac{7}{7}$에 ◯표　　**4** 2, 5

5 (1) $1\dfrac{2}{5}, \dfrac{7}{5}$　(2) $2\dfrac{3}{4}, \dfrac{11}{4}$

6 (1) 11　(2) 2, 3

7 $4\dfrac{1}{9}$

106~107쪽 개념의 힘

개념 확인하기

1 $\dfrac{9}{5}$에 ◯표　　**2** <

3 7, >, >　　**4** >, 1, 1, >

개념 다지기

1 $\dfrac{10}{4}$　　　　　**2** <

3 >

4  ／$1\dfrac{3}{5}$

5 $\dfrac{17}{6}$　　　　　**6** ㉡

7 강아지

108~111쪽 1 STEP 기본 유형의 힘

유형 4 1, 5

1 (◯) (　) (　)

2 $\dfrac{6}{9}, \dfrac{5}{6}$　　**3** 2개

4 (1) (예)
0　　　　　1　　　　2(m)

(2) (예)
0　　　　　1　　　　2(m)

5 달걀

유형 5 $2\dfrac{3}{4}, 3\dfrac{1}{5}$

6 (1) $\dfrac{9}{4}$　(2) $1\dfrac{2}{4}$　　　**7** $3\dfrac{1}{2}$

8 (   ) (◯)

9 3

10 (1) $1\dfrac{5}{7}$ (2) $\dfrac{19}{7}$

11 (1) $\dfrac{6}{5}$, $\dfrac{7}{5}$ (2) $1\dfrac{1}{5}$, $1\dfrac{2}{5}$

12 $2\dfrac{1}{8}$

유형 6   >

13 $\dfrac{5}{3}$, $\dfrac{4}{3}$ **14** (1) <   (2) >

15 <, $2\dfrac{3}{10}$, $\dfrac{19}{10}$

16 <   **17** ㉠

18 $2\dfrac{4}{7}$

19 (위에서부터) $1\dfrac{8}{9}$, $\dfrac{16}{9}$, $1\dfrac{8}{9}$

20 $\dfrac{6}{6}$ **21** 복숭아

112~115쪽 2 STEP 응용 유형의 힘

1 $\dfrac{1}{6}$, $\dfrac{2}{6}$, $\dfrac{3}{6}$, $\dfrac{4}{6}$, $\dfrac{5}{6}$

2 $\dfrac{1}{7}$, $\dfrac{2}{7}$, $\dfrac{3}{7}$, $\dfrac{4}{7}$, $\dfrac{5}{7}$, $\dfrac{6}{7}$

3 $\dfrac{5}{8}$, $\dfrac{6}{8}$, $\dfrac{7}{8}$ **4** $\dfrac{7}{11}$, $\dfrac{8}{11}$, $\dfrac{9}{11}$, $\dfrac{10}{11}$

5 1, 2, 3, 4

6 1, 2, 3, 4, 5, 6, 7

7 5개

8 (◯) (   )

9 (   ) (△)

10 ㉢

11 6, 7, 8에 ◯표

12 5, 6에 ◯표

13 19, 20

14 $\dfrac{4}{5}$ **15** $\dfrac{5}{7}$

16 $\dfrac{7}{9}$ **17** $9\dfrac{4}{7}$

18 $8\dfrac{3}{5}$ **19** $2\dfrac{6}{7}$

---

20 20   **21** 42

22 4   **23** $\dfrac{2}{3}$

24 $\dfrac{2}{5}$ **25** $\dfrac{4}{2}$

116~117쪽 3 STEP 서술형의 힘

1-1 (1) 3그루   (2) 15그루

1-2 풀이 참고, 8자루

2-1 (1) $\dfrac{10}{7}$ (2) $\dfrac{12}{7}$ kg   (3) 아령

2-2 풀이 참고, ㉯

3-1 (1) $\dfrac{8}{5}$ (2) 5, 6, 7

3-2 풀이 참고, 9, 10, 11, 12

4-1 (1) 16 cm   (2) 18 cm   (3) 선우, 2 cm

4-2 풀이 참고, 영서, 21 cm

118~120쪽 수학의 힘 단원평가

1 1, $\dfrac{1}{3}$ **2** 4, $\dfrac{3}{4}$

3 ②   **4** <

5 $3\dfrac{1}{2}$, $3\dfrac{3}{10}$

6 예

| 0 | 7 | 14 | 21 | 28 | 35 | 42 | 49(cm) |

/ 21

7 9   **8** 4, 8

9 ㉡   **10** 80 cm

11 4개   **12** 40개

13   **14** $\dfrac{17}{7}$ L

   15 유나

16 $\dfrac{1}{6}$

17 6, 7, 8, 9   **18** $7\dfrac{2}{5}$

19 풀이 참고, 35개

20 풀이 참고, 26

---

5 단원 들이와 무게

124~125쪽 개념의 힘

개념 확인하기

1 어항에 ◯표

2 (△) (   )

3 (1) 4, 5   (2) 나, 가

개념 다지기

1 (◯) (   )

2 적습니다에 ◯표

3 서윤

4 (1) ㉡   (2) 2컵   (3) 2배

5 노란색

126~127쪽 개념의 힘

개념 확인하기

1 6 mL   6 밀리리터

2 2, 900

3 에 ◯표

4 (1) L에 ◯표   (2) mL에 ◯표

개념 다지기

1 (1) 3 리터   (2) 2 리터 500 밀리리터

2 많습니다에 ◯표

3 L, mL

4 400 mL

5 (1) 요구르트   (2) 수족관

6 2000 mL

128~129쪽 개념의 힘

개념 확인하기

1 4, 700   **2** 8, 200

3 1, 400   **4** 3, 400

개념 다지기

1 (1) 5 L 800 mL   (2) 2 L 100 mL

2 (1) 5900, 5, 900   (2) 2300, 2, 300

3 (위에서부터) (1) 1 / 7, 300
　(2) 1000 / 2, 600

4 5 L 900 mL

5
$$\begin{array}{r} \overset{5}{\cancel{6}}\ L\ \overset{1000}{400}\ mL \\ -\ 3\ L\ \ 900\ mL \\ \hline 2\ L\ \ 500\ mL \end{array}$$

6 1 L 200 mL+400 mL
　=1 L 600 mL, 1 L 600 mL

130~133쪽 **1** STEP **기본 유형의**

유형1 음료수 캔에 ○표

1 어항　　　　**2** 나

3 (3) (1) (2)

4 꽃병

5 예 물병에 물을 가득 채운 뒤 약수
　통으로 옮겨 담아 봅니다.

유형2
1 L 500 mL,
1 리터 500 밀리리터

6 (1) 4, 700　(2) 3000

7 2 L 100 mL　**8** 5200 mL

9 ㉡, 예 요구르트병의 들이는 약
　70 mL입니다.

10 상우

유형3 L

11 (1) 3 L　(2) 200 mL

12 재환

유형4 (1) 7, 900　(2) 5, 400

13 (1) 7 L 200 mL
　(2) 1 L 800 mL

14 (1) 1300, 1, 300
　(2) 7900, 7, 900

15 4 L 900 mL

16 2 L 500 mL

17
$$\begin{array}{r} \overset{5}{\cancel{6}}\ L\ \overset{1000}{500}\ mL \\ -\ 2\ L\ \ 900\ mL \\ \hline 3\ L\ \ 600\ mL \end{array}$$

18 성준

19 3 L 200 mL−1 L 800 mL
　=1 L 400 mL, 1 L 400 mL

---

20 형준, 50 mL

134~135쪽 **개념의**

개념 확인하기

1 (○) (　)

2 크레파스에 ○표

3 (1) 5개　(2) 10개　(3) 10, 5, 5

개념 다지기

1 (　) (○)

2 ㉡　　　　**3** 3개

4 귤　　　　**5** 사과, 감, 감

6 버섯

136~137쪽 **개념의**

개념 확인하기

1 (1)
3 kg
　(2)
5 g

2 (1) 2, 2000, 2100　(2) 1000

3 (　) (○)

4 (1) 코끼리　(2) 지우개

개념 다지기

1
3 t , 3 톤

2 (1) g　(2) kg

3 (1) 1　(2) 1300

4 태경

5 <

6 ㉠ / 예 사과 한 박스, kg

138~139쪽 **개념의**

개념 확인하기

1 4, 700

2 6, 500

3 1, 400

4 4 kg 800 g

개념 다지기

1 (위에서부터) (1) 1 / 7, 100
　(2) 7 / 3, 700

2 ㉠　　　　**3** 3 kg 700 g

4 4 kg 800 g

5 40 kg 100 g+35 kg 350 g
　=75 kg 450 g, 75 kg 450 g

6 35 kg 200 g−32 kg 700 g
　=2 kg 500 g, 2 kg 500 g

140~143쪽 **1** STEP **기본 유형의**

유형5 (○) (　)

1 감　　　　**2** 3, 1, 2

3 1, 가볍습니다에 ○표

4 호원

5 골프공, 야구공, 무겁

유형6 (1) 2, 700　(2) t

6 1200

7 (△) (○) (○)

8

9 2 kg 100 g

10 ㉢, 예 5160 g은 5 kg 160 g입
　니다.

유형7 (1) 책상　(2) 자동차

11 ㉡　　　　**12** 10배

유형8 (1) 8, 700　(2) 5, 300

13 4, 300

14 (1) 8 kg 300 g　(2) 1 kg 800 g

15 (1) 8700, 8, 700
　(2) 3200, 3, 200

16 2 kg 400 g

17 7 kg 500 g

18 하은, 5 kg 900 g

19 38 kg 500 g−35 kg 250 g
　=3 kg 250 g, 3 kg 250 g

20 5 kg−1 kg 700 g
　=3 kg 300 g, 3 kg 300 g

144~147쪽 2 STEP 응용 유형의

1 g 2 kg 3 ㉢
4 ㉡ 5 ㉠ 6 바나나

7 1300 mL 8 3600 mL
9 5000 mL
10 1 kg 800 g − 900 g = 900 g, 900 g
11 2 kg 500 g − 1 kg 900 g = 600 g, 600 g
12 6 kg 600 g − 5 kg 800 g = 800 g, 800 g

13 은수 14 수아
15 ㉲, ㉴, ㉳ 16 ㉡, ㉠, ㉢
17 ㉠, ㉡, ㉢

18 (위에서부터) 400, 6
19 (위에서부터) 900, 10
20 (위에서부터) 900, 1
21 방법 예 ㉮ 그릇과 ㉯ 그릇에 물을 가득 담아 수조에 붓습니다.
이유 예 2 L 500 mL + 7 L 500 mL = 10 L이기 때문입니다.
22 방법 예 ㉮ 물병에 물을 가득 담아 ㉯ 물병이 찰 때까지 붓고 남는 것을 수조에 붓습니다.
이유 예 1 L 250 mL − 250 mL = 1 L이기 때문입니다.

148~149쪽 3 STEP 서술형의

1-1 (1) 덧셈에 ○표 (2) 31 kg 780 g
1-2 풀이 참고, 67 kg 300 g
2-1 (1) 90 mL (2) 1 L 80 mL
2-2 풀이 참고, 1 L 200 mL
3-1 (1) 800 mL (2) 700 mL (3) 1500 mL
3-2 풀이 참고, 2250 mL
4-1 (1) ㉡ (2) ■ + ■ − 3 = 15 (3) 9 kg
4-2 풀이 참고, 8 kg

150~152쪽 수학의 단원평가

1 5, 500
2 4 킬로그램 200 그램
3 가위에 ○표 4 칼
5 2 kg 100 g 6 <
7 6 t 8 ㉢
9 4 L 350 mL 10 선풍기
11 1900 mL 12 뚝배기
13 ㉠, ㉣
14 600 kg − 450 kg 600 g = 149 kg 400 g, 149 kg 400 g
15 파란색 16 2 kg 800 g
17 (위에서부터) 400, 2 18 나영
19 풀이 참고, 주전자
20 풀이 참고, 6 L 60 mL

6단원 자료의 정리

156~157쪽 개념의

개념 확인하기
1 ㉡ 2 ( )(○)
3 4, 7, 3 4 7명

개념 다지기
1 8명 2 사자
3 사슴 4 1명
5 (위에서부터) 2, 1
6 호랑이
7 사자, 기린, 호랑이, 사슴

158~159쪽 개념의

개념 확인하기
1 10, 1 2 1, 3, 13
3 3반 4 2명

개념 다지기
1 그림그래프에 ○표
2 25마리 3 나 목장
4 40상자
5 신선 과수원, 320상자
6 그림그래프

160~161쪽 개념의

개념 확인하기
1 ( )(○)(○)
2 ( )(○)
3 모둠별 한 달 동안 마신 우유의 수

모둠	우유의 수
가	
나	
다	

개념 다지기
1 (○)( )
2 종류별 판매한 꽃의 수

종류	꽃의 수
장미	
국화	
백합	
튤립	

3 학년별 학교 도서관에 방문한 학생 수

학년	학생 수
3	
4	
5	
6	

4 학년별 학교 도서관에 방문한 학생 수

학년	학생 수	
3		
4		◎ 10명
5		△ 5명
6		○ 1명

5 45 − 12 = 33, 33명

162~165쪽 1 STEP 기본 유형의

유형 1 7, 8, 6
1 9명 2 3명
3 책, 게임기, 자전거, 옷
4 예 지후네 반 학생들이 좋아하는 애완동물
5 예 지후네 반 학생
6 (위에서부터) 4, 2 / 5, 2, 3
7 햄스터

유형2 2가지

8 10대, 1대　　**9** 24대

10 라 마을, 22대　　**11** 4

12 금성 마을, 푸름 마을

13 ㉡

14 팥 호빵, 카레 호빵, 야채 호빵, 매운 호빵

15 야채 호빵, 22개　　**16** 팥 호빵

유형3 2개, 1개

17

학교	쌀 소비량
가	
나	
다	

학교별 쌀 소비량

18

줄넘기 시합에 참가한 학년별 학생 수

학년	학생 수
1	☺☺☺
2	☺☺☺☺☺
3	☺☺☺☺☺☺
4	☺☺☺☺

19 4학년　　**20** 7명

21 150권

22

반별로 읽은 책 수

반	책 수
1	☐☐☐☐☐☐☐
2	☐☐☐☐☐☐
3	☐☐☐☐☐
4	☐☐☐☐☐☐☐☐

23

반별로 읽은 책 수

반	책 수
1	☐△☐
2	△☐☐
3	☐△
4	△☐☐☐☐

166~169쪽　2 STEP　응용 유형의

1 미국　　**2** 대학교

3 2배　　**4** 3배

5 여름

---

6 8권　　**7** 20마리

8 96개　　**9** 308권

10 (위에서부터) 5, 5, 12 / 3, 5, 12

11 (위에서부터) 6, 4, 13 / 5, 2, 12

12

마을별 소의 수

마을	소의 수
너른	○○△○
산골	○△○○
분지	○○○△○○○

13

가게별 판매한 사과 수

가게	사과 수
가	○○○△
나	○○△○○○
다	○○○○△○○

14

모둠별로 모은 캔 수

모둠	가	나	다	라

캔 수

15

마을별 감 생산량

마을	비	바람	파도	햇살
감 생산량				

16 박물관

17 장구

170~171쪽　3 STEP　서술형의

1-1 (1) 7개, 11개　(2) 81명

1-2 풀이 참고, 102명

2-1 (1) 12개

　　(2) 24개 /

반별 모은 빈 병의 수

반	빈 병의 수
1	🍶🍶🍶🍶🍶🍶
2	🍶🍶🍶🍶
3	🍶🍶🍶

2-2 풀이 참고,

종류별 과일나무 수

종류	과일나무 수
사과나무	🌳🌳🌳🌳🌳
배나무	🌳🌳🌳🌳🌳
포도나무	🌳🌳🌳🌳🌳

3-1 (1) 구피, 베타, 엔젤피시

　　(2) 예 구피

3-2 풀이 참고

4-1 (1) 6개　(2) 12, 20, 15, 6

4-2 풀이 참고, 23, 14, 24, 5

172~174쪽　수학의　단원평가

1 10, 16, 8　　**2** 10개

3 46개　　**4** 딸기 우유

5 배구　　**6** 4명

7 2배

8 축구, 야구, 농구, 배구

9 10 kg, 1 kg

10 53 kg

11 동해

12

마을별 약국 수

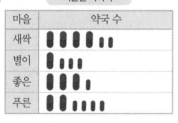

마을	약국 수
새싹	❚❚❚❚❚
별이	❚❚❚❚
좋은	❚❚❚
푸른	❚❚❚❚❚

13 새싹 마을

14 별이 마을

15 그림그래프

16 13명

17

혈액형별 학생 수

혈액형	학생 수
A형	◎○○○
B형	◎○○
AB형	△
O형	△○○○

18 1200상자

19 풀이 참고, 112개

20 빵, 풀이 참고

1 곱셈

개념의 힘

8~13쪽

개념 1

8~9쪽

개념 확인하기

1 132를 수 모형으로 2번 놓은 것입니다. 백 모형이 2개, 십 모형이 6개, 일 모형이 4개이므로 $132 \times 2 = 264$입니다.
답 264

2 답 (1) 9, 0 (2) 4, 8

3 백 모형이 4개, 십 모형이 8개, 일 모형이 12개입니다. 일 모형 12개는 십 모형 1개, 일 모형 2개와 같으므로 123×4는 백 모형 4개, 십 모형 9개, 일 모형 2개인 492입니다.
답 4, 8, 12 / 492

☑ **참고** 123×4는 123을 4번 더한 것입니다. 따라서 123×4를 수 모형으로 알아보려면 123을 4번 놓습니다.

개념 다지기

1 백 모형은 $2 \times 4 = 8$(개), 십 모형은 $1 \times 4 = 4$(개), 일 모형은 $6 \times 4 = 24$(개)인데 일 모형 20개를 십의 자리로 올려 주면 백 모형 8개, 십 모형 6개, 일 모형 4개로 864입니다.
답 (위에서부터) 6, 4, 4 / 8, 6, 4

2 답
$$\begin{array}{r} 1 \\ 2\,2\,6 \\ \times \quad 3 \\ \hline 6\,7\,8 \end{array}$$

3
$$\begin{array}{r} 1 \\ 4\,3\,6 \\ \times \quad 2 \\ \hline 8\,7\,2 \end{array}$$
답 872

4 $321 \times 2 = 642$, $212 \times 3 = 636$
답

5
$$\begin{array}{r} 1 \\ 2\,1\,4 \\ \times \quad 4 \\ \hline 8\,5\,6 \end{array}$$
➡ $844 < 856$
답 <

6 (지우개 3개 값) = (지우개 1개 값) × (지우개 수)
$= 230 \times 3 = 690$(원)
답 $230 \times 3 = 690$, 690원

개념 2

10~11쪽

개념 확인하기

1 답 789

2 세로로 계산할 때에는 자리를 잘 맞추어 쓰고 올림한 수를 더해야 합니다.
$$\begin{array}{r} 1 \\ 1\,3\,1 \\ \times \quad 6 \\ \hline 7\,8\,6 \end{array}$$
답 (   ) (○)

3 321×4는 1×4, 20×4, 300×4의 곱의 합이므로 $4 + 80 + 1200 = 1284$입니다.
답
$$\begin{array}{r} 3\,2\,1 \\ \times \quad 4 \\ \hline 4 \cdots 1 \times 4 \\ 8\,0 \cdots 20 \times 4 \\ 1\,2\,0\,0 \cdots 300 \times 4 \\ \hline 1\,2\,8\,4 \end{array}$$

4 답 (위에서부터) (1) 1, 7, 2, 3 (2) 2, 1, 4, 1, 6

개념 다지기

1 180은 6×3의 곱인데 6의 자릿값이 60이므로 실제 60×3의 곱입니다.
답 60×3에 ○표

2 (1)
$$\begin{array}{r} 1 \\ 2\,3\,1 \\ \times \quad 4 \\ \hline 9\,2\,4 \end{array}$$
(2)
$$\begin{array}{r} 2 \\ 6\,4\,0 \\ \times \quad 6 \\ \hline 3\,8\,4\,0 \end{array}$$
답 (1) 924 (2) 3840

3 (1)
$$\begin{array}{r} 4\,2\,1 \\ \times \quad 4 \\ \hline 1\,6\,8\,4 \end{array}$$
(2)
$$\begin{array}{r} 1 \\ 3\,9\,2 \\ \times \quad 2 \\ \hline 7\,8\,4 \end{array}$$
답 (1) 1684 (2) 784

4 십의 자리에서 올림한 수를 백의 자리 계산에서 더하지 않았습니다.
답
$$\begin{array}{r} 4\,8\,0 \\ \times \quad 2 \\ \hline 9\,6\,0 \end{array}$$

5 (1) $743 + 743$은 743을 2번 더한 것이므로 743×2와 같습니다.
(2) $541 + 541 + 541 + 541$은 541을 4번 더한 것이므로 541×4와 같습니다.
답 (1) 1486, 1486 (2) 2164, 2164

6 (3일 동안 만드는 가방 수)
= (하루에 만드는 가방 수) × (날수)
$= 252 \times 3 = 756$(개)
답 $252 \times 3 = 756$, 756개

개념 3 12~13쪽

개념 확인하기

1 (1) 2×2=4이므로 20×20은 2×2의 100배인 400입니다.
(2) 31×20 ➡ 31×2×10=62×10=620

답 (1) 400 (2) 620

2 답 (1) 8, 0, 0 (2) 1, 5, 0, 0

3 답 (1) 3, 360 (2) 10, 360 (3) 360

개념 다지기

1 30은 3의 10배입니다.
31×3=93 ➡ 31×30=930

답 930에 ○표

2 10을 두 번 곱하는 것은 100을 곱하는 것과 같습니다.
답 180, 1800 / 18, 1800

3 답 (1) 3500 (2) 750 (3) 3200 (4) 2520

4 (1) 90×20=1800
(2) 26×40=1040

답 (1) 1800 (2) 1040

5 ㉠ 30×60=1800 ㉡ 40×50=2000
㉢ 20×90=1800
따라서 □ 안에 들어갈 수가 다른 하나는 ㉡입니다.

답 ㉡

6 (하루의 분 수)=60×(하루의 시간)
=60×24=1440(분)

답 60×24=1440, 1440분

STEP 1 기본 유형의 힘 14~17쪽

유형 1 답 4, 2, 6

1 백 모형이 2×3=6(개), 십 모형이 1×3=3(개), 일 모형이 3×3=9(개)이므로 600+30+9=639입니다.
답 3, 639

2 답 (1) 666 (2) 933 (3) 264

3
143
× 2
286
답 286

4 342×2=684 ➡ 700>684
답 >

5 122×3=366 답 366

6 (하루에 먹는 한약의 양)
=(1회에 먹는 양)×(하루에 먹는 횟수)
=120×3=360 (mL) 답 120×3=360, 360 mL

유형 2
1
218
× 2
436
답 4, 3, 6

7 답
227
× 3
21 … 7×3
60 … 20×3
600 … 200×3
681

8 (1)
1
136
× 2
272
(2)
2
114
× 5
570
(3)
2
219
× 3
657
답 (1) 272 (2) 570 (3) 657

9
1
325
× 3
975
답 975

10 104×6=624 ➡ 624<650 답 (△) ( )

11 ㉮ 214×3=642 ㉯ 224×3=672 답 ㉯

12 (먹은 고구마 케이크의 열량)
=(고구마 케이크 100 g의 열량)
×(먹은 100 g짜리 고구마 케이크의 수)
=218×3=654(킬로칼로리)
답 218×3=654, 654킬로칼로리

유형 3
2
172
× 3
516
답 5, 1, 6

13 답 2, 348

14 (1)
2
193
× 3
579
(2)
2
471
× 3
1413
(3)
732
× 3
2196
답 (1) 579 (2) 1413 (3) 2196

15 왼쪽 계산은 십의 자리에서 올림한 수 1을 더하지 않았습니다.
1
253
× 3
759
답 (△) ( )

16 사각형에 쓰인 수는 561과 4입니다.

→ $561 \times 4 = 2244$ 　　　　　**답** 2244

☑ **참고** 사각형: 4개의 변으로 둘러싸인 도형

17 (중국 돈 3위안)=(중국 돈 1위안)×3

$\qquad = 171 \times 3 = 513(원)$

답 $171 \times 3 = 513$, 513원

유형 4 $20 \times 70 = 2 \times 7 \times 100 = 1400$ 　　**답** 1400

18 **답** (1) 1200　(2) 2040

19 (1) $20 \times 40 = 2 \times 4 \times 100 = 800$

$\qquad 22 \times 40 = 22 \times 4 \times 10 = 88 \times 10 = 880$

(2) $30 \times 50 = 3 \times 5 \times 100 = 1500$

$\qquad 33 \times 50 = 33 \times 5 \times 10 = 165 \times 10 = 1650$

답 (1) 800, 880　(2) 1500, 1650

20 $82 \times 4 = 328$ → $82 \times 40 = 3280$ 　　**답** 3280

21 $12 \times 40 = 480$, $16 \times 30 = 480$

$30 \times 50 = 1500$, $75 \times 20 = 1500$ 　**답**

22 $20 \times 50 = \underline{1000}$ → 3개 　　　　**답** 3개

23 (모은 돈)=50×(모은 동전의 수)

$\qquad = 50 \times 31 = 1550(원)$

답 $50 \times 31 = 1550$, 1550원

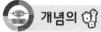

개념의 힘 　　　　　　　　　　18~23쪽

개념 4 　　　　　　　　　　　18~19쪽

개념 확인하기

1 (2) $6 \times 15 = 60 + 30 = 90$ 　**답** (1) 60, 30　(2) 90

2 **답**
```
(1)     4
      × 2 1
        4  … 4×1
      8 0  … 4×20
      8 4
```
```
(2)     9
      × 3 2
      1 8  … 9×2
    2 7 0  … 9×30
    2 8 8
```

3
```
(1)     2
      × 6 3
        6
    1 2 0
    1 2 6
```
```
(2)     6
      × 6 4
      2 4
    3 6 0
    3 8 4
```
답 (1) 126　(2) 384

개념 다지기

1 **답** 80, 24, 104

2 5×17은 5×10, 5×7의 합입니다.

$5 \times 17 = 50 + 35 = 85$

→ ㉠=50, ㉡=35 　　　　**답** 50, 35

3
```
        3
    × 4 5
      1 5
    1 2 0
    1 3 5
```
답 135

4 24는 20+4이므로 6×24의 계산은 6×4와 6×20을 각각 계산한 후 두 곱을 더합니다.
```
        6
    × 2 4
      2 4
    1 2 0
    1 4 4
```
답 (오른쪽 계산)

5 ㉠ $7 \times 14 = 98$ → 98>96 　　　**답** ㉠

6 (전체 책 수)=(한 상자에 들어 있는 책 수)×(상자 수)

$\qquad = 4 \times 24 = 96(권)$

답 $4 \times 24 = 96$, 96권

개념 5 　　　　　　　　　　　20~21쪽

개념 확인하기

1 **답** 130, 78, 208

2 **답**
```
        3 6
      × 4 3
      1 0 8  … 36×3
    1 4 4 0  … 36×40
    1 5 4 8
```

3 **답** (1) 915　(2) 2491

개념 다지기

1
```
(1)   1 9      (2)   3 7      (3)   1 8      (4)   6 3
    × 2 1          × 4 2          × 3 6          × 1 3
      1 9            7 4        1 0 8        1 8 9
    3 8 0        1 4 8 0        5 4 0        6 3 0
    3 9 9        1 5 5 4        6 4 8        8 1 9
```
답 (1) 399　(2) 1554　(3) 648　(4) 819

2 23을 20과 3으로 나누어 각각을 곱하여 더합니다.

답 20, 1040, 1196

3 $26 \times 38 = 988$ 　　　　　　　**답** 988

4 답
$$
\begin{array}{r}
4\,2 \\
\times\;3\,2 \\
\hline
8\,4 \\
1\,2\,6\,0 \\
\hline
1\,3\,4\,4
\end{array}
$$

5 $43 \times 36 = 1548$ ➡ $1529 < 1548$ 　　　답 <

6 (14상자에 들어 있는 공책 수)
＝(한 상자에 들어 있는 공책 수)×(상자 수)
＝$35 \times 14 = 490$(권)　　답 $35 \times 14 = 490$, 490권

개념 **6**　　　　　　22~23쪽

개념 확인하기

1 답 (1) 15×35　(2) 7×19　(3) 12×23

2 답
○

3 답 용재

4 답 173, 6, 1038

5 답 1038개

개념 다지기

1 답 (1) 학생　(2) 20, 40　(3) 20, 40, 800　(4) 800명

2 (집에서 외할머니 댁까지의 거리)
＝(집에서 공원까지의 거리)×16
＝$13 \times 16 = 208$ (km)　답 13, 16, 208 / 208 km

3 답 $12 \times 40 = 480$, 480자루

4 답
방법1	방법2
$\begin{array}{r} 8 \\ \times\,1\,2 \\ \hline 1\,6 \\ 8\,0 \\ \hline 9\,6 \end{array}$	$\begin{array}{r} 1\,2 \\ \times\;\;8 \\ \hline 9\,6 \end{array}$

5 (1) (전체 자두 수)
＝(한 상자에 들어 있는 자두 수)×(상자 수)
＝$15 \times 36 = 540$(개)
(2) (자두와 복숭아 수)＝(자두 수)＋(복숭아 수)
＝$540 + 324 = 864$(개)
답 (1) $15 \times 36 = 540$, 540개
(2) $540 + 324 = 864$, 864개

---

1 기본 유형의 힘　　　　　24~27쪽

유형 **5** 답 68

1 답
$$
\begin{array}{r}
6 \\
\times\,2\,3 \\
\hline
1\,8 \quad\cdots 6\times3 \\
1\,2\,0 \quad\cdots 6\times20 \\
\hline
1\,3\,8
\end{array}
$$

2 (1) $\begin{array}{r} 5 \\ \times\,6\,3 \\ \hline 1\,5 \\ 3\,0\,0 \\ \hline 3\,1\,5 \end{array}$　(2) $\begin{array}{r} 8 \\ \times\,1\,7 \\ \hline 5\,6 \\ 8\,0 \\ \hline 1\,3\,6 \end{array}$
답 (1) 315　(2) 136

3 $\begin{array}{r} 3 \\ \times\,2\,4 \\ \hline 1\,2 \\ 6\,0 \\ \hline 7\,2 \end{array}$　답 72

4 3의 45배 ➡ $3 \times 45 = 135$　　답 135

5 $6 \times 45 = 270$, $9 \times 24 = 216$　　답

6 (전체 탁구공의 수)
＝(한 상자에 담은 탁구공의 수)×(상자의 수)
＝$6 \times 53 = 318$(개)　답 $6 \times 53 = 318$, 318개

유형 **6** 답
$$
\begin{array}{r}
2\,3 \\
\times\,3\,4 \\
\hline
9\,2 \\
6\,9\,0 \\
\hline
7\,8\,2
\end{array}
$$

7 답
$$
\begin{array}{r}
3\,9 \\
\times\,1\,2 \\
\hline
7\,8 \quad\cdots 39\times2 \\
3\,9\,0 \quad\cdots 39\times10 \\
\hline
4\,6\,8
\end{array}
$$

8 (1) $\begin{array}{r} 5\,1 \\ \times\,1\,7 \\ \hline 3\,5\,7 \\ 5\,1\,0 \\ \hline 8\,6\,7 \end{array}$　(2) $\begin{array}{r} 2\,6 \\ \times\,3\,1 \\ \hline 2\,6 \\ 7\,8\,0 \\ \hline 8\,0\,6 \end{array}$
답 (1) 867　(2) 806

9 $\begin{array}{r} 4\,6 \\ \times\,1\,2 \\ \hline 9\,2 \\ 4\,6\,0 \\ \hline 5\,5\,2 \end{array}$
답 (○)
　　( )

10 $14 \times 32 = 448$, $25 \times 32 = 800$

답 (위에서부터) 448, 800

11 ㉮ $15 \times 14 = 210$, ㉯ $19 \times 12 = 228$

➡ $210 + 228 = 438$ 답 438

12 3월은 31일입니다.

(전체 마시는 우유 수) = (하루에 마시는 우유 수) × (날수)

$= 25 \times 31 = 775$(개)

답 $25 \times 31 = 775$, 775개

유형 7 답 210, 1400, 1610

13 답
```
      5 1
   ×  3 8
   ─────
    4 0 8
  1 5 3 0
  ─────
  1 9 3 8
```

14 진호: $\boxed{5} \times \boxed{2}$ 는 십의 자리 수끼리의 곱입니다. 따라서 실제로 나타내는 값은 $50 \times 20 = 1000$입니다. 답 은수

15
```
      7 2
   ×  1 6
   ─────
    4 3 2
    7 2 0
   ─────
  1 1 5 2
```
답 1152

16
```
      9 3          5 6
   ×  2 6       ×  4 2
   ─────        ─────
    5 5 8        1 1 2
  1 8 6 0      2 2 4 0
  ─────        ─────
  2 4 1 8  >   2 3 5 2
```
답 (○) (   )

17 (1) 8권씩 4줄 ➡ $8 \times 4 = 32$(권)

(2) (전체 책의 수)

= (책꽂이 한 개에 꽂을 수 있는 책의 수) × (책꽂이 수)

$= 32 \times 54 = 1728$(권)

답 (1) 32권 (2) $32 \times 54 = 1728$, 1728권

유형 8 답 (1) 배 (2) 35, 43 (3) 35, 43 (4) 1505

18 10×6 과 4×6 을 14×6 으로, 10×20 과 4×20 을 14×20 으로 바꾸어 계산하고 14×6 과 14×20 을 더합니다. 답 26, 364 / 364개

19 답 (1) 13일 (2) $13 \times 60 = 780$, 780번

20 (1) $3 \times 9 = 27$(개)

답 (1) 27개 (2) $27 \times 15 = 405$, 405개

---

2 STEP 응용 유형의 힘 28~31쪽

1 $562 + 562 + 562 + 562 = 562 \times 4 = 2248$

└─── 4번 ───┘

답 $562 \times 4 = 2248$

2 $395 + 395 + 395 = 395 \times 3 = 1185$

└── 3번 ──┘

답 $395 \times 3 = 1185$

3 $926 + 926 + 926 + 926 + 926 = 926 \times 5 = 4630$

└───── 5번 ─────┘

답 $926 \times 5 = 4630$

4 $681 + 681 + 681 + 681 + 681 + 681 + 681 + 681$

└──────── 8번 ────────┘

$= 681 \times 8 = 5448$ 답 $681 \times 8 = 5448$

5 2의 28배 ➡ $2 \times 28 = 56$ 답 56

6 254의 3배 ➡ $254 \times 3 = 762$ 답 762

7 15의 25배 ➡ $15 \times 25 = 375$ 답 375

8 24의 37배 ➡ $24 \times 37 = 888$ 답 888

9 가장 큰 수: 72, 가장 작은 수: 49

➡ $72 \times 49 = 3528$ 답 3528

10 가장 큰 수: 85, 가장 작은 수: 60

➡ $85 \times 60 = 5100$ 답 5100

11 가장 큰 수: 90, 두 번째로 작은 수: 60

➡ $90 \times 60 = 5400$ 답 5400

12 $324 \times 2 = 648$, $48 \times 12 = 576$

➡ $648 > 576$ 답 >

13 $912 \times 3 = 2736$, $82 \times 36 = 2952$

➡ $2736 < 2952$ 답 <

14 ㉠ 2800 ㉡ 2774 ㉢ 2940

➡ ㉢ > ㉠ > ㉡ 답 ㉢

15
```
      7 4 9
   ×      ㉠
   ───────
  ㉡ 7 4 5
```
• $9 \times$ ㉠ 의 일의 자리 수가 5이므로 ㉠ = 5입니다.

• $749 \times 5 = 3745$이므로 ㉡ = 3입니다.

답 (위에서부터) 5, 3

16
```
    ㉠ 8
   ×  4 0
   ─────
  ㉡ 3 2 0
```
• ㉠ $\times 4 + 3$ 의 일의 자리 수가 3이므로 ㉠ $\times 4$ 의 일의 자리 수는 0입니다. ➡ ㉠ = 5

• $58 \times 40 = 2320$이므로 ㉡ = 2입니다.

답 (위에서부터) 5, 2

17 일의 자리 계산에서 올림이 있고 ㉡×2의 일의 자리 수가 4이므로 ㉡=7입니다.
㉠×2=4이므로 ㉠=2입니다.
➜ ㉠+㉡=2+7=9　　　　　　　　　답 9

18 237×1=237(○), 237×2=474(○),
237×3=711(○), 237×4=948(○),
237×5=1185(×)
따라서 □ 안에 들어갈 수 있는 수는 1, 2, 3, 4입니다.
　　　　　　　　　　　　　　　답 1, 2, 3, 4

19 18×15=270
1×68=68(○), 2×68=136(○), 3×68=204(○),
4×68=272(×)
따라서 □ 안에 들어갈 수 있는 수는 1, 2, 3입니다.
　　　　　　　　　　　　　　　답 1, 2, 3

20 23×20=460
1×89=89(○), 2×89=178(○), 3×89=267(○),
4×89=356(○), 5×89=445(○),
6×89=534(×)
따라서 □ 안에 들어갈 수 있는 수는 1, 2, 3, 4, 5로 모두 5개입니다.　　　　　　　　답 5개

21 보기는 앞의 수와 뒤의 수를 더한 수와 앞의 수에서 뒤의 수를 뺀 수를 곱하는 계산 방법입니다.
40+21=61, 40-21=19이므로
40★21=61×19=1159입니다.　　　답 1159

22 보기는 뒤의 수에서 앞의 수를 뺀 수와 앞의 수와 뒤의 수를 더한 수를 곱하는 계산 방법입니다.
29-24=5, 24+29=53이므로
24●29=5×53=265입니다.　　　답 265

23 21+53=74, 53-21=32이므로
21▲53=74×32=2368입니다.　　답 2368

24 두 자리 수의 십의 자리 수는 8, 6이고 일의 자리 수는 4, 2입니다.
따라서 가장 큰 곱은 82×64=5248입니다.
64×82라고 써도 정답입니다.
답 예 $\begin{array}{r} 8\ 2 \\ \times\ 6\ 4 \\ \hline \end{array}$, 5248

25 두 자리 수의 십의 자리 수는 5, 7이고, 일의 자리 수는 3, 4입니다.
따라서 가장 큰 곱은 73×54=3942입니다.
54×73이라고 써도 정답입니다.
　　　　　　　　　　답 예 73×54, 3942

---

3 서술형의 힘　　　　　　　　32~33쪽

1-1 (1) 163×4=652 (mm)
(2) 10 mm=1 cm ➜ 652 mm=65 cm 2 mm
　　　　　답 (1) 652 mm　(2) 65 cm 2 mm

1-2 모범 답안 ❶ 네 변의 길이의 합을 구해 mm로 나타내면 367×4=1468 (mm)입니다.
❷ (네 변의 길이의 합)=1468 mm
　　　　　　　　　　　=146 cm 8 mm
　　　　　　　　　　답 146 cm 8 mm

채점 기준		
❶ 정사각형의 네 변의 길이의 합을 구함.	2점	5점
❷ mm 단위를 cm 단위로 바꿈.	3점	

2-1 (1) 52+23=75(번)
(2) 1월은 31일입니다.
(3) 75×31=2325(번)
　　　　답 (1) 75번　(2) 31일　(3) 2325번

2-2 모범 답안 ❶ (인혜와 수호가 하루에 한 줄넘기 횟수)
　　　　　　　　=47+51=98(번)
❷ 6월은 30일입니다.
❸ (인혜와 수호가 6월에 한 줄넘기 횟수)
　　　　=98×30=2940(번)　　답 2940번

채점 기준		
❶ 두 사람이 하루에 한 줄넘기 횟수를 구함.	2점	
❷ 6월의 날수를 구함.	1점	5점
❸ 두 사람이 6월 한 달 동안 한 줄넘기 횟수를 구함.	2점	

3-1 (1) 8>6>2>1 ➜ 86
(2) 1<2<6<8 ➜ 12
(3) 86×12=1032　　답 (1) 86　(2) 12　(3) 1032

3-2 모범 답안 ❶ 9>7>5>3이므로
가장 큰 두 자리 수: 97, 가장 작은 두 자리 수: 35
❷ (가장 큰 두 자리 수)×(가장 작은 두 자리 수)
　　=97×35=3395　　　　　　답 3395

채점 기준		
❶ 가장 큰 두 자리 수와 가장 작은 두 자리 수를 구함.	2점	
❷ 가장 큰 두 자리 수와 가장 작은 두 자리 수의 곱을 구함.	3점	5점

4-1 (1) 통나무를 1번 자르면 2도막, 2번 자르면 3도막이 되므로 24도막이 되려면 23번 잘라야 합니다.
(2) 14×23=322(분)
(3) 60분=1시간 ➜ 322분=5시간 22분
　　답 (1) 23번　(2) 322분　(3) 5시간 22분

4-2 [모범 답안] ❶ 통나무가 37도막이 되려면 36번 잘라야 합니다.

❷ (통나무를 37도막으로 자르는 데 걸리는 시간)
$=21 \times 36 = 756$(분)

❸ 756분$=$12시간 36분 답 12시간 36분

채점 기준		
❶ 통나무를 자르는 횟수를 구함.	2점	
❷ 통나무를 37도막으로 자르는 데 걸리는 시간을 구함.	2점	5점
❸ 분 단위를 시간, 분 단위로 바꿈.	1점	

단원평가 34~36쪽

1 답 648

2 답 10, 2700

3 답 381

4 답 156

5 답
$$\begin{array}{r} 2\,3\,5 \\ \times \qquad 5 \\ \hline 2\,5 \cdots\ 5\times5 \\ 1\,5\,0 \cdots\ 30\times5 \\ 1\,0\,0\,0 \cdots\ 200\times5 \\ \hline 1\,1\,7\,5 \end{array}$$

6 답 혜리

7 642를 3번 더하는 것은 642×3과 같습니다.
➔ $642 \times 3 = 1926$ 답 642, 3, 1926

8 ㉠ $504 \times 6 = 3024$ ㉡ $931 \times 4 = 3724$ 답 ㉡

9 $\underbrace{27+27+\cdots\cdots+27+27}_{60번} = 27 \times 60 = 1620$
답 1620

10 곱해지는 수와 곱하는 수의 십의 자리 수의 곱을 자리에 맞추어 쓰지 않았습니다.
답
$$\begin{array}{r} 2\,7 \\ \times\,1\,2 \\ \hline 5\,4 \\ 2\,7\,0 \\ \hline 3\,2\,4 \end{array}$$

11 (도화지 한 장의 값)×(도화지 수)
$=70 \times 30 = 2100$(원) 답 $70 \times 30 = 2100$, 2100원

12 $17 \times 21 = 357$ ➔ $357 < 400$ 답 <

13 $23 \times 14 = 322$, $12 \times 26 = 312$ 답

14 (29상자에 들어 있는 귤 수)
$=$(한 상자에 들어 있는 귤 수)×(상자 수)
$=27 \times 29 = 783$(개) 답 $27 \times 29 = 783$, 783개

15 ㉠ $34 \times 45 = 1530$ ㉡ $23 \times 42 = 966$
➔ $1530 - 966 = 564$ 답 564

16 □×4의 일의 자리 수가 2이므로 □는 3 또는 8입니다.

• □$=3$일 때 :
$$\begin{array}{r} 1 \\ 3\,1\,3 \\ \times \quad\ 4 \\ \hline 1\,2\,5\,2 \end{array}$$

• □$=8$일 때 :
$$\begin{array}{r} 3 \\ 3\,1\,8 \\ \times \quad\ 4 \\ \hline 1\,2\,7\,2 \end{array}$$

따라서 □$=8$입니다. 답 8

17 ㉠ 4086 ㉡ 4000 ㉢ 4232 ㉣ 3780
➔ ㉣<㉡<㉠<㉢ 답 ㉣, ㉡, ㉠, ㉢

18 $52 \times 60 = 3120$, $52 \times 61 = 3172$이므로 □ 안에는 60 또는 60보다 작은 수가 들어가야 합니다. 따라서 □ 안에 들어갈 수 있는 두 자리 수 중에서 가장 큰 수는 60입니다. 답 60

✔ 참고 □ 안에 들어갈 수를 예상해 본 후 확인합니다. 52를 약 50으로 생각하면 $50 \times 60 = 3000$이므로 60을 기준으로 □ 안에 들어갈 수를 알아봅니다.

19 [모범 답안] ❶ (4상자에 들어 있는 클립 수)
$=136 \times 4 = 544$(개)

❷ (30상자에 들어 있는 지우개 수)$=24 \times 30$
$=720$(개)

❸ ➔ (클립과 지우개의 수)$=544 + 720 = 1264$(개)
답 1264개

채점 기준		
❶ 4상자에 들어 있는 클립 수를 구함.	2점	
❷ 30상자에 들어 있는 지우개 수를 구함.	2점	5점
❸ 클립과 지우개 수의 합을 구함.	1점	

20 [모범 답안] ❶ (하루에 만드는 자전거 수)
$=$(1시간 동안 만드는 자전거 수)×(시간)
$=16 \times 8 = 128$(대)

❷ 일주일은 7일이므로
(일주일 동안 만드는 자전거 수)
$=$(하루에 만드는 자전거 수)×(날수)
$=128 \times 7 = 896$(대) 답 896대

채점 기준		
❶ 하루에 만드는 자전거 수를 구함.	2점	
❷ 일주일 동안 만드는 자전거 수를 구함.	3점	5점

2 나눗셈

개념의 힘 40~45쪽

개념 1 40~41쪽

개념 확인하기

1 답 2개

2 답 20

3 답 (위에서부터) 40, 2

4 답 (1) 5, 30, 30 (2) 15, 20

개념 다지기

1 답 35

2 답 (1) (위에서부터) 10, 6 (2) 30, 3, 10

3 9 나누기 2의 몫인 4를 몫의 십의 자리에 써야 합니다.

답
$$\begin{array}{r} 4\ 5 \\ 2\overline{)9\ 0} \\ 8 \\ \hline 1\ 0 \\ 1\ 0 \\ \hline 0 \end{array}$$

4 $20 \div 2 = 10$ 답 10

5 야구공 50개를 5개씩 묶으면 10묶음이 됩니다.
  ➡ $50 \div 5 = 10$(묶음)

답 예 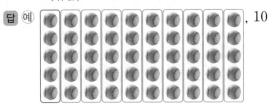 , 10

6 $60 > 5$ ➡ $60 \div 5 = 12$ 답 12

7 (한 명에게 줄 수 있는 귤의 수)
  =(전체 귤의 수)÷(나누어 주는 사람 수)
  =$80 \div 5 = 16$(개) 답 $80 \div 5 = 16$, 16개

개념 2 42~43쪽

개념 확인하기

1 답 21

2 답 (1) 2, 3, 6 (2) 1, 8, 0

3 답 몫, 나머지

4 답
$$\begin{array}{r} 1\ 1 \\ 7\overline{)7\ 9} \\ 7 \\ \hline 9 \\ 7 \\ \hline 2 \end{array} \quad / \ 11,\ 2$$

개념 다지기

1 답 (1) 12, 0 (2) 나누어떨어진다

2 답 ( )( )(○)

3 답 12, 1

4 답 6, 3

5 답

6 ㉠ $17 \div 3 = 5 \cdots 2$ ㉡ $29 \div 5 = 5 \cdots 4$
  ➡ $2 < 4$이므로 나머지가 더 큰 것은 ㉡입니다.
  답 ㉡

7 (한 명에게 줄 수 있는 국화의 수)
  =(전체 국화의 수)÷(나누어 줄 사람의 수)
  =$39 \div 3 = 13$(송이)
  답 $39 \div 3 = 13$, 13송이

개념 3 44~45쪽

개념 확인하기

1 답 (1) 7, 21 (2) 15, 27, 2

2 답 (1) 18 (2) 15 ⋯ 2 (3) 14 (4) 11 ⋯ 5

3 답 (1) 14 (2) 12 ⋯ 3

4 답 13

5 답 13

개념 다지기

1 답 (1) 2, 8, 16 (2) 14, 19, 16, 3

2 답 19, 1

3 답 14

4 ⊙
$$7 \overline{)84} \begin{array}{r} 12 \\ \hline 7 \\ \hline 14 \\ 14 \\ \hline 0 \end{array}$$

ⓛ
$$5 \overline{)95} \begin{array}{r} 19 \\ \hline 5 \\ \hline 45 \\ 45 \\ \hline 0 \end{array}$$

답 ⓛ

5 16을 3으로 나누면 몫이 5이므로 46÷3의 몫의 일의 자리 수는 5입니다.

답
$$3 \overline{)46} \begin{array}{r} 15 \\ \hline 3 \\ \hline 16 \\ 15 \\ \hline 1 \end{array}$$

☑ 주의 나머지는 나누는 수보다 작아야 합니다.

6 49÷3=16…1
⊙ 몫은 16이므로 10보다 큽니다.
ⓛ 나머지는 1이므로 3보다 작습니다.
ⓒ 나머지는 1이므로 나누어떨어지지 않습니다. 답 ⊙

7 (메뚜기의 수)=(전체 다리 수)÷(한 마리의 다리 수)
=72÷6=12(마리)
답 72÷6=12, 12마리

기본 유형의 힘 46~49쪽

유형 1 답 (위에서부터) 10, 9

1 80÷4=20 답 20

2 40÷2=20 ➡ 20 ⊜ 40÷2 답 ⊜

3 (학생들이 선 줄 수)
=(전체 학생 수)÷(한 줄에 서는 학생 수)
=70÷7=10(줄)
답 70÷7=10, 10줄

유형 2 5<90 ➡ 90÷5=18 답 18

4 답 45

5 70÷5=14 답 14

6 ⊙
$$2 \overline{)30} \begin{array}{r} 15 \\ \hline 2 \\ \hline 10 \\ 10 \\ \hline 0 \end{array}$$

답 ⓛ

7 답

8 ⊙ 60÷4=15 ⓛ 90÷6=15 ⓒ 50÷2=25
답 ⓒ

9 (한 상자에 담아야 할 비커 수)
=(전체 비커 수)÷(상자 수)
=90÷5=18(개) 답 90÷5=18, 18개

유형 3 답 21

10 답 ( )(○)

11 ⊙ 77÷7=11 ⓛ 48÷4=12 ⓒ 99÷9=11
따라서 몫이 다른 하나는 ⓛ입니다. 답 ⓛ

12 (나누어 줄 수 있는 사람 수)
=(전체 연필 수)÷(한 사람에게 줄 연필 수)
=28÷2=14(명) 답 28÷2=14, 14명

유형 4 답 11, 2

13 43÷7=6…1 답 6, 1

14 일의 자리 수 7에는 6이 1번 들어가므로 몫의 일의 자리에 1을 써야 합니다.

답
$$6 \overline{)67} \begin{array}{r} 11 \\ \hline 6 \\ \hline 7 \\ 6 \\ \hline 1 \end{array}$$

15 나머지가 4가 될 수 없다는 것은 나누는 수가 4이거나 4보다 작다는 것이므로 ⊙ □÷4입니다. 답 ⊙

16 나머지가 0일 때, 나누어떨어진다고 합니다.
46÷4=11…2
88÷2=44 ➡ 나누어떨어집니다. 답 ( )(○)

17 23÷2=11…1, 47÷4=11…3 답

18 답 79÷8=9…7, 9일, 7개

유형 5 답 13

19 56÷2=28 답 28

20 54÷3=18, 64÷4=16 ➡ 18>16 답 >

21 (책꽂이 한 칸에 꽂아야 할 책의 수)
=(전체 책의 수)÷(책꽂이 칸의 수)
=72÷4=18(권) 답 72÷4=18, 18권

2
단원

나
눗
셈

유형 6 답 18, 2

22 답 (1) 16…1 (2) 14…3

23 $43 \div 3 = 14 \cdots 1$, $92 \div 5 = 18 \cdots 2$

→ 1 < 2 답 (   )(○)

24 $88 \div 5 = 17 \cdots 3$

　　↑　　↑
상자 수　남은 초콜릿 수

답 $88 \div 5 = 17 \cdots 3$, 17개

🔎 개념의 🔑 50~55쪽

개념 4 50~51쪽

개념 확인하기

1 답 (1) 8, 24, 0 (2) 6, 24, 12

2 답 200

3 (1)
```
    2 7 0
2)5 4 0
  4
  ─────
    1 4
    1 4
    ─────
        0
```
(2)
```
      9 3
7)6 5 1
  6 3
  ─────
    2 1
    2 1
    ─────
        0
```
답 (1) 270 (2) 93

☑ 주의 (1) 몫의 일의 자리에 0을 쓰는 것을 잊지 않습니다.
```
    2 7 (×)
2)5 4 0
  4
  ─────
    1 4
    1 4
    ─────
        0
```

4 $420 \div 3 = 140$ 답 140

개념 다지기

1 답 130에 ◯표

2 답 (1) 200 (2) 180

3 답
```
    2 5 4
3)7 6 2
  6
  ─────
    1 6
    1 5
    ─────
      1 2
      1 2
      ─────
          0
```

---

4 ㉠
```
      7 6
5)3 8 0
  3 5
  ─────
    3 0
    3 0
    ─────
        0
```
㉡
```
    1 7 8
3)5 3 4
  3
  ─────
    2 3
    2 1
    ─────
      2 4
      2 4
      ─────
          0
```
답 ㉡

5 $714 \div 3 = 238$ → 200 < $714 \div 3$ 답 <

6 $325 \div 5 = 65$, $260 \div 4 = 65$, $441 \div 7 = 63$

답 (◯)(　)

7 (한 명에게 줄 수 있는 장미 수)
= (전체 장미 수) ÷ (나누어 줄 사람 수)
= $160 \div 4 = 40$(송이) 답 $160 \div 4 = 40$, 40송이

개념 5 52~53쪽

개념 확인하기

1 백의 자리부터 순서대로 계산해야 합니다. 답 ㉠

2 답 4, 16 / 41, 4, 3

3 (1)
```
    1 0 1
7)7 0 8
  7
  ─────
    8
    7
  ─────
    1
```
(2)
```
      5 1
5)2 5 6
  2 5
  ─────
      6
      5
  ─────
      1
```
(3)
```
    1 1 7
6)7 0 3
  6
  ─────
    1 0
    6
  ─────
      4 3
      4 2
  ─────
        1
```
(4)
```
      6 6
8)5 3 2
  4 8
  ─────
    5 2
    4 8
  ─────
      4
```
답 (1) 101…1 (2) 51…1 (3) 117…1 (4) 66…4

4
```
      7 2  ← 몫
6)4 3 6
  4 2
  ─────
    1 6
    1 2
  ─────
      4  ← 나머지
```
답 72, 4

개념 다지기

1 답 (1) 62, 5, 1 (2) 9, 4, 36, 8

2 답

3 $157 \div 3 = 52 \cdots 1$ → ㉠ = 52, ㉡ = 1 답 52, 1

4 $608\div3=202\cdots2$ ➡ $202+2=204$ 　　　답 204

5 $381\div6=63\cdots3$, $322\div5=64\cdots2$

　　　　　　　　　　　답 $322\div5$에 색칠

6 ㉠ $955\div8=119\cdots3$　　㉡ $956\div7=136\cdots4$

➡ $3<4$이므로 나머지가 더 작은 것은 ㉠입니다.

　　　　　　　　　　　　　　답 ㉠

7 (전체 쿠키의 수)÷(한 명에게 줄 쿠키의 수)

$=536\div6=89\cdots2$

　　　　↑　　　↑
　　나누어 줄 수　남는 쿠키 수
　　있는 사람 수

　　　　　　답 $536\div6=89\cdots2$, 89명, 2개

개념 6　　　　　　　　　　　54~55쪽

개념 확인하기

1 답 예

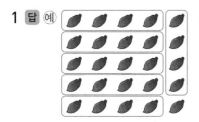

2 답 1개

3 고구마를 4개씩 묶으면 1개가 남으므로 나머지는 1이
되어야 합니다.
➡ $25\div4=6\cdots1$　　　　　　답 아니요

4 답 16, 16, 17

5 답 9, 2

6 답 9, 2 / 9, 2

개념 다지기

1 ㉠에 알맞은 수는 몫이므로 5이고, ㉡에 알맞은 수는
나머지이므로 6입니다.
　　　　　　　　　　　답 5, 6

2 답 ⑴ 7, 1 / 7, 1, 29　⑵ 21, 4 / 147 / 147, 4

3 $62\div5=11\cdots2$
　　　　　　　　(×)
확인 $5\times11=55$ ➡ $55+2=57$　답 55, 55, 57 / ×

---

4 답

5 ■$\div6=5\cdots4$

확인 (나누는 수)×(몫)=● ➡ ●+(나머지)=■
　　　　　　　　　　　답 ㉡

6 $6\times5=30$ ➡ $30+4=34$
따라서 어떤 수는 34입니다.　　　　답 34

1
STEP **기본 유형의 힘**　　　　56~59쪽

유형 7　답 ⑴ 180　⑵ 181

1 답 4, 0

2
$$7\overline{)812}$$
$$\begin{array}{r} 116 \\ 7\overline{)812} \\ 7 \\ \hline 11 \\ 7 \\ \hline 42 \\ 42 \\ \hline 0 \end{array}$$
　　　　　　답 (△)(　)

3 답 170

4
㉠
$$\begin{array}{r} 41 \\ 6\overline{)246} \\ 24 \\ \hline 6 \\ 6 \\ \hline 0 \end{array}$$
㉡
$$\begin{array}{r} 22 \\ 9\overline{)198} \\ 18 \\ \hline 18 \\ 18 \\ \hline 0 \end{array}$$
　　　　　　　　답 ㉠

5 $4<788$ ➡ $788\div4=197$　　　답 197

6 $350\div2=175$, $680\div4=170$　답 (　)(○)

7
$$\begin{array}{r} 155 \\ 5\overline{)775} \\ 5 \\ \hline 27 \\ 25 \\ \hline 25 \\ 25 \\ \hline 0 \end{array}$$ ➡ ★=5

　　　　　　　　답 5

8 ㉡ $750\div3=250$ ➡ $255>250$　　답 ㉡

2 단원

나눗셈

9 (나누어 줄 수 있는 사람 수)
　＝(전체 도화지의 수)÷(한 명에게 줄 도화지의 수)
　＝576÷6＝96(명)　　　답 576÷6＝96, 96명

10 (필요한 봉지의 수)
　＝(전체 인절미의 수)÷(한 봉지에 담을 인절미의 수)
　＝522÷9＝58(개)　　　답 522÷9＝58, 58개

유형**8** 답 101, 1

11 답 78…1

12 답 (　)(○)

13 706÷7＝100…6
　➡ 몫과 나머지의 차: 100−6＝94　　　답 94

14 ㉠ 341÷2＝170…1　　　　　　답 ㉡

15 218÷4＝54…2, 638÷5＝127…3　답
•　　　•
•　　　•

16 ㉠ 488÷6＝81…2　　㉡ 367÷4＝91…3
　➡ 2＜3이므로 나머지가 더 큰 것은 ㉡입니다.
　　　　　　　　　　　　　　　　　답 ㉡

17 253÷3＝84…1, 253÷4＝63…1
　　　　　　　답 (위에서부터) 84, 1 / 63, 1

18 어떤 세 자리 수를 9로 나누었을 때 나머지는 9보다 작습니다.　　　　　　　　답 9에 ○표

19 (전체 대추의 수)÷(접시 한 개에 놓을 대추의 수)
　＝143÷9＝15…8　　답 143÷9＝15…8, 15개

20 (전체 고기 조각의 수)÷(꼬치 한 개에 꽂을 고기 조각의 수)
　＝261÷7＝37…2
　　　　　　답 261÷7＝37…2, 37개, 2조각

유형**9** 답 9, 45, 45, 46

21 답 ㉡

22 답 4×8＝32, 32＋3＝35

23 답
```
    1 2
6) 7 6
   6
   1 6
   1 2
     4
```
／ 6×12＝72, 72＋4＝76

24 ■÷7＝15…4
　확인 7×15＝105 ➡ 105＋4＝109
　따라서 ■에 알맞은 수는 109입니다.　답 109

25 확인 8×12＝96 ➡ 96＋3＝99
　나눗셈식 99÷8＝12…3　답 99, 8, 12, 3 / 12, 3

2 응용 유형의 힘　　　　60~63쪽

1 나머지는 나누는 수보다 작아야 합니다.
답

```
    1 8
4) 7 3
   4
   3 3
   3 2
     1
```

2 답
```
    1 0 1
3) 3 0 5
   3
   5
   3
   2
```

3 답 ㉡, 78

4 • □÷4의 나머지가 될 수 있는 수: 0, 1, 2, 3
　• □÷7의 나머지가 될 수 있는 수: 0, 1, 2, 3, 4, 5, 6
　➡ 나머지가 6이 될 수 없는 식은 □÷4입니다.
　　　　　　　　　　　　답 (○)(　)

5 • □÷5의 나머지가 될 수 있는 수: 0, 1, 2, 3, 4
　• □÷9의 나머지가 될 수 있는 수: 0, 1, 2, 3, 4, 5, 6, 7, 8
　➡ 나머지가 5가 될 수 없는 식은 □÷5입니다.
　　　　　　　　　　　　답 (○)(　)

6 나누는 수인 3보다 작은 수는 나머지가 될 수 있습니다.
　➡ 1, 2　　　　　　　　답 1, 2에 ○표

7 나누는 수인 8보다 작은 수는 나머지가 될 수 있습니다.
　➡ 6, 5　　　　　　　　답 6, 5에 ○표

8 90÷3＝30 ➡ 30 ㊿ 90÷3　　답 ＝

9 80÷5＝16 ➡ 80÷5 ㊀ 18　　답 ＜

10 ㉠ 96÷6＝16　㉡ 48÷4＝12 ➡ 16＞12　답 ㉠

11 ㉠ 80÷8＝10　㉡ 66÷6＝11 ➡ 10＜11　답 ㉠

12 (초록색 색연필과 빨간색 색연필 수의 합)
$=42+54=96$(자루)
➜ (한 명에게 줄 색연필 수)
$=96÷8=12$(자루)　　답 12자루

13 (인절미와 송편 수의 합)$=38+52=90$(개)
➜ (필요한 접시의 수)$=90÷6=15$(개)　답 15개

14 (여학생과 남학생 수의 합)$=127+97=224$(명)
➜ (한 줄에 7명씩 설 때의 줄 수)
$=224÷7=32$(줄)　　답 32줄

15 (어떤 수)$÷7=3…4$
➜ (어떤 수)$=7×3+4=25$
따라서 어떤 수는 25입니다.　　답 25

16 (어떤 수)$÷5=14…2$
➜ (어떤 수)$=5×14+2=72$
따라서 어떤 수는 72입니다.　　답 72

17 (어떤 수)$÷8=13…7$
➜ (어떤 수)$=8×13+7=111$　　답 111

18 $46÷1=46$(○), $46÷2=23$(○), $46÷3=15…1$,
$46÷4=11…2$, $46÷5=9…1$, $46÷6=7…4$,
$46÷7=6…4$, $46÷8=5…6$, $46÷9=5…1$　답 1, 2

19 $52÷1=52$(○), $52÷2=26$(○), $52÷3=17…1$,
$52÷4=13$(○), $52÷5=10…2$, $52÷6=8…4$,
$52÷7=7…3$, $52÷8=6…4$, $52÷9=5…7$
답 1, 2, 4

20 $48÷1=48$(○), $48÷2=24$(○), $48÷3=16$(○),
$48÷4=12$(○), $48÷5=9…3$, $48÷6=8$(○),
$48÷7=6…6$, $48÷8=6$(○), $48÷9=5…3$
답 1, 2, 3, 4, 6, 8

21 내림이 없는 나눗셈입니다.
➜ ㉢$=5$, ㉠$=1$
$5×1=5$ ➜ ㉤$=5$
$5+3=8$ ➜ ㉣$=8$, ㉡$=8$
답 (위에서부터) 1, 8, 5, 8, 5

22 9에 6이 1번 들어가므로 ㉠$=1$, ㉢$=6$입니다.
$6×6=36$ ➜ ㉤$=3$, ㉥$=6$
$36+2=38$ ➜ ㉣$=8$, ㉡$=8$
답 (위에서부터) 1, 8, 6, 8, 3, 6

23 ■$=4$일 때 $144÷9=16$으로 나누어떨어집니다.
➜ ■$=4-1=3$일 때 $143÷9=15…8$로 나머지가
가장 큽니다.　　답 3

24 ▲$=7$일 때 $217÷7=31$로 나누어떨어집니다.
➜ ▲$=7-1=6$일 때 $216÷7=30…6$으로 나머지가
가장 큽니다.　　답 6

3 서술형의 힘　64~65쪽

1-1 (1) $100-28=72$(개)
(2) $72÷3=24$(일)　답 (1) 72개 (2) 24일

1-2 모범 답안 ❶ (먹고 남은 젤리의 수)
$=211-13=198$(개)
❷ (필요한 봉지 수)$=198÷9=22$(개)　답 22개

채점 기준		
❶ 먹고 남은 젤리의 수를 구함.	2점	5점
❷ 필요한 봉지 수를 구함.	3점	

2-1 (1) 한 묶음에 10장씩 9묶음 ➜ $10×9=90$(장)
(2) $90÷6=15$(명)　답 (1) 90장 (2) 15명

2-2 모범 답안 ❶ (초콜릿의 수)$=6×16=96$(개)
❷ (나누어 줄 수 있는 사람 수)$=96÷3=32$(명)
답 32명

채점 기준		
❶ 초콜릿의 수를 구함.	2점	5점
❷ 나누어 줄 수 있는 사람 수를 구함.	3점	

3-1 (1) $80÷8=10$(군데)
(2) (도로 한쪽에 세우는 가로등의 수)
$=10+1=11$(개)
(3) (도로 양쪽에 세우는 가로등의 수)
$=11×2=22$(개)
답 (1) 10군데 (2) 11개 (3) 22개

3-2 모범 답안 ❶ (길 한쪽에 나무를 심는 간격의 수)
$=76÷4=19$(군데)
❷ (길 한쪽에 심는 나무의 수)$=19+1=20$(그루)
❸ (길 양쪽에 심는 나무의 수)$=20×2=40$(그루)
답 40그루

채점 기준		
❶ 길 한쪽에 나무를 심는 간격의 수를 구함.	3점	5점
❷ 길 한쪽에 심는 나무의 수를 구함.	1점	
❸ 길 양쪽에 심는 나무의 수를 구함.	1점	

2 단원

나
눗
셈

4-1 (1) 2<3<7<9이므로 만들 수 있는 가장 작은 두 자리 수는 23이고, 가장 큰 한 자리 수는 9입니다.

(2) 23÷9=2…5 ➜ 몫: 2, 나머지: 5

답 (1) 23, 9 (2) 2, 5

4-2 모범 답안 ❶ 만들 수 있는 가장 작은 두 자리 수: 16, 가장 큰 한 자리 수: 9

❷ 16÷9=1…7이므로 몫은 1, 나머지는 7입니다.

답 1, 7

채점 기준		
❶ 가장 작은 두 자리 수와 가장 큰 한 자리 수를 각각 구함.	2점	5점
❷ 나눗셈식을 세워 답을 구함.	3점	

 단원평가 66~68쪽

1 답 18

2 답 12, 2

3 답 70, 7, 10

4 답 (1) 2 (2) 81, 48, 0

5 ㉠ 80÷4=20

답 ㉠

6 백의 자리 계산에서 6-5=1을 계산하여 그대로 내려 쓴 5와 함께 15를 5로 나누어야 합니다.

답
```
      1 3 1
  5 ) 6 5 7
      5
      1 5
      1 5
          7
          5
          2
```

7 답 59, 4

8 80÷5=16, 60÷4=15

답 ( )(○)

9 93÷3=31 ➜ 30<31

답 <

10 십의 자리부터 계산해야 합니다. 따라서 가장 먼저 계산해야 하는 식은 70을 2로 나누는 식입니다.

➜ ③ 70÷2

답 ③

11 나누는 수가 5이므로 나머지가 될 수 있는 수는 5보다 작은 수입니다.

답 6에 ×표, 4에 ○표

12 80÷8=10(대)

답 80÷8=10, 10대

13 76÷4=19, 50÷2=25

답

14 42÷2=21, 219÷5=43…4

➜ ●-◆=21-4=17

답 17

15 (나누어 준 연필 수)=113-1=112(자루)

➜ 112÷4=28(자루)

답 28자루

✔ 다른 풀이 113÷4=28…1
                ↑   ↑
          한 명에게 준 연필 수 남은 연필 수

따라서 연필을 한 명에게 28자루씩 주었습니다.

16 69÷6=11…3 ➜ 삼

59÷5=11…4 ➜ 국

34÷3=11…1 ➜ 지

답 삼, 국, 지

17
```
   ㉠ 4
 7) 9 ㉡
   ㉢
   2 9
   ㉣
     1
```
• ㉡=9
• 9-㉢=2 ➜ ㉢=7
• 7×㉠=7 ➜ ㉠=1
• 7×4=28 ➜ ㉣=28

답 (위에서부터) 1, 9, 7, 28

18 몫이 가장 크려면 나누어지는 수는 가장 큰 두 자리 수, 나누는 수는 가장 작은 한 자리 수로 만들어야 합니다.

➜ 95÷2=47…1

답 47, 1

19 모범 답안 ❶ (전체 야구공의 수)=11×16=176(개)

❷ (나누어 줄 수 있는 모둠의 수)=176÷4 =44(모둠)

답 44모둠

채점 기준		
❶ 전체 야구공의 수를 구함.	2점	5점
❷ 나누어 줄 수 있는 모둠의 수를 구함.	3점	

20 모범 답안 ❶ 53보다 크고 57보다 작은 수: 54, 55, 56

❷ 54÷3=18, 55÷3=18…1, 56÷3=18…2

❸ 따라서 조건 을 모두 만족하는 수는 56입니다.

답 56

채점 기준		
❶ 53보다 크고 57보다 작은 수를 모두 구함.	1점	5점
❷ ❶에서 구한 수들을 3으로 나누었을 때의 나머지를 각각 구함.	3점	
❸ 조건을 모두 만족하는 수를 구함.	1점	

원

개념의 힘   72~79쪽

개념 1   72~73쪽

개념 확인하기

1 답
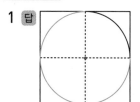

2 답 같습니다에 ○표

3 (1) 원을 그릴 때에 누름 못이 꽂혔던 점 ㅇ을 원의 중심이라고 합니다.
  (2) 원의 중심과 원 위의 한 점을 이은 선분 ㅇㄴ을 원의 반지름이라고 합니다.
  (3) 원의 중심을 지나는 원 위의 두 점을 이은 선분 ㄱㄴ을 원의 지름이라고 합니다.
        답 (1) 원의 중심   (2) 반지름   (3) 지름

개념 다지기

1 답 지름

2 원의 가장 안쪽에 있는 점을 찾으면 점 ㄴ입니다.
                답 점 ㄴ

3 ㉠ 원의 중심은 원의 가장 안쪽에 있는 점입니다.
  ㉡ 원의 중심과 원 위의 한 점을 이은 선분이므로 원의 반지름입니다.
                   답 ㉠

4 원의 중심을 지나는 선분은 8 cm입니다.   답 8 cm

5 주현: 한 원에는 반지름을 무수히 많이 그을 수 있습니다.
     답 예

                   , 지효

6 한 원에는 원의 중심이 1개 있습니다.   답 1개

개념 2   74~75쪽

개념 확인하기

1 원의 지름은 원의 중심을 지나고 원 위의 두 점을 잇는 선분이므로 원을 똑같이 둘로 나눕니다.
                답 지름에 ○표

2 원의 지름은 원의 중심을 지나는 선분이므로 원의 지름을 그을 때 반드시 지나는 점은 원의 중심입니다.
     답
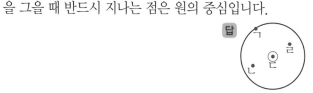

3 답 6, 2

4 답 ○

개념 다지기

1 답 (1) 선분 ㅁㅂ   (2) 선분 ㅁㅂ

2 한 원에서 원의 반지름은 지름의 반입니다.
  ➡ 원의 지름은 2 cm이고, 반지름은 1 cm입니다.
                 답 1, 반

3 원의 중심을 지나고 원 위의 두 점을 잇는 선분을 3개 긋습니다.   답 예
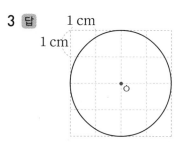

4 형수: 한 원에서 지름은 가장 긴 선분입니다.   답 형수

5 큰 원의 지름이 12 cm이고 선분 ㄱㄷ은 작은 원의 지름입니다.
  작은 원의 지름은 큰 원의 반지름의 길이와 같으므로 $12 \div 2 = 6$ (cm)입니다.   답 6 cm

6 지름의 길이는 반지름의 길이의 2배이므로 $8 \times 2 = 16$ (cm)입니다.   답 16 cm

개념 3   76~77쪽

개념 확인하기

1 반지름은 원의 중심과 원 위의 한 점을 이은 선분이므로 2 cm입니다.   답 2 cm

2 반지름이 2 cm인 원을 그려야 하므로 컴퍼스를 2 cm만큼 벌립니다.   답 (○) ( )

3 답
1 cm
1 cm

4 컴퍼스의 침이 꽂혔던 자리는 원의 중심이고 컴퍼스를 반지름의 길이만큼 벌려 원을 그립니다.

답 ✕ (선분으로 교차하여 연결)

개념 다지기

1 크기가 같은 원은 반지름의 길이가 같습니다.

답 (　) (○)

2 ① 원의 중심이 되는 점 ㅇ 정하기
② 컴퍼스를 1 cm만큼 벌리기
③ 컴퍼스의 침을 점 ㅇ에 꽂고 원 그리기

답 3, 1, 2

3 모눈 한 칸의 크기는 1 cm이므로 반지름이 3 cm인 원을 그리려면 컴퍼스의 침과 연필심 사이의 거리가 모눈 3칸이 되어야 합니다.

답
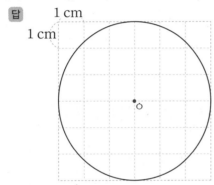

4 컴퍼스를 4 cm만큼 벌렸으므로 혜리가 그릴 원의 반지름은 4 cm입니다.

답 4 cm

5 주어진 선분만큼 컴퍼스를 벌리고 컴퍼스의 침을 점 ㅇ에 꽂고 원을 그립니다.

답
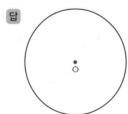

6 원을 1개 먼저 그리고 이 원과 맞닿도록 다른 원을 그립니다.

답 예
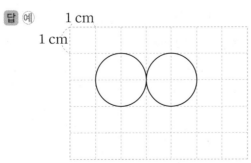

개념 확인하기

1 답 (1) ㉠　(2) ㉡

2 답
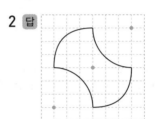
, 2, 위쪽에 ○표, 왼쪽에 ○표

개념 다지기

1 답 다르고에 ○표, 같습니다에 ○표

2 답

3 답 3, 2, 1

4 ㉠ 컴퍼스의 침을 3군데 꽂습니다. 답 ㉡

5 나 모양은 원의 지름의 길이가 정사각형의 한 변과 같습니다. 답 가

6 답

유형 **1** 답 ㅇㄷ

1 원의 가장 안쪽에 있는 점이 원의 중심입니다.

답 (　) (○) (　)

2 위치나 방향에 관계없이 반지름을 2개 긋습니다.

답 예 (원 그림)

3 (1) 한 원에서 반지름은 셀 수 없이 많습니다.

답 (1) ✕　(2) ○

4 ㉠ 한 원에서 반지름은 셀 수 없이 많습니다. 답 ㉡

5 답 예

원의 중심
원의 반지름

유형 **2** 원의 반지름은 지름의 반이므로 반지름은
8÷2=4 (cm)입니다.   답 4 cm

6 원 위의 선분 중 가장 긴 선분은 원의 지름입니다.
답 ③

7 지름은 반지름의 2배입니다.
→ 6×2=12 (cm)   답 12 cm

8 ㉠ 원의 지름은 원을 똑같이 둘로 나눕니다.   답 ㉡

9 한 원에서 지름의 길이는 모두 같고 원의 지름은 반지름의 2배입니다.   답 16 cm, 8 cm

10 피자의 지름: 18 cm, 접시의 지름: 7×2=14 (cm)
→ 18 cm>14 cm   답 연석

유형 **3** 답 ㉡, ㉠, ㉢

11 원의 반지름을 자로 재어 보면 1 cm입니다.   답 1

12 답 (○) (   ) (   )

13 컴퍼스 침과 연필심 사이의 거리가 4 cm이므로 반지름이 4 cm인 원을 그렸습니다. 따라서 그린 원의 지름은 4×2=8 (cm)입니다.   답 8 cm

14 컴퍼스를 2 cm만큼 벌려서 원을 그립니다.
답
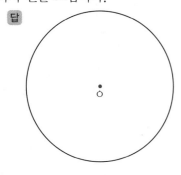

15 단추의 반지름이 1 cm 5 mm이므로 컴퍼스를 1 cm 5 mm만큼 벌려 원을 그립니다.
답
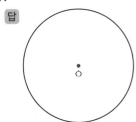

유형 **4** 답
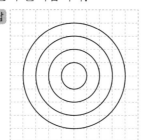

16

주어진 모양을 그리기 위하여 원 4개를 이용해야 합니다.
답 4군데

17 답 지환

18 원의 중심은 같고 반지름이 1칸씩 늘어납니다.
답
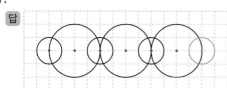

19 답
(그림)

✔참고 직선은 자를 이용하여 그리고, 원은 컴퍼스를 이용하여 그립니다.

20 답 2, 1, 2

21 원의 중심은 오른쪽으로 2칸 옮겨 가고 반지름은 1칸인 원을 그립니다.
답
(그림)

2 응용 유형의 힘   84~87쪽

1 컴퍼스의 침을 점 ㄱ에 꽂은 다음 선분 ㄱㄴ만큼 컴퍼스를 벌려 원을 그립니다.
답
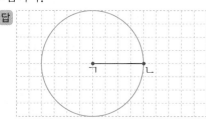

정답 및 풀이

2 답
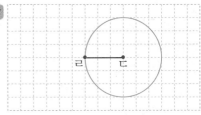

3 원의 중심이 오른쪽으로 3칸, 5칸 옮겨 가고 원의 반지름이 1칸씩 늘어나는 규칙입니다.

답
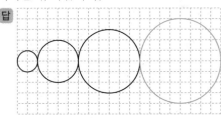

4 원의 중심이 아래쪽으로 1칸씩 옮겨 가고 원의 반지름이 1칸씩 늘어나는 규칙입니다. 답
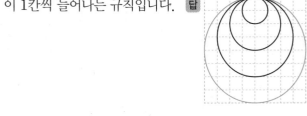

5 원의 중심이 왼쪽으로 1칸, 2칸 옮겨 가고 원의 반지름이 1칸씩 늘어나는 규칙입니다.

답
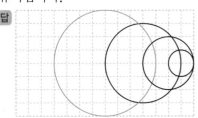

6 ㉠ 반지름이 3 cm인 원의 지름: $3 \times 2 = 6$ (cm)
→ $6 < 7$이므로 크기가 더 큰 원은 ㉡입니다. 답 ㉡

7 ㉡ 반지름이 4 cm인 원의 지름: $4 \times 2 = 8$ (cm)
→ $5 < 8$이므로 크기가 더 큰 원은 ㉡입니다. 답 ㉡

8 반지름이 6 cm인 원의 지름: $6 \times 2 = 12$ (cm)
→ $12 > 10$이므로 크기가 더 큰 원을 그린 사람은 지희입니다. 답 지희

9 정사각형의 각 꼭짓점이 원의 중심이 되도록 하여 원의 $\frac{1}{4}$만큼을 4개 그린 것이므로 컴퍼스의 침을 꽂아야 할 곳은 모두 4군데입니다. 답

10 큰 원을 1개 그리고, 큰 원 안에 작은 원 4개의 $\frac{1}{2}$만큼을 그린 것이므로 컴퍼스의 침을 꽂아야 할 곳은 모두 5군데입니다.

답

11
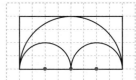

원의 일부분을 3개 그려야 하므로 컴퍼스의 침을 꽂아야 할 곳은 모두 3군데입니다. 답 3군데

12 ㉠

→ 4개   ㉡ → 3개

답 ㉠

13 ㉠ → 3개   ㉡ → 3개   ㉢ → 4개   답 ㉢

14 ㉠

→ 3개   ㉡

→ 1개

㉢
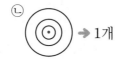
→ 2개   ㉣
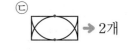
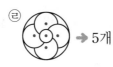
→ 5개

→ ㉣>㉠>㉢>㉡   답 ㉣, ㉠, ㉢, ㉡

☑ 주의 ㉣은 원은 6개이지만 원의 중심은 5개입니다. 원의 개수를 세지 않도록 주의합니다.

15 $2 \div 2 = 1$ (cm), $10 \div 2 = 5$ (cm)
→ (선분 ㄱㄷ)$=1+6+5=12$ (cm)   답 12 cm

16 $6 \div 2 = 3$ (cm), $12 \div 2 = 6$ (cm)
→ (선분 ㄷㄹ)$=3+6=9$ (cm)   답 9 cm

17 큰 원의 반지름은 $16 \div 2 = 8$ (cm)이므로 작은 원의 지름은 8 cm이고, 작은 원의 반지름은 $8 \div 2 = 4$ (cm)입니다.
→ 선분 ㄹㅅ은 작은 원의 반지름의 3배이므로 $4 \times 3 = 12$ (cm)입니다.   답 12 cm

18 선분 ㄱㄴ과 선분 ㄱㄷ은 원의 반지름이므로 길이가 같습니다.
원의 반지름을 □ cm라 하면
□+□+5=11, □+□=6, □=3입니다.
답 3 cm

19

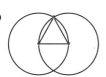

그린 삼각형은 세 변의 길이가 모두 원의 반지름이므로 같습니다.
삼각형의 한 변의 길이가 원의 반지름과 같으므로 원의 반지름은 18÷3=6 (cm)입니다.
답 6 cm

20 큰 원의 반지름이 7 cm이고 작은 원의 반지름을 □ cm라 하면 □+□+7+13=30, □+□=10, □=5입니다.
답 5 cm

21 (변 ㄱㄴ)=(변 ㄹㄱ)=7 cm,
(변 ㄷㄹ)=(변 ㄴㄷ)=13 cm
➡ (사각형 ㄱㄴㄷㄹ의 네 변의 길이의 합)
=(변 ㄱㄴ)+(변 ㄴㄷ)+(변 ㄷㄹ)+(변 ㄹㄱ)
=7+13+13+7=40 (cm)
답 40 cm

22 (변 ㄱㄴ)=(변 ㄹㄱ)=18 cm,
(변 ㄷㄹ)=(변 ㄴㄷ)=10 cm
➡ (사각형 ㄱㄴㄷㄹ의 네 변의 길이의 합)
=(변 ㄱㄴ)+(변 ㄴㄷ)+(변 ㄷㄹ)+(변 ㄹㄱ)
=18+10+10+18=56 (cm)
답 56 cm

 서술형의 힘 88~89쪽

1-1 (1) 16÷2=8 (cm)
(2) 6÷2=3 (cm)
(3) 8-3=5 (cm)
답 (1) 8 cm (2) 3 cm (3) 5 cm

1-2 모범 답안 ❶ (왼쪽 원의 반지름)=16÷2=8 (cm)
❷ (오른쪽 원의 반지름)=30÷2=15 (cm)
➡ (두 원의 반지름의 차)=15-8=7 (cm)
답 7 cm

채점 기준
❶ 왼쪽 원의 반지름의 길이를 구함.	2점	
❷ 오른쪽 원의 반지름의 길이를 구함.	2점	5점
❸ 두 원의 반지름의 길이의 차를 구함.	1점	

2-1 (1) 원의 반지름이 오른쪽으로 갈수록 3칸, 2칸, 1칸이 되므로 1칸씩 줄어듭니다.
답 (1) 1칸씩 (2) 오른, 3, 1

2-2 모범 답안 ❶ 원의 중심이 오른쪽으로 2칸, 3칸, 4칸 옮겨 가고
❷ 원의 반지름이 1칸씩 늘어나는 규칙입니다.

채점 기준
❶ 원의 중심의 규칙을 설명함.	2점	
❷ 원의 반지름의 규칙을 설명함.	3점	5점

3-1 (1) 20÷2=10 (cm)
(2) 작은 원의 지름은 큰 원의 반지름과 길이가 같습니다.
(3) 선분 ㄱㄴ의 길이는 작은 원의 반지름과 같습니다.
➡ 10÷2=5 (cm)
답 (1) 10 cm (2) 10 cm (3) 5 cm

3-2 모범 답안 ❶ (큰 원의 반지름)=36÷2=18 (cm)
❷ (작은 원의 지름)=(큰 원의 반지름)=18 cm
❸ (선분 ㄱㄴ의 길이)=(작은 원의 반지름)
=18÷2=9 (cm)
답 9 cm

채점 기준
❶ 큰 원의 반지름의 길이를 구함.	2점	
❷ 작은 원의 지름의 길이를 구함.	1점	5점
❸ 선분 ㄱㄴ의 길이를 구함.	2점	

4-1 (1) (상자의 가로)=(통조림의 지름)×3
=10×3=30 (cm)
(2) (상자의 세로)=(통조림의 지름)×2
=10×2=20 (cm)
(3) 30+20+30+20=100 (cm)
답 (1) 30 cm (2) 20 cm (3) 100 cm

4-2 모범 답안 ❶ (직사각형의 가로)=6×4=24 (cm)
❷ (직사각형의 세로)=6×2=12 (cm)
❸ (직사각형의 네 변의 길이의 합)
=24+12+24+12
=72 (cm)
답 72 cm

채점 기준
❶ 직사각형의 가로의 길이를 구함.	2점	
❷ 직사각형의 세로의 길이를 구함.	2점	5점
❸ 직사각형의 네 변의 길이의 합을 구함.	1점	

✔ 다른 풀이 직사각형의 네 변의 길이의 합은 원의 지름의 12배이므로 6×12=72 (cm)입니다.

단원평가 90~92쪽

1 원의 중심: 원의 가장 안쪽에 있는 점
원의 반지름: 원의 중심과 원 위의 한 점을 이은 선분
답 반지름, 원의 중심

2 원을 그릴 때에 누름 못이 꽂혔던 점이 원의 중심입니다.
답 ㉠

3 답 지름

4 컴퍼스 침과 연필심 사이의 거리가 반지름입니다.
답 ( )(○)

5 원의 중심과 원 위의 한 점을 이은 선분의 길이는 4 cm
입니다. 답 4 cm

6 원을 그리려면 원의 중심을 먼저 정해야 합니다.
답 ②, ①, ③

7 지름은 반지름의 2배입니다.
➡ 5×2=10 (cm) 답 10 cm

8 답 중심에 ○표

9 ㉠ 원의 중심은 옮겨 가고 반지름은 늘어나는 규칙으로
그린 모양입니다. 답 ㉡

10 원의 중심과 원 위의 한 점을 이은 선분을 찾으면 선분
ㅇㄴ과 선분 ㅇㄹ입니다. 답 선분 ㅇㄴ, 선분 ㅇㄹ

11
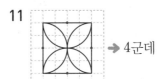 ➡4군데
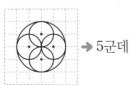 ➡5군데

따라서 모두 4+5=9(군데)입니다. 답 9군데

12 원의 반지름만큼 컴퍼스를 벌려야 합니다.
➡ (원의 반지름)=10÷2=5 (cm) 답 5 cm

13 ㉠ 한 원에서 지름과 반지름은 무수히 많으므로 그을
수 있는 지름과 반지름은 무수히 많습니다.
㉡ 한 원에서 중심은 1개입니다. 답 ㉢

14 주어진 원의 반지름을 자로 재어 보면 1.5 cm입니다.
따라서 컴퍼스를 1.5 cm만큼 벌려 반지름이 1.5 cm
인 원을 그립니다. 답

15 원의 중심이 되는 5군데에 컴퍼스의 침을 꽂아 원을 그
려 가며 모양을 그립니다. 답

16 작은 원의 반지름: 3 cm,
작은 원의 지름: 3×2=6 (cm),
큰 원의 반지름: 5 cm
➡ (선분 ㄱㄷ의 길이)
=(작은 원의 지름)+(큰 원의 반지름)
=6+5=11 (cm) 답 11 cm

17 원의 중심이 오른쪽으로 1칸씩 옮겨 가고 원의 지름이
6칸, 4칸, 2칸인 원을 차례로 그려 봅니다.
답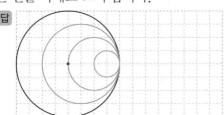

18 가장 큰 원의 반지름이 16 cm이므로 선분 ㄱㄹ의 길이
는 16 cm입니다.
(선분 ㄱㄷ의 길이)=16÷2=8 (cm)
➡ (선분 ㄴㄷ의 길이)=8÷2=4 (cm) 답 4 cm

19 모범 답안 ❶ 수영: (반지름이 2 cm인 원)
=(지름이 4 cm인 원)
❷ 지름의 길이를 비교하면 3 cm<4 cm<5 cm이므
로 크기가 가장 작은 원을 그린 사람은 형석입니다.
답 형석

채점 기준
❶ 수영이가 그린 원의 지름의 길이를 구함.	2점	5점
❷ 세 사람이 그린 원의 지름의 길이를 비교하여 답을 구함.	3점	

20 모범 답안 ❶ 선분 ㄹㄴ, 선분 ㄴㄷ, 선분 ㄷㅁ은 세 원의
반지름으로 길이가 같으므로
(원의 반지름)=12÷3=4 (cm)입니다.
❷ (선분 ㄱㄴ)=(선분 ㄴㄷ)=(선분 ㄷㄱ)=4 cm
❸ ➡ (삼각형 ㄱㄴㄷ의 세 변의 길이의 합)
=4+4+4=12 (cm) 답 12 cm

채점 기준
❶ 원의 반지름의 길이를 구함.	2점	
❷ 삼각형의 세 변의 길이를 각각 구함.	1점	5점
❸ 삼각형 ㄱㄴㄷ의 세 변의 길이의 합을 구함.	2점	

4 분수

개념의 힘
96~99쪽

개념 1
96~97쪽

개념 확인하기

1 답 2, $\dfrac{2}{3}$

2 답 3

3 답 $\dfrac{3}{5}$

개념 다지기

1 전체를 똑같이 9부분 또는 3부분으로 나눌 수 있습니다.

답 예

2 답 3, $\dfrac{3}{4}$

3 9는 전체 5묶음 중의 3묶음입니다. ➡ $\dfrac{3}{5}$　　답 5, $\dfrac{3}{5}$

4 14는 2씩 7묶음, 8은 2씩 4묶음입니다.

➡ 8은 14의 $\dfrac{4}{7}$

답 예  ／ $\dfrac{4}{7}$

5 18을 3씩 묶으면 6묶음이 됩니다. 15는 5묶음이므로

15는 18의 $\dfrac{5}{6}$입니다.

답 예  ／ $\dfrac{5}{6}$

6 24개: 6개씩 4묶음 → 전체

18개: 6개씩 3묶음 → 부분

➡ 18은 24의 $\dfrac{3}{4}$　　답 $\dfrac{3}{4}$

개념 2
98~99쪽

개념 확인하기

1 답

2 한 묶음에는 나무가 2그루씩 있으므로 8의 $\dfrac{1}{4}$은 2입니다.

답 2

3 2묶음에는 나무가 $2 \times 2 = 4$(그루) 있으므로 8의 $\dfrac{2}{4}$는 4입니다.

답 4

4 12 cm를 똑같이 4부분으로 나눈 것 중의 1부분은 3 cm입니다.

답 예 0 1 2 3 4 5 6 7 8 9 10 11 12(cm) ／ 3

5 12 cm를 똑같이 4부분으로 나눈 것 중의 3은 3 cm의 3배이므로 9 cm입니다.

답 예 0 1 2 3 4 5 6 7 8 9 10 11 12(cm) ／ 9

개념 다지기

1 ⑴ 16을 똑같이 4묶음으로 나누면 1묶음은 4입니다.

⑵ 16의 $\dfrac{1}{4}$이 4이므로 16의 $\dfrac{3}{4}$은 12입니다.

답 ⑴ 4　⑵ 12

☑ 참고 $\dfrac{3}{4}$은 $\dfrac{1}{4}$이 3개이므로 16의 $\dfrac{1}{4}$이 4이면 16의 $\dfrac{3}{4}$은 $4 \times 3 = 12$입니다.

2 15를 똑같이 3묶음으로 나누면 1묶음은 5이고 2묶음은 10입니다.　　답 10

3 24 cm를 똑같이 6부분으로 나눈 것 중의 1부분은 4 cm입니다.

24 cm의 $\dfrac{1}{6}$이 4 cm이므로 24 cm의 $\dfrac{5}{6}$는

$4 \times 5 = 20$ (cm)입니다.　　답 4, 20

4 공 10개를 똑같이 5묶음으로 나누면 1묶음은 2개입니다. 노란색 공은 5묶음 중 2묶음이므로 4개, 빨간색 공은 5묶음 중 3묶음이므로 6개입니다.

답 예 ／ 4, 6

5 18을 똑같이 2묶음으로 나누면 1묶음은 9입니다.
18을 똑같이 6묶음으로 나누면 1묶음은 3입니다.
18을 똑같이 9묶음으로 나누면 1묶음은 2입니다.

답 9, 3, 2

6 60분을 똑같이 6으로 나눈 것 중의 1은 10분입니다.

답 10분

1 STEP 기본 유형의 힘   100~103쪽

유형 **1** 답 7, 2

1 답 1

2 16을 4씩 묶으면 4는 4묶음 중의 1묶음이므로 4는 16의 $\frac{1}{4}$입니다.   답 1

3 송편 15개를 똑같이 5묶음으로 묶었습니다. 색칠한 송편 6개는 전체 5묶음 중의 2묶음이므로 전체의 $\frac{2}{5}$입니다.
답 2, $\frac{2}{5}$

4 답 $\frac{3}{5}$

5 24를 2씩 묶으면 12묶음이 됩니다. 8은 12묶음 중의 4묶음이므로 8은 24의 $\frac{4}{12}$입니다.   답 $\frac{4}{12}$

6 42를 6씩 묶으면 7묶음이 됩니다. 30은 6씩 5묶음이므로 30은 42의 $\frac{5}{7}$입니다.   답 $\frac{5}{7}$

유형 **2** 18의 $\frac{1}{6}$은 3 ➡ 18의 $\frac{5}{6}$는 3×5=15   답 15

7 답 2

8 10을 똑같이 5묶음으로 나눈 것 중의 4묶음은 8입니다.   답 8

9 구슬 9개를 똑같이 3묶음으로 나눈 것 중의 2묶음은 6개입니다.   답 6개

10 ⑴ 20을 똑같이 2묶음으로 나눈 것 중의 1묶음은 10입니다.
⑵ 20을 똑같이 4묶음으로 나눈 것 중의 1묶음은 5입니다.
⑶ 20을 똑같이 5묶음으로 나눈 것 중의 3묶음은 12입니다.   답 ⑴ 10 ⑵ 5 ⑶ 12

11 ⑴ 14를 똑같이 7로 나눈 것 중의 1은 2입니다.
노란색: $\frac{3}{7}$은 2의 3배 ➡ 6개
⑵ 빨간색: $\frac{4}{7}$는 2의 4배 ➡ 8개
답 ⑴ 6개 ⑵ 8개 ⑶ 예

12 달걀 10개를 똑같이 5묶음으로 나눈 것 중의 1묶음은 2개이고 3묶음은 6개입니다.   답 6개

13 ⑵ 24의 $\frac{1}{8}$은 3이므로 24의 $\frac{3}{8}$은 3의 3배인 9입니다.
답 ⑴ 6 ⑵ 9 ⑶ 30

14 15의 $\frac{1}{5}$은 3이므로 15의 $\frac{2}{5}$는 3의 2배인 6입니다.
답 6자루

유형 **3** 36 cm를 똑같이 4부분으로 나눈 것 중의 3부분은 9 cm의 3배인 27 cm입니다.   답 9, 27

15 ⑴
0   5   10   15(cm)
15 cm의 $\frac{1}{3}$: 5 cm ➡ 15 cm의 $\frac{2}{3}$: 10 cm
⑵
0   3   6   9   12   15(cm)
15 cm의 $\frac{1}{5}$: 3 cm ➡ 15 cm의 $\frac{2}{5}$: 6 cm
답 ⑴ 10 ⑵ 6

16 ⑴ 100 cm를 똑같이 5부분으로 나눈 것 중의 1부분은 20 cm입니다.
⑵ 100 cm를 똑같이 5부분으로 나눈 것 중의 2부분은 40 cm입니다.   답 ⑴ 20 ⑵ 40

17 ⑴ 12의 $\frac{1}{3}$은 4이므로 12의 $\frac{2}{3}$는 4의 2배인 8입니다.
⑵ 전체를 똑같이 3으로 나누어 그중 2에 색칠해도 됩니다.
답 ⑴ 8칸 ⑵ 예 0 1 2 3 4 5 6 7 8 9 10 11 12

18 16의 $\frac{1}{4}$만큼은 4이므로 16의 $\frac{3}{4}$만큼은 4의 3배인 12입니다.   답 ㉣

19 ⑵ 1시간은 시계 한 바퀴이고 60분입니다. 1시간을 똑같이 6으로 나눈 것 중의 1은 10분입니다.
⑶ 시계 한 바퀴를 똑같이 4로 나눈 것 중의 1은 15분입니다.
답 ⑴ 60 ⑵ 10 ⑶ 15

20 28 m의 $\frac{1}{4}$은 7 m이므로 28 m의 $\frac{3}{4}$은 7 m의 3배인 21 m입니다.   답 21 m

21 48 cm의 $\frac{1}{8}$은 6 cm이므로 48 cm의 $\frac{7}{8}$은 6 cm의 7배인 42 cm입니다.   답 42 cm

개념의 힘

개념 3

개념 확인하기

1 답 진분수에 ○표

2 답 $\frac{1}{3}$, $\frac{5}{6}$에 ○표, $\frac{4}{2}$에 △표

3 답 (1) 예 [그림] (2) $\frac{6}{5}$

개념 다지기

1 답 진, 대, 가

2 답 2와 6분의 5

3 1과 같은 분수는 분모와 분자가 같습니다.

답 $\frac{2}{2}$, $\frac{7}{7}$에 ○표

☑ 참고 1과 같은 분수는 가분수입니다.

4 피자 1판은 1입니다.

피자 2판과 $\frac{5}{8}$이므로 $2\frac{5}{8}$입니다. 답 2, 5

5 (1) 대분수: 1과 $\frac{1}{5}$이 2개인 수이므로 $1\frac{2}{5}$입니다.

가분수: $\frac{1}{5}$이 7개이므로 $\frac{7}{5}$입니다.

(2) 대분수: 2와 $\frac{1}{4}$이 3개인 수이므로 $2\frac{3}{4}$입니다.

가분수: $\frac{1}{4}$이 11개이므로 $\frac{11}{4}$입니다.

답 (1) $1\frac{2}{5}$, $\frac{7}{5}$ (2) $2\frac{3}{4}$, $\frac{11}{4}$

6 (1) $1=\frac{6}{6}$이므로 $1\frac{5}{6}$는 $\frac{1}{6}$이 $6+5=11$(개)입니다.

→ $1\frac{5}{6}=\frac{11}{6}$

(2) $\frac{13}{5}$에서 $\frac{10}{5}$을 2로 나타내고 나머지는 $\frac{3}{5}$입니다.

→ $\frac{13}{5}=2\frac{3}{5}$

답 (1) 11 (2) 2, 3

7 $\frac{37}{9}$에서 $\frac{36}{9}$을 4로 나타내고 나머지는 $\frac{1}{9}$입니다.

→ $\frac{37}{9}=4\frac{1}{9}$ 답 $4\frac{1}{9}$

개념 4

개념 확인하기

1 그림에서 $\frac{9}{5}$만큼 색칠한 것이 더 깁니다.

따라서 분모가 같은 가분수는 분자가 클수록 더 큽니다.

답 $\frac{9}{5}$에 ○표

2 답 <

3 답 7, >, >

4 답 >, 1, 1, >

개념 다지기

1 답 $\frac{10}{4}$

2 답 <

3 분자의 크기를 비교하면 $14>11$이므로 $\frac{14}{4}>\frac{11}{4}$입니다.

답 >

☑ 주의 분모가 다르면 분자가 클수록 분수가 더 크다고 할 수 없습니다.

4 수직선에서 $1\frac{3}{5}$이 $\frac{11}{5}$보다 더 왼쪽에 있으므로 더 작은

분수는 $1\frac{3}{5}$입니다.

답 [수직선] / $1\frac{3}{5}$

5 대분수를 가분수로 고쳐서 가분수끼리 비교합니다.

$2\frac{4}{6}$에서 $2=\frac{12}{6}$이므로 $2\frac{4}{6}=\frac{16}{6}$입니다.

→ $\frac{16}{6}<\frac{17}{6}$이므로 $2\frac{4}{6}<\frac{17}{6}$입니다. 답 $\frac{17}{6}$

6 ㉠ 자연수가 5로 같습니다.

$\frac{2}{4}>\frac{1}{4}$이므로 $5\frac{2}{4}>5\frac{1}{4}$입니다.

㉡ 분모가 같으므로 분자의 크기를 비교합니다.

$41>35$이므로 $\frac{41}{9}>\frac{35}{9}$입니다. 답 ㉡

7 $5\frac{1}{4}=\frac{21}{4}$이고 $\frac{38}{4}>\frac{21}{4}$이므로 $\frac{38}{4}>5\frac{1}{4}$입니다.

따라서 강아지의 무게가 더 무겁습니다. 답 강아지

4 단원 분수

1 기본 유형의 집 108~111쪽

유형 4 답 1, 5

1 답 (○) (　) (　)

2 답 $\frac{6}{9}$, $\frac{5}{6}$

3 분자가 분모와 같으면 자연수 1과 같습니다.

→ $\frac{5}{5}=1$, $\frac{9}{9}=1$ → 2개 답 2개

4 (1) $\frac{7}{8}$: $\frac{1}{8}$씩 7칸에 색칠합니다.

(2) $\frac{11}{8}$: $\frac{1}{8}$씩 11칸에 색칠합니다.

답 (1) 예

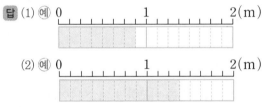

(2) 예

5 $\frac{20}{11}$: 가분수, $1\frac{9}{25}$: 대분수, $\frac{11}{20}$: 진분수, $\frac{9}{9}$: 가분수

달걀

답 달걀

유형 5 답 $2\frac{3}{4}$, $3\frac{1}{5}$

6 (1) $2=\frac{8}{4}$이므로 $2\frac{1}{4}=\frac{9}{4}$입니다.

(2) $\frac{4}{4}=1$이므로 $\frac{6}{4}$은 1과 $\frac{2}{4}$입니다. → $\frac{6}{4}=1\frac{2}{4}$

답 (1) $\frac{9}{4}$ (2) $1\frac{2}{4}$

7 $\frac{6}{2}$은 자연수 3으로, 나머지 $\frac{1}{2}$은 진분수로 나타냅니다.

→ $\frac{7}{2}=3\frac{1}{2}$ 답 $3\frac{1}{2}$

8 $1=\frac{7}{7}$이므로 $1\frac{3}{7}$은 $\frac{1}{7}$이 7+3=10(개) → $1\frac{3}{7}=\frac{10}{7}$

답 (　) (○)

☑ 주의 $1\frac{3}{7}$에서 1+3=4를 분자로 쓰지 않도록 주의합니다.

→ $1\frac{3}{7}=\frac{4}{7}$ (×)

9 대분수는 자연수와 진분수로 이루어진 분수이므로 분모는 분자보다 커야 합니다. 답 3

10 (1) $\frac{12}{7}$에서 $\frac{7}{7}$은 1로 나타내고 나머지는 $\frac{5}{7}$이므로 $1\frac{5}{7}$입니다.

(2) $2\frac{5}{7}$는 $\frac{1}{7}$이 14+5=19(개)이므로 $\frac{19}{7}$입니다.

답 (1) $1\frac{5}{7}$ (2) $\frac{19}{7}$

11 (1) 분자가 5이거나 5보다 큰 분수를 만듭니다.

(2) $\frac{6}{5}=1\frac{1}{5}$, $\frac{7}{5}=1\frac{2}{5}$ 답 (1) $\frac{6}{5}$, $\frac{7}{5}$ (2) $1\frac{1}{5}$, $1\frac{2}{5}$

12 소라가 만든 분수는 $\frac{17}{8}$입니다.

$\frac{16}{8}=2$이므로 $\frac{17}{8}$은 2와 $\frac{1}{8}$입니다. → $\frac{17}{8}=2\frac{1}{8}$

답 $2\frac{1}{8}$

유형 6 답 >

13 $\frac{5}{3}>\frac{4}{3}$ 답 $\frac{5}{3}$, $\frac{4}{3}$

14 답 (1) < (2) >

15 답 <, $2\frac{3}{10}$, $\frac{19}{10}$

16 $\frac{7}{6}=1\frac{1}{6}$ ⊘ $2\frac{1}{6}$ 답 <

17 ㉠ $\frac{7}{3}=2\frac{1}{3}>$ ㉡ $1\frac{2}{3}$ 답 ㉠

18 $\frac{11}{7}=1\frac{4}{7}$ → $2\frac{4}{7}>2\frac{1}{7}>1\frac{4}{7}$ 답 $2\frac{4}{7}$

☑ 참고 세 분수의 크기를 비교할 때 대분수가 더 많으면 가분수를 대분수로 고쳐서 비교합니다.

19 맨 아래 두 분수끼리 크기 비교: $\frac{16}{9}>\frac{11}{9}$, $1\frac{5}{9}<1\frac{8}{9}$

$\frac{16}{9}$과 $1\frac{8}{9}$의 크기 비교: $1\frac{8}{9}=\frac{17}{9}$ → $\frac{16}{9}<1\frac{8}{9}$

답 (위에서부터) $1\frac{8}{9}$, $\frac{16}{9}$, $1\frac{8}{9}$

20 분모가 6인 가분수는 $\frac{6}{6}$, $\frac{7}{6}$, $\frac{8}{6}$, $\frac{9}{6}$……입니다.

이 중에서 $\frac{7}{6}$보다 작은 가분수는 $\frac{6}{6}$입니다. 답 $\frac{6}{6}$

21 $1\frac{2}{8}=\frac{10}{8}>\frac{9}{8}$ → 참외>복숭아 답 복숭아

2 STEP 응용 유형의 힘

112~115쪽

1 분자는 1부터 5까지의 자연수입니다.

따라서 분자가 1, 2, 3, 4, 5이므로 $\dfrac{1}{6}$, $\dfrac{2}{6}$, $\dfrac{3}{6}$, $\dfrac{4}{6}$, $\dfrac{5}{6}$입니다.

답 $\dfrac{1}{6}$, $\dfrac{2}{6}$, $\dfrac{3}{6}$, $\dfrac{4}{6}$, $\dfrac{5}{6}$

2 분자는 1부터 6까지의 자연수입니다.

따라서 분자가 1, 2, 3, 4, 5, 6이므로 $\dfrac{1}{7}$, $\dfrac{2}{7}$, $\dfrac{3}{7}$, $\dfrac{4}{7}$, $\dfrac{5}{7}$, $\dfrac{6}{7}$입니다.

답 $\dfrac{1}{7}$, $\dfrac{2}{7}$, $\dfrac{3}{7}$, $\dfrac{4}{7}$, $\dfrac{5}{7}$, $\dfrac{6}{7}$

3 분모가 8인 진분수의 분자는 1, 2, 3, 4, 5, 6, 7입니다. 이 중 4보다 큰 수가 5, 6, 7이므로 구하려는 분수는 $\dfrac{5}{8}$, $\dfrac{6}{8}$, $\dfrac{7}{8}$입니다.

답 $\dfrac{5}{8}$, $\dfrac{6}{8}$, $\dfrac{7}{8}$

4 분모가 11인 진분수의 분자는 1, 2, 3, 4, 5, 6, 7, 8, 9, 10입니다. 이 중 6보다 큰 분자가 7, 8, 9, 10이므로 $\dfrac{7}{11}$, $\dfrac{8}{11}$, $\dfrac{9}{11}$, $\dfrac{10}{11}$입니다.

답 $\dfrac{7}{11}$, $\dfrac{8}{11}$, $\dfrac{9}{11}$, $\dfrac{10}{11}$

5 가분수의 분모 □는 분자인 4와 같거나 4보다 작습니다. □ 안에 들어갈 수 있는 자연수는 1, 2, 3, 4입니다.

답 1, 2, 3, 4

6 가분수의 분모 □는 분자인 7과 같거나 7보다 작습니다. □ 안에 들어갈 수 있는 자연수는 1, 2, 3, 4, 5, 6, 7입니다.

답 1, 2, 3, 4, 5, 6, 7

7 가분수의 분자 □는 분모인 8과 같거나 큽니다. □ 안에 들어갈 수 있는 자연수는 8, 9, 10, 11, 12로 5개입니다.

답 5개

8 24의 $\dfrac{1}{3}$: $24÷3=8$, 35의 $\dfrac{1}{7}$: $35÷7=5$

➔ $8>5$

답 (○) ( )

9 28의 $\dfrac{1}{4}$: $28÷4=7$, 32의 $\dfrac{1}{8}$: $32÷8=4$

➔ $7>4$

답 ( ) (△)

10 ㉠ $12÷3=4$, ㉡ $16÷8=2$,

㉢ $36÷4=9$ → $9×3=27$,

㉣ $56÷7=8$ → $8×2=16$

$27>16>4>2$ ➔ ㉢>㉣>㉠>㉡

답 ㉢

11 분모는 6으로 같으므로 □<9입니다.

따라서 □ 안에는 9보다 작은 수가 들어갈 수 있으므로 6, 7, 8이 해당됩니다.

답 6, 7, 8에 ○표

12 분모는 3으로 같으므로 □>4입니다.

따라서 □ 안에는 4보다 큰 수가 들어갈 수 있으므로 5, 6이 해당됩니다.

답 5, 6에 ○표

13 $\dfrac{18}{11}<\dfrac{□}{11}<\dfrac{21}{11}$이므로 18<□<21입니다.

따라서 □ 안에 들어갈 수 있는 자연수는 19, 20입니다.

답 19, 20

14 연필 15자루를 3자루씩 묶으면 5묶음이고 남은 연필이 3자루이므로 1묶음 남았습니다.

친구들에게 선물한 연필은 전체 5묶음 중의

$5-1=4$(묶음)이므로 분수로 나타내면 $\dfrac{4}{5}$입니다.

답 $\dfrac{4}{5}$

✔ 주의 남은 연필이 전체의 얼마인지 구하는 문제가 아닙니다.

15 초콜릿 42개를 6개씩 묶으면 7묶음이고 남은 초콜릿이 12개이므로 2묶음 남았습니다.

선물한 초콜릿은 전체 7묶음 중 $7-2=5$(묶음)이므로 분수로 나타내면 $\dfrac{5}{7}$입니다.

답 $\dfrac{5}{7}$

16 장미 63송이는 7송이씩 9묶음이고 남은 장미가 14송이므로 $14÷7=2$(묶음) 남았습니다.

판 꽃다발은 전체 9묶음 중의 $9-2=7$(묶음)이므로 분수로 나타내면 $\dfrac{7}{9}$입니다.

답 $\dfrac{7}{9}$

4 단원

분수

17 대분수는 자연수가 클수록 큰 수이므로 9를 자연수 부분에 쓰고, 4와 7로 진분수를 만듭니다.

답 $9\dfrac{4}{7}$

☑ **참고** 대분수에서 진분수 부분은 가장 커도 1보다 작습니다. 따라서 대분수는 자연수가 클수록 더 큰 수입니다.

18 8을 자연수 부분에 쓰고, 5와 3으로 진분수를 만듭니다.

답 $8\dfrac{3}{5}$

19 대분수는 자연수가 작을수록 작은 수이므로 2를 자연수 부분에 쓰고, 7과 6으로 진분수를 만듭니다.

답 $2\dfrac{6}{7}$

20 어떤 수의 $\dfrac{1}{4}$은 5이므로 어떤 수는 $5 \times 4 = 20$입니다.

답 20

21 어떤 수의 $\dfrac{1}{6}$은 7이므로 어떤 수는 $7 \times 6 = 42$입니다.

답 42

22 어떤 수의 $\dfrac{1}{8}$은 2이므로 어떤 수는 $2 \times 8 = 16$입니다.

➡ 16의 $\dfrac{1}{4}$은 4입니다.

답 4

23 합이 5인 두 수: (1, 4), (2, 3)
이 중 차가 1인 두 수: (2, 3)

➡ 진분수를 만들면 $\dfrac{2}{3}$입니다.

답 $\dfrac{2}{3}$

24 합이 7인 두 수: (1, 6), (2, 5), (3, 4)
이 중 차가 3인 두 수: (2, 5)

➡ 진분수를 만들면 $\dfrac{2}{5}$입니다.

답 $\dfrac{2}{5}$

25 합이 6인 두 수: (1, 5), (2, 4), (3, 3)
이 중 차가 2인 두 수: (2, 4)

➡ 가분수를 만들면 $\dfrac{4}{2}$입니다.

답 $\dfrac{4}{2}$

---

3 STEP 서술형의 힘

116~117쪽

1-1 (1) 18그루를 똑같이 6으로 나눈 것 중의 1은 3그루입니다.

(2) $18 - 3 = 15$(그루)

답 (1) 3그루 (2) 15그루

1-2 [모범 답안] ❶ 32자루를 똑같이 4로 나눈 것 중의 3은 24자루입니다.

❷ (혜수에게 주고 남은 연필 수)
= (지후가 가지고 있던 연필 수) − (혜수에게 준 연필 수)
= $32 - 24 = 8$(자루)

답 8자루

☑ **주의** 혜수에게 준 연필 수를 답하지 않도록 주의합니다.

채점 기준		
❶ 혜수에게 준 연필 수를 구함.	3점	5점
❷ 혜수에게 주고 남은 연필 수를 구함.	2점	

2-1 (1) $1\dfrac{3}{7}$은 $\dfrac{1}{7}$이 $7 + 3 = 10$(개)입니다. ➡ $1\dfrac{3}{7} = \dfrac{10}{7}$

(2) $1\dfrac{5}{7}$는 $\dfrac{1}{7}$이 $7 + 5 = 12$(개)입니다. ➡ $1\dfrac{5}{7} = \dfrac{12}{7}$

(3) $\dfrac{9}{7} < \dfrac{10}{7} < \boxed{\dfrac{12}{7}} < \dfrac{13}{7} < \dfrac{16}{7}$
　　물병　　　　아령　　　　가방

답 (1) $\dfrac{10}{7}$ (2) $\dfrac{12}{7}$ kg (3) 아령

2-2 [모범 답안] ❶ $2\dfrac{5}{8} = \dfrac{21}{8}$

❷ ④ 막대의 길이: $3\dfrac{1}{8} = \dfrac{25}{8}$ (m)

❸ $\dfrac{12}{8} < \dfrac{21}{8} < \boxed{\dfrac{25}{8}} < \dfrac{27}{8} < \dfrac{30}{8}$
　㉮　　　㉯　　　㉰

따라서 길이가 $2\dfrac{5}{8}$ m보다 길고 $\dfrac{27}{8}$ m보다 짧은 막대는 ④ 막대입니다.

답 ④

채점 기준		
❶ $2\dfrac{5}{8}$를 가분수로 나타냄.	1점	5점
❷ $3\dfrac{1}{8}$을 가분수로 나타냄.	1점	
❸ 가분수의 크기를 비교하여 답을 구함.	3점	

3-1 (1) $1\dfrac{3}{5}$은 $\dfrac{1}{5}$이 $5+3=8$(개)입니다. ➡ $1\dfrac{3}{5}=\dfrac{8}{5}$

(2) 가분수이므로 분자는 5와 같거나 5보다 크고, $\dfrac{8}{5}$보다 작으므로 분자는 8보다 작습니다.

➡ 가분수의 분자는 5, 6, 7이 될 수 있습니다.

답 (1) $\dfrac{8}{5}$ (2) 5, 6, 7

3-2 모범 답안 ❶ $1\dfrac{4}{9}=\dfrac{13}{9}$

❷ 가분수이므로 분자는 9와 같거나 9보다 크고, $\dfrac{13}{9}$보다 작으므로 분자는 13보다 작습니다.

➡ 가분수의 분자는 9, 10, 11, 12가 될 수 있습니다.

답 9, 10, 11, 12

채점 기준		
❶ $1\dfrac{4}{9}$를 가분수로 나타냄.	1점	5점
❷ 답을 바르게 구함.	4점	

4-1 (1) 48의 $\dfrac{1}{6}$은 8, $\dfrac{2}{6}$는 16입니다.

➡ 지아가 사용한 끈은 16 cm입니다.

(2) 48의 $\dfrac{1}{8}$은 6, $\dfrac{3}{8}$은 18입니다.

➡ 선우가 사용한 끈은 18 cm입니다.

(3) $16<18$이므로 선우가 끈을 $18-16=2$ (cm) 더 많이 사용했습니다.

답 (1) 16 cm (2) 18 cm (3) 선우, 2 cm

4-2 모범 답안 ❶ 72의 $\dfrac{3}{9}$은 24이므로 은수가 사용한 테이프는 24 cm입니다.

❷ 72의 $\dfrac{5}{8}$는 45이므로 영서가 사용한 테이프는 45 cm입니다.

❸ $24<45$이므로 영서가 테이프를 $45-24=21$ (cm) 더 많이 사용했습니다.

답 영서, 21 cm

채점 기준		
❶ 은수가 사용한 테이프의 길이를 구함.	2점	5점
❷ 영서가 사용한 테이프의 길이를 구함.	2점	
❸ 누가 몇 cm 더 많이 사용했는지 구함.	1점	

단원평가 118~120쪽

1 답 1, $\dfrac{1}{3}$

2 답 4, $\dfrac{3}{4}$

3 분모가 7인 분수 : $\underset{\text{진분수}}{\dfrac{3}{7}}$, $\underset{\text{가분수}}{\dfrac{10}{7}}$ 답 ②

4 분모가 같은 진분수나 가분수는 분자의 크기가 클수록 더 큽니다. 답 $<$

5 자연수와 진분수로 이루어진 분수를 대분수라고 합니다.

➡ $3\dfrac{1}{2}$, $3\dfrac{3}{10}$ 답 $3\dfrac{1}{2}$, $3\dfrac{3}{10}$

6 49 cm를 똑같이 7부분으로 나누면 1부분이 7 cm입니다. 따라서 3부분은 $7\times3=21$ (cm)입니다.

답 예 0 7 14 21 28 35 42 49(cm) / 21

7 가분수의 분자는 분모와 같거나 분모보다 큽니다. 따라서 □ 안에는 9와 같거나 9보다 큰 수가 들어갈 수 있습니다. 답 9

8 $\dfrac{⊙}{4}$: 분모가 4이고 자연수 1과 같은 분수 ➡ ⊙$=4$

$\dfrac{ⓒ}{4}$: 분모가 4이고 자연수 2와 같은 분수 ➡ ⓒ$=8$

답 4, 8

9 ⓒ 11은 8의 $\dfrac{11}{8}$입니다. 답 ⓒ

✔ 참고 전체를 전체의 수로 나누면 부분의 수는 전체의 $\dfrac{(부분의 수)}{(전체의 수)}$입니다.

예 5는 7의 $\dfrac{5}{7}$입니다.

10 1 m는 100 cm입니다. 100 cm를 똑같이 5부분으로 나눈 것 중의 1부분은 20 cm이므로 4부분은 80 cm입니다. 답 80 cm

11 분모가 5인 진분수: $\dfrac{1}{5}$, $\dfrac{2}{5}$, $\dfrac{3}{5}$, $\dfrac{4}{5}$ ➡ 4개 답 4개

12 50개의 $\dfrac{1}{5}$은 10개이므로 $\dfrac{4}{5}$는 40개입니다. 답 40개

13 • 42의 $\dfrac{5}{6}$ ➡ 35   • 40의 $\dfrac{4}{5}$ ➡ 32   답

14 $2=\dfrac{14}{7}$이므로 $2\dfrac{3}{7}$은 $\dfrac{1}{7}$이 $14+3=17$(개)입니다.

➡ $2\dfrac{3}{7}=\dfrac{17}{7}$ 답 $\dfrac{17}{7}$ L

15 $1=\dfrac{16}{16}$이므로 $1\dfrac{5}{16}$는 $\dfrac{1}{16}$이 $16+5=21$(개)입니다.

➡ $1\dfrac{5}{16}=\dfrac{21}{16}$

따라서 $\dfrac{26}{16}>\dfrac{21}{16}$이므로 감자를 더 많이 캔 사람은 유나입니다.   답 유나

16 1시간$=$60분을 10분씩 나누면 10분은 6부분 중의 1부분이므로 10분은 1시간의 $\dfrac{1}{6}$입니다.   답 $\dfrac{1}{6}$

17 $1\dfrac{3}{7}=\dfrac{10}{7}$이므로 $\dfrac{5}{7}<\dfrac{\square}{7}<\dfrac{10}{7}$ ➡ $5<\square<10$

따라서 $\square$ 안에는 6, 7, 8, 9가 들어갈 수 있습니다.   답 6, 7, 8, 9

18 분자는 분모보다 작아야 하므로 자연수 부분에 7을 놓고 분자에 2를 놓아야 합니다. ➡ $7\dfrac{2}{5}$ 답 $7\dfrac{2}{5}$

19 모범 답안 ❶ 56개의 $\dfrac{3}{8}$은 21개이므로 진호가 은수에게 준 구슬의 수는 21개입니다.

❷ (진호가 은수에게 주고 남은 구슬 수)
$=56-21=35$(개)   답 35개

채점 기준		
❶ 진호가 은수에게 준 구슬 수를 구함.	3점	5점
❷ 진호가 은수에게 주고 남은 구슬 수를 구함.	2점	

20 모범 답안 ❶ ㉠ 14의 $\dfrac{1}{7}$은 2이므로 $\dfrac{3}{7}$은 6입니다.

❷ ㉡ 25의 $\dfrac{1}{5}$은 5이므로 $\dfrac{4}{5}$는 20입니다.

❸ 따라서 ㉠$+$㉡$=6+20=26$입니다.   답 26

채점 기준		
❶ ㉠을 구함.	2점	5점
❷ ㉡을 구함	2점	
❸ ㉠과 ㉡의 합을 구함.	1점	

---

5 들이와 무게

개념의 힘   124~129쪽

개념 1   124~125쪽

개념 확인하기

1 꽃병에 물이 넘쳤으므로 어항의 들이가 더 많습니다.
답 어항에 ◯표

2 주전자의 물을 옮겨 담은 물의 높이가 더 낮습니다.
답 (△) (   )

3 가 물통: 4컵, 나 물통: 5컵
➡ $4<5$이므로 나 물통이 가 물통보다 물이 더 많이 들어갑니다.   답 (1) 4, 5 (2) 나, 가

개념 다지기

1 왼쪽 그릇의 크기가 더 크므로 들이가 더 많습니다.
답 (◯) (   )

2 물병에 물이 가득 차지 않았으므로 우유병의 들이가 물병의 들이보다 더 적습니다.
답 적습니다에 ◯표

3 서윤이 보온병의 물을 옮겨 담은 물의 높이가 더 낮으므로 보온병의 들이가 더 적은 사람은 서윤입니다.
답 서윤

4 (1) ㉠ 비커: 2컵, ㉡ 비커: 4컵
➡ $2<4$이므로 들이가 더 많은 비커는 ㉡입니다.
(2) ㉡ 비커는 ㉠ 비커보다 $4-2=2$(컵)만큼 더 많이 들어갑니다.
(3) $4\div2=2$이므로 ㉡ 비커의 들이는 ㉠ 비커의 들이의 2배입니다.   답 (1) ㉡ (2) 2컵 (3) 2배

5 $10<12$이므로 부은 횟수가 더 많은 노란색 컵의 들이가 더 적습니다.   답 노란색
☑ 참고 부은 횟수가 많을수록 들이가 더 적습니다.

개념 2   126~127쪽

개념 확인하기

1 답  , 6 밀리리터

2 $2\,L+900\,mL=2\,L\,900\,mL$ 답 2, 900

3 안약통, 우유갑, 분유통 중에 들이가 10 mL에 가장 가까운 것은 안약통입니다.　　　답 🧴에 ○표

4 답 ⑴ L에 ○표　　⑵ mL에 ○표

개념 다지기

1 ■ L ▲ mL ➜ 읽기: ■ 리터 ▲ 밀리리터
답 ⑴ 3 리터　　⑵ 2 리터 500 밀리리터

2 700 mL짜리 우유병으로 4번 들어가므로
약 700＋700＋700＋700＝2800 (mL)입니다.
➜ 생수통은 2 L보다 많습니다.
답 많습니다에 ○표

3 • 물건의 들이가 1 L보다 많은 경우: L(욕조)
• 물건의 들이가 1 L보다 적은 경우: mL(주사기)
답 L, mL

4 비커의 눈금을 읽으면 400 mL입니다.
답 400 mL

5 답 ⑴ 요구르트　　⑵ 수족관

6 1 L＝1000 mL이므로 2 L＝2000 mL입니다.
답 2000 mL

개념 **3**　　128～129쪽

개념 확인하기

1 L는 L끼리, mL는 mL끼리 더합니다.　답 4, 700

2 1000 mL를 1 L로 받아올림하여 계산합니다.
답 8, 200

3 답 1, 400

4 1 L를 1000 mL로 받아내림하여 계산합니다.
답 3, 400

개념 다지기

1 ⑴　　1 L　200 mL　　⑵　　3 L　600 mL
　　＋4 L　600 mL　　　－1 L　500 mL
　　　5 L　800 mL　　　　2 L　100 mL
答 ⑴ 5 L 800 mL　　⑵ 2 L 100 mL

2 ⑴ 1000 mL＝1 L이므로 5000 mL＝5 L입니다.
⑵ 1000 mL＝1 L이므로 2000 mL＝2 L입니다.
答 ⑴ 5900, 5, 900　　⑵ 2300, 2, 300

3 ⑴ 1000 mL를 1 L로 받아올림하여 계산합니다.
⑵ 1 L를 1000 mL로 받아내림하여 계산합니다.
답 (위에서부터) ⑴ 1, 7, 300　　⑵ 1000, 2, 600

4　　　4 L　600 mL
　　＋1 L　300 mL
　　　5 L　900 mL　　　　答 5 L 900 mL

5 1 L를 1000 mL로 받아내림하지 않았습니다.
답　　　5　　1000
　　　 6̸ L　400 mL
　　　－3 L　900 mL
　　　　2 L　500 mL

6　　　1 L　200 mL
　　＋　　　400 mL
　　　1 L　600 mL
答 1 L 200 mL＋400 mL＝1 L 600 mL,
　 1 L 600 mL

1 STEP　기본 유형의 힘　　130～133쪽

유형 **1**　답 음료수 캔에 ○표

1 어항에 물이 가득 차지 않았으므로 어항의 들이가 더 많습니다.　　　　　　　　　　　　답 어항

2 물을 옮겨 담은 그릇의 모양과 크기가 같으므로 옮겨진 물의 높이가 높은 그릇의 들이가 더 많습니다.
➜ 나＞가　　　　　　　　　　　　답 나

3 답 (3) (1) (2)

4 4＜5이므로 들이가 더 많은 것은 꽃병입니다.
답 꽃병

5 답 예 물병에 물을 가득 채운 뒤 약수통으로 옮겨 담아 봅니다.

평가 기준

비교하는 방법이 타당하면 정답입니다.

☑ 다른 풀이 약수통과 물통에 물을 가득 채운 후 모양과 크기가 같은 그릇에 옮겨 담습니다.

유형 2 답 $1\,L\;500\,mL$,
1 리터 500 밀리리터

6 (2) $1000\,mL=1\,L$ 답 (1) 4, 700   (2) 3000

7 $2100\,mL=2000\,mL+100\,mL$
$\qquad\qquad=2\,L+100\,mL$
$\qquad\qquad=2\,L\,100\,mL$ 답 $2\,L\,100\,mL$

8 $5\,L\,200\,mL=5\,L+200\,mL$
$\qquad\qquad=5000\,mL+200\,mL=5200\,mL$
答 $5200\,mL$

9 답 ㉡, 예) 요구르트병의 들이는 약 70 mL입니다.

10 $1\,L\,50\,mL=1050\,mL \rightarrow 1\,L\,50\,mL<1100\,mL$
따라서 물을 더 많이 마신 사람은 상우입니다.
답 상우

유형 3 답 L

11 답 (1) 3 L   (2) 200 mL

12 750 mL와 900 mL 중 1 L(=1000 mL)에 더 적절히 어림한 것은 900 mL입니다. → 재환   답 재환

유형 4 답 (1) 7, 900   (2) 5, 400

13
(1)
$$\begin{array}{r} {}^{1} \\ 5\,L\;700\,mL \\ +\;1\,L\;500\,mL \\ \hline 7\,L\;200\,mL \end{array}$$
(2)
$$\begin{array}{r} {}^{3}{}^{1000} \\ \cancel{4}\,L\;400\,mL \\ -\;2\,L\;600\,mL \\ \hline 1\,L\;800\,mL \end{array}$$
答 (1) 7 L 200 mL   (2) 1 L 800 mL

14 답 (1) 1300, 1, 300   (2) 7900, 7, 900

15
$$\begin{array}{r} 2\,L\;600\,mL \\ +\;2\,L\;300\,mL \\ \hline 4\,L\;900\,mL \end{array}$$
답 4 L 900 mL

16
$$\begin{array}{r} {}^{1} \\ 1\,L\;700\,mL \\ +800\,mL \\ \hline 2\,L\;500\,mL \end{array}$$
답 2 L 500 mL

17 1 L를 1000 mL로 받아내림하여 계산했으므로 L 단위의 계산은 $6-1-2=3\,(L)$입니다.
답
$$\begin{array}{r} {}^{5}{}^{1000} \\ \cancel{6}\,L\;500\,mL \\ -\;2\,L\;900\,mL \\ \hline 3\,L\;600\,mL \end{array}$$

18 성준: 2000원으로 딸기우유는
$550\,mL+550\,mL=1100\,mL=1\,L\,100\,mL$를 살 수 있습니다.
→ 2000원으로 더 많은 양의 우유를 살 수 있는 방법을 이야기 한 사람은 성준입니다.   답 성준

19
$$\begin{array}{r} {}^{2}{}^{1000} \\ \cancel{3}\,L\;200\,mL \\ -\;1\,L\;800\,mL \\ \hline 1\,L\;400\,mL \end{array}$$
답 3 L 200 mL−1 L 800 mL=1 L 400 mL,
1 L 400 mL

20 예림: $1\,L+550\,mL=1\,L\,550\,mL$
형준: $1\,L\,200\,mL+400\,mL=1\,L\,600\,mL$
→ $1\,L\,600\,mL-1\,L\,550\,mL=50\,mL$
答 형준, 50 mL

개념의   134~139쪽

개념 4   134~135쪽

개념 확인하기

1 무게를 비교하여 더 무거운 책상에 ○표 합니다.
답 (○) ( )

2 위로 올라가는 쪽이 더 가벼우므로 크레파스가 더 가볍습니다.
답 크레파스에 ○표

3 바나나가 귤보다 100원짜리 동전 $10-5=5$(개)만큼 더 무겁습니다.   답 (1) 5개   (2) 10개   (3) 10, 5, 5

개념 다지기

1 지폐보다 동전이 더 무겁습니다.
답 ( ) (○)

2 풍선이 수학책보다 더 가볍습니다.   답 ㉡

3 공깃돌 수를 비교해 보면 $8<11$이므로 지우개가 연필보다 공깃돌 $11-8=3$(개)만큼 더 무겁습니다.
答 3개

4 단위로 사용하려면 무게가 항상 일정해야 합니다.
답 귤

5 답 사과, 감, 감

6 당근 1개의 무게와 버섯 3개의 무게가 같습니다.
→ 1개의 무게가 더 가벼운 것은 버섯입니다.   답 버섯

개념 5   136~137쪽

개념 확인하기

1 답 (1)

3 kg

(2)

5 g

2 (1) 1 kg=1000 g이므로 2 kg=2000 g입니다.
   답 (1) 2, 2000, 2100   (2) 1000

3 의자는 1 kg에 가깝습니다.   답 ( ) (○)

4 답 (1) 코끼리   (2) 지우개

개념 다지기

1 답

3 t , 3 톤

2 (1) 탁구공의 무게는 1 kg보다 가벼우므로 2 g이 알맞습니다.   답 (1) g   (2) kg

3 답 (1) 1   (2) 1300

4 2000 g=2 kg이므로 2700 g=2 kg 700 g입니다.
   답 태경

5 6600 g=6000 g+600 g=6 kg+600 g
       =6 kg 600 g
→ 6 kg 6 g<6 kg 600 g   답 <

6 답 ㉠ / 예 사과 한 박스, kg

개념 6   138~139쪽

개념 확인하기

1 답 4, 700

2 답 6, 500

3 답 1, 400

4
```
       5      1000
    6 kg    200 g
  − 1 kg    400 g
    4 kg    800 g
```
답 4 kg 800 g

개념 다지기

1 (1) 1000 g을 1 kg으로 받아올림하여 계산합니다.
   (2) 1 kg을 1000 g으로 받아내림하여 계산합니다.
   답 (위에서부터) (1) 1, 7, 100   (2) 7, 3, 700

2 3 kg 200 g+4 kg 600 g=7 kg 800 g   답 ㉠

3
```
    1 kg   300 g
  + 2 kg   400 g
    3 kg   700 g
```
답 3 kg 700 g

4 6900 g−2100 g=4800 g
→ 4800 g=4000 g+800 g
       =4 kg+800 g
       =4 kg 800 g   답 4 kg 800 g

5 (두 사람의 몸무게의 합)
   =(형수의 몸무게)+(나경이의 몸무게)
   =40 kg 100 g+35 kg 350 g
   =75 kg 450 g
   답 40 kg 100 g+35 kg 350 g=75 kg 450 g,
   75 kg 450 g

6 (가방의 무게)
   =(가방을 메고 잰 무게)−(가방을 메지 않고 잰 무게)
   =35 kg 200 g−32 kg 700 g
   =2 kg 500 g
   답 35 kg 200 g−32 kg 700 g=2 kg 500 g,
   2 kg 500 g

기본 유형의 힘   140~143쪽

유형 5 답 (○) (   )

1 아래로 내려간 쪽이 더 무겁습니다.   답 감

2 호박이 가장 무겁고, 콩이 가장 가볍습니다.
   답 3, 1, 2

3 볼펜이 연필보다 동전 5−4=1(개)만큼 더 가볍습니다.   답 1, 가볍습니다에 ○표

4 단위가 서로 다르므로 초콜릿과 도넛의 무게는 다릅니다.   답 호원

5 답 골프공, 야구공, 무겁

유형 **6** (2) 900 kg보다 100 kg 더 무거운 무게는 1000 kg＝1 t입니다. **답** (1) 2, 700 (2) t

6 눈금과 단위를 같이 읽습니다. **답** 1200

7 **답** (△) (○) (○)

8 2 kg 300 g＝2300 g, 2 kg 700 g＝2700 g, 2 t 70 kg＝2070 kg **답**

9 2100 g＝2 kg 100 g **답** 2 kg 100 g

10 ㉢ 5160 g＝5 kg 160 g
답 ㉢, ⑩ 5160 g은 5 kg 160 g입니다.

유형 **7** **답** (1) 책상 (2) 자동차

11 ㉠은 kg 단위, ㉢은 g 단위로 1 t보다 가볍습니다. **답** ㉢

12 1 t＝1000 kg입니다.
100 kg의 10배 ➡ 1000 kg
따라서 1 t은 하마의 무게의 약 10배입니다. **답** 10배

유형 **8** **답** (1) 8, 700 (2) 5, 300

13 1000 g을 1 kg으로 받아올림하여 계산합니다.
답 4, 300

14 (1)
$$
\begin{array}{r}
1 \\
4 \text{ kg } 800 \text{ g} \\
+ \ 3 \text{ kg } 500 \text{ g} \\
\hline
8 \text{ kg } 300 \text{ g}
\end{array}
$$
(2)
$$
\begin{array}{r}
5 \quad 1000 \\
\cancel{6} \text{ kg } 700 \text{ g} \\
- \ 4 \text{ kg } 900 \text{ g} \\
\hline
1 \text{ kg } 800 \text{ g}
\end{array}
$$
답 (1) 8 kg 300 g (2) 1 kg 800 g

15 **답** (1) 8700, 8, 700 (2) 3200, 3, 200

16
$$
\begin{array}{r}
2 \quad 1000 \\
\cancel{3} \text{ kg } 200 \text{ g} \\
- \qquad 800 \text{ g} \\
\hline
2 \text{ kg } 400 \text{ g}
\end{array}
$$
답 2 kg 400 g

17
$$
\begin{array}{r}
2 \text{ kg } 300 \text{ g} \\
+ \ 5 \text{ kg } 200 \text{ g} \\
\hline
7 \text{ kg } 500 \text{ g}
\end{array}
$$
답 7 kg 500 g

18 하은:
$$
\begin{array}{r}
6 \quad 1000 \\
\cancel{7} \text{ kg } 700 \text{ g} \\
- \ 1 \text{ kg } 800 \text{ g} \\
\hline
5 \text{ kg } 900 \text{ g}
\end{array}
$$
답 하은, 5 kg 900 g

19
$$
\begin{array}{r}
38 \text{ kg } 500 \text{ g} \\
- \ 35 \text{ kg } 250 \text{ g} \\
\hline
3 \text{ kg } 250 \text{ g}
\end{array}
$$
답 38 kg 500 g－35 kg 250 g＝3 kg 250 g, 3 kg 250 g

20
$$
\begin{array}{r}
4 \quad 1000 \\
\cancel{5} \text{ kg} \\
- \ 1 \text{ kg } 700 \text{ g} \\
\hline
3 \text{ kg } 300 \text{ g}
\end{array}
$$
답 5 kg－1 kg 700 g＝3 kg 300 g, 3 kg 300 g

2 응용 유형의 힘 144~147쪽

1 아기 젖병의 무게는 1 kg보다 가벼우므로 g으로 나타냅니다. **답** g
☑ **참고** 1 kg은 물로 약 1 L입니다. 1 L짜리 물과 아기 젖병의 무게를 비교해 봅니다.

2 욕조의 무게는 1 kg이 넘으므로 kg으로 나타냅니다.
답 kg

3 1 t이 넘는 ㉢ 버스는 t으로 나타내기에 알맞습니다.
답 ㉢

4 ㉠ 5050 g＝5 kg 50 g
➡ ㉠ < ㉡ **답** ㉡

5 ㉠ 3 kg 250 g＝3250 g
➡ ㉠ > ㉡ **답** ㉠

6 파인애플: 1 kg 450 g＝1450 g
➡ 1450 g > 1030 g **답** 바나나

7 1000 mL짜리 비커 1개와 300 mL입니다.
➡ 1000＋300＝1300 (mL) **답** 1300 mL

8 1000 mL짜리 비커 3개와 600 mL입니다.
➡ 3000＋600＝3600 (mL) **답** 3600 mL

9 1000 mL짜리 비커 5개이므로 5000 mL입니다.
답 5000 mL

10
$$\begin{array}{r} \overset{\overset{0}{\cancel{1}}}{} \text{kg} \quad \overset{1000}{800} \text{ g} \\ - \qquad\qquad 900 \text{ g} \\ \hline \qquad\qquad 900 \text{ g} \end{array}$$

답 1 kg 800 g−900 g=900 g, 900 g

11
$$\begin{array}{r} \overset{1}{\cancel{2}} \text{ kg} \quad \overset{1000}{500} \text{ g} \\ - 1 \text{ kg} \quad 900 \text{ g} \\ \hline \qquad\quad 600 \text{ g} \end{array}$$

답 2 kg 500 g−1 kg 900 g=600 g, 600 g

12
$$\begin{array}{r} \overset{5}{\cancel{6}} \text{ kg} \quad \overset{1000}{600} \text{ g} \\ - 5 \text{ kg} \quad 800 \text{ g} \\ \hline \qquad\quad 800 \text{ g} \end{array}$$

답 6 kg 600 g−5 kg 800 g=800 g, 800 g

13 어림한 무게와 실제 무게의 차를 구해 봅니다.
- 은수: 1 kg 200 g−1 kg 100 g=100 g
- 지영: 1 kg 350 g−1 kg 200 g=150 g
- 하람: 1 kg 200 g−990 g=210 g
➡ 210 g>150 g>100 g이므로 가장 적절히 어림한 사람은 은수입니다. 답 은수

14
- 수아: 1 kg−970 g=30 g
- 진주: 1 kg 200 g−1 kg=200 g
- 미영: 1 kg 110 g−1 kg=110 g
➡ 30 g<110 g<200 g이므로 1 kg에 가장 적절히 어림한 사람은 수아입니다. 답 수아

15 16>14>11이고, 물을 부은 횟수가 적을수록 컵의 들이가 많으므로 들이가 많은 컵부터 차례로 기호를 쓰면 ㉡, ㉯, ㉮입니다. 답 ㉡, ㉯, ㉮

16 13>11>9이고, 물을 부은 횟수가 적을수록 들이가 많으므로 들이가 많은 컵부터 차례로 쓰면 ㉡, ㉠, ㉢입니다. 답 ㉡, ㉠, ㉢

17 14>10>8이고 물을 부은 횟수가 적을수록 들이가 많으므로 들이가 많은 컵부터 차례로 쓰면 ㉠, ㉡, ㉢입니다. 답 ㉠, ㉡, ㉢

18
$$\begin{array}{r} 2 \text{ kg} \quad \boxed{㉠} \text{ g} \\ + 3 \text{ kg} \quad 800 \text{ g} \\ \hline \boxed{㉡} \text{ kg} \quad 200 \text{ g} \end{array}$$

- ㉠+800=1200 ➡ 1200−800=㉠, ㉠=400
- 1+2+3=㉡ ➡ ㉡=6   답 (위에서부터) 400, 6

19
$$\begin{array}{r} 4 \text{ kg} \quad \boxed{㉠} \text{ g} \\ + 5 \text{ kg} \quad 200 \text{ g} \\ \hline \boxed{㉡} \text{ kg} \quad 100 \text{ g} \end{array}$$

- ㉠+200=1100 ➡ 1100−200=㉠, ㉠=900
- 1+4+5=㉡ ➡ ㉡=10
답 (위에서부터) 900, 10

20
$$\begin{array}{r} 3 \text{ kg} \quad 700 \text{ g} \\ - 1 \text{ kg} \quad \boxed{㉠} \text{ g} \\ \hline \boxed{㉡} \text{ kg} \quad 800 \text{ g} \end{array}$$

- 1000+700−㉠=800
➡ 1700−800=㉠, ㉠=900
- 3−1−1=㉡ ➡ ㉡=1
답 (위에서부터) 900, 1

21 답 방법 예 ㉮ 그릇과 ㉯ 그릇에 물을 가득 담아 수조에 붓습니다.
이유 예 2 L 500 mL+7 L 500 mL=10 L이기 때문입니다.

22 답 방법 예 ㉮ 물병에 물을 가득 담아 ㉯ 물병이 찰 때까지 붓고 남는 것을 수조에 붓습니다.
이유 예 1 L 250 mL−250 mL=1 L이기 때문입니다.

3 STEP 서술형의 힘

148~149쪽

1-1 (1) 한진이의 몸무게는 윤주보다 6 kg 360 g 더 무거우므로 덧셈을 해야 합니다.

(2)
$$\begin{array}{r} 25 \text{ kg} \quad 420 \text{ g} \\ + 6 \text{ kg} \quad 360 \text{ g} \\ \hline 31 \text{ kg} \quad 780 \text{ g} \end{array}$$

답 (1) 덧셈에 ○표 (2) 31 kg 780 g

✔ 참고 더 무겁다. ➡ 무게의 합
더 가볍다. ➡ 무게의 차

1-2 모범 답안 (삼촌의 몸무게)=72 kg 300 g−5 kg
=67 kg 300 g

답 67 kg 300 g

채점 기준		
❶ 식을 바르게 세움.	2점	5점
❷ 답을 바르게 구함.	3점	

2-1 (2) 1년은 12개월입니다.

$90 \times 12 = 1080$ (mL)

→ 1080 mL = 1000 mL + 80 mL = 1 L 80 mL

답 (1) 90 mL (2) 1 L 80 mL

2-2 모범 답안 ❶ 하루는 24시간이므로

(하루 동안 새는 물의 양) = $50 \times 24 = 1200$ (mL)입니다.

❷ mL를 몇 L 몇 mL로 나타내면

1200 mL = 1000 mL + 200 mL

= 1 L 200 mL입니다. 답 1 L 200 mL

채점 기준		
❶ 하루 동안 새는 물의 양을 구함.	3점	5점
❷ 몇 L 몇 mL인지 구함.	2점	

3-1 (1) 2 L − 1 L 200 mL = 800 mL

(2) 2 L 500 mL − 1 L 800 mL = 700 mL

(3) 800 mL + 700 mL = 1500 mL

답 (1) 800 mL (2) 700 mL (3) 1500 mL

3-2 모범 답안 ❶ (채혁이가 마신 물의 양)

= 1 L − 150 mL = 850 mL

❷ (민정이가 마신 물의 양)

= 3 L 800 mL − 2 L 400 mL

= 1 L 400 mL

= 1400 mL

❸ 따라서 두 사람이 마신 물은 모두

850 mL + 1400 mL = 2250 mL입니다.

답 2250 mL

채점 기준		
❶ 채혁이가 마신 물의 양을 구함.	2점	5점
❷ 민정이가 마신 물의 양을 구함.	2점	
❸ 두 사람이 마신 물의 양을 구함.	1점	

4-1 (3) ■+■−3=15, ■+■=18이므로 ■=9입니다.

답 (1) ㉡ (2) ■+■−3=15 (3) 9 kg

4-2 모범 답안 ❶ 정원이가 딴 사과의 무게를 □ kg이라 하면 기홍이가 딴 사과의 무게는 (□−4) kg입니다.

❷ □+□−4=20, □+□=24이므로 □=12입니다.

❸ 따라서 기홍이가 딴 사과의 무게는 12−4=8 (kg)입니다. 답 8 kg

채점 기준		
❶ 기홍이와 정원이가 딴 사과의 무게를 □를 사용하여 나타냄.	2점	5점
❷ 정원이가 딴 사과의 무게를 구함.	2점	
❸ 기홍이가 딴 사과의 무게를 구함.	1점	

🔷 **단원평가** 150~152쪽

1 1 L짜리 5개, 100 mL짜리 5개가 있으므로

5 L 500 mL입니다. 답 5, 500

2 ■ kg ▲ g → 읽기: ■ 킬로그램 ▲ 그램

답 4 킬로그램 200 그램

3 위로 올라가는 풀이 더 가벼우므로 가위가 더 무겁습니다.

답 가위에 ○표

4 아령보다 칼이 더 가볍습니다. 답 칼

5
```
   3 kg  400 g
 − 1 kg  300 g
   2 kg  100 g
```
답 2 kg 100 g

6 냄비의 물을 옮겨 담은 물의 높이가 더 높습니다.

→ 냄비의 들이가 더 많습니다. 답 <

7 1000 kg = 1 t → 6000 kg = 6 t 답 6 t

8 ㉠ 종이컵은 약 180 mL입니다.

㉡ 1 L보다 많습니다. 답 ㉢

✓참고 종이컵의 들이는 약 180 mL입니다. 약 200 mL로 외워 두면 들이를 어림할 때 편리합니다.

9 3 L 250 mL < 7 L 600 mL

→
```
   7 L  600 mL
 − 3 L  250 mL
   4 L  350 mL
```
답 4 L 350 mL

10 가습기는 1 kg 100 g이므로 약 1 kg입니다.

답 선풍기

11 수조의 눈금을 읽으면 1 L 900 mL입니다.

→ 1 L 900 mL = 1000 mL + 900 mL

= 1900 mL 답 1900 mL

12 뚝배기에 물이 넘쳤으므로 뚝배기의 들이가 더 적습니다.

답 뚝배기

13 답 ㉠, ㉣

14
```
   599     1000
   600 kg
 − 450 kg  600 g
   149 kg  400 g
```
답 600 kg − 450 kg 600 g = 149 kg 400 g,
149 kg 400 g

15 빨간색 구슬 21개와 파란색 구슬 14개의 무게가 같습니다.

→ 구슬 1개의 무게가 더 무거운 구슬은 개수가 더 적은 파란색 구슬입니다. 답 파란색

16 저울의 눈금을 읽어 보면 1400 g=1 kg 400 g입니다.

→
$$
\begin{array}{r}
1\ \text{kg}\ \ 400\ \text{g} \\
+\ 1\ \text{kg}\ \ 400\ \text{g} \\
\hline
2\ \text{kg}\ \ 800\ \text{g}
\end{array}
$$
답 2 kg 800 g

17
$$
\begin{array}{r}
9\ \text{L}\ \ \boxed{\text{㉠}}\ \text{mL} \\
-\ \boxed{\text{㉡}}\ \text{L}\ \ 500\ \text{mL} \\
\hline
6\ \text{L}\ \ 900\ \text{mL}
\end{array}
$$

• 1000+㉠−500=900
→ 500+㉠=900, 900−500=㉠, ㉠=400
• 9−1−㉡=6 → 8−6=㉡, ㉡=2
답 (위에서부터) 400, 2

18 정진: 1855 g=1000 g+855 g=1 kg 855 g
→ 2 kg 50 g>1 kg 900 g>1 kg 855 g이므로 책가방이 가장 무거운 사람은 나영입니다. 답 나영

19 모범 답안 ❶ 음료수 캔: 450 g−300 g=150 g
❷ 주전자: 1 kg 500 g−1 kg 400 g=100 g
❸ 150 g>100 g이므로 직접 잰 무게에 더 적절히 어림한 물건은 주전자입니다. 답 주전자

채점 기준

❶ 음료수 캔의 무게와 어림한 무게의 차를 구함.	2점	
❷ 주전자의 무게와 어림한 무게의 차를 구함.	2점	5점
❸ ❶과 ❷의 무게의 차를 비교하여 답을 구함.	1점	

20 모범 답안 ❶ (빨간색 페인트 양)+(파란색 페인트 양)
=1 L 900 mL+2 L 10 mL
=3 L 910 mL
❷ (검정색 페인트 양)
=3 L 910 mL+(노란색 페인트 양)
=3 L 910 mL+2 L 150 mL
=6 L 60 mL
답 6 L 60 mL

채점 기준

❶ 빨간색과 파란색 페인트 양의 합을 구함.	2점	
❷ ❶에서 구한 양과 노란색 페인트 양의 합을 구함.	3점	5점

✔️ 다른 풀이 L는 L끼리, mL는 mL끼리 한꺼번에 더해 봅니다.
1 L 900 mL+2 L 10 mL+2 L 150 mL
=5 L 1060 mL → 6 L 60 mL

---

6 자료의 정리

 개념의 힘 156~161쪽

개념 **1** 156~157쪽

개념 확인하기

1 답 ㉡

2 답 ( ) (○)

3 민속놀이별로 붙임딱지 수를 세어 표의 빈칸에 씁니다.
답 4, 7, 3

✔️ 주의 〈표를 그릴 때 주의할 점〉
• 조사 내용에 맞는 제목을 정합니다.
• 합계가 맞는지 반드시 확인합니다.

4 표에서 알아봅니다. 답 7명

개념 다지기

1 답 8명

2 학생 수가 가장 많은 동물은 사자입니다. 답 사자

3 학생 수가 가장 적은 동물은 사슴입니다. 답 사슴

4 7−6=1(명) 답 1명

5 (기린을 좋아하는 여학생 수)
=(기린을 좋아하는 학생 수)
−(기린을 좋아하는 남학생 수)
=7−5=2(명)
(사슴을 좋아하는 남학생 수)
=(사슴을 좋아하는 학생 수)
−(사슴을 좋아하는 여학생 수)
=4−3=1(명) 답 (위에서부터) 2, 1

✔️ 다른 풀이 여학생 수는 11명이므로
(기린을 좋아하는 여학생 수)
=11−2−4−3=2(명)
남학생 수는 14명이므로
(사슴을 좋아하는 남학생 수)
=14−6−2−5=1(명)

6 좋아하는 동물별 여학생 수를 보면 호랑이가 4명으로 가장 많습니다. 답 호랑이

7 6>5>2>1 → 사자>기린>호랑이>사슴
답 사자, 기린, 호랑이, 사슴

6 단원
자료의 정리

개념 2
158~159쪽

개념 확인하기

1 답 10, 1

2 답 1, 3, 13

3 1반: 12명, 2반: 13명, 3반: 20명, 4반: 15명
(◯)   답 3반

4 15−13=2(명)   답 2명

✔ 다른 풀이 그림그래프에서 10명 그림 수는 같고 1명 그림 수의 차는 5−3=2(개)이므로 학생 수의 차는 2명입니다.

개념 다지기

1 그림그래프는 조사한 수를 그림으로 나타낸 그래프입니다.   답 그림그래프에 ◯표

2 10마리 그림이 2개, 1마리 그림이 5개이므로 25마리입니다.   답 25마리

3 나 목장의 10마리 그림이 가 목장의 10마리 그림보다 더 많습니다.   답 나 목장

4 그림그래프에서 비교하면 100상자 그림 수는 같고 10상자 그림 수가 4개 차이나므로 40상자 더 많습니다.   답 40상자

✔ 다른 풀이 달콤 과수원: 160상자, 아삭 과수원: 120상자
➡ 160−120=40(상자)

5 100상자 그림이 가장 많은 과수원은 신선 과수원입니다. 신선 과수원의 사과 생산량은 100상자 그림이 3개, 10상자 그림이 2개이므로 320상자입니다.
          답 신선 과수원, 320상자

6 답 그림그래프

개념 3
160~161쪽

개념 확인하기

1 표에서 우유의 수가 몇십몇으로 있으므로 10개, 1개 단위로 나타내면 좋겠습니다.
          답 ( )(◯)(◯)

2 한 달 동안 마신 우유의 수를 조사하였으므로 🥛(우유)으로 나타냅니다.
          답 ( )(◯)

3 나 모둠: 10개 그림 2개, 1개 그림 1개를 그립니다.
다 모둠: 10개 그림 1개, 1개 그림 4개를 그립니다.

답 모둠별 한 달 동안 마신 우유의 수

모둠	우유의 수
가	🥛🥛🥛🥛🥛
나	🥛🥛🥛
다	🥛🥛🥛🥛🥛

🥛 10개
🥛 1개

개념 다지기

1 표에는 튤립이 있는데 그림그래프에는 튤립이 빠졌습니다.
장미의 수는 25송이이므로 10송이 그림 2개와 1송이 그림 5개로 바르게 나타내었습니다.   답 (◯)( )

2 튤립: 10송이 그림 1개, 1송이 그림 3개를 그립니다.

답 종류별 판매한 꽃의 수

종류	꽃의 수
장미	✿✿ ❀❀❀❀❀
국화	✿ ❀❀❀❀❀❀❀
백합	✿✿✿✿ ❀
튤립	✿ ❀❀❀

✿ 10송이
❀ 1송이

3 4학년: 10명 그림 1개, 1명 그림 2개를 그립니다.
6학년: 10명 그림 1개, 1명 그림 1개를 그립니다.

답 학년별 학교 도서관에 방문한 학생 수

학년	학생 수
3	◯◯◯◯◯◯◯◯
4	◯◯◯
5	◯◯◯◯◯◯◯
6	◯◯

◯ 10명
◯ 1명

4 3학년: 10명 그림 4개, 5명 그림 1개를 그립니다.
4학년: 10명 그림 1개, 1명 그림 2개를 그립니다.
5학년: 10명 그림 1개, 5명 그림 1개, 1명 그림 2개를 그립니다.
6학년: 10명 그림 1개, 1명 그림 1개를 그립니다.

답 학년별 학교 도서관에 방문한 학생 수

학년	학생 수
3	◯◯◯◯△
4	◯◯◯
5	◯△◯◯
6	◯◯

◯ 10명
△ 5명
◯ 1명

5 표를 보고 3학년과 4학년 학생 수를 알아보고 계산합니다.

(3학년 학생 수)−(4학년 학생 수)=45−12=33(명)

답 45−12=33, 33명

☑ 다른 풀이 그림그래프의 3학년과 4학년의 그림에서 같은 것을 제거하면 3학년은 10명 그림이 3개, 1명 그림이 3개 남으므로 33명 더 많습니다.

 기본 유형의 힘 162~165쪽

유형1 답 7, 8, 6

1 표를 보면 책을 선물로 받고 싶은 학생은 9명입니다.

답 9명

2 책을 받고 싶은 학생 수: 9명
옷을 받고 싶은 학생 수: 6명
➜ 9−6=3(명)

답 3명

3 표에서 학생 수가 많은 순서대로 선물을 씁니다.

답 책, 게임기, 자전거, 옷

4 답 ⑩ 지후네 반 학생들이 좋아하는 애완동물

5 답 ⑩ 지후네 반 학생

6 답 (위에서부터) 4, 2 / 5, 2, 3

☑ 주의 색에 주의하면서 세어 봅니다.

7 여학생 줄의 수를 살펴보면
5>4>3>2 ➜ 햄스터>강아지>토끼>고양이

답 햄스터

유형2 🚗(10대)와 🚙(1대)으로 나타냈습니다.

답 2가지

8 답 10대, 1대

9 그림 🚗(10대)이 2개, 그림 🚙(1대)이 4개이므로
24대입니다.

답 24대

10 10대 그림이 가장 적은 마을(나 마을, 라 마을)을 찾고 10대 그림이 같으면 1대 그림이 더 적은 마을을 찾습니다. ➜ 라 마을

답 라 마을, 22대

11 초롱 마을: 10마리 그림 3개, 1마리 그림 1개이므로 31마리입니다.
햇살 마을: 10마리 그림 2개, 1마리 그림 7개이므로 27마리입니다.

➜ (초롱 마을 돼지 수)−(햇살 마을 돼지 수)
   =31−27=4(마리)

답 4

12 금성 마을: 초롱 마을과 10마리 그림 수가 같고 1마리 그림 수가 더 많으므로 초롱 마을보다 돼지 수가 많습니다.
푸름 마을: 10마리 그림 수가 초롱 마을보다 많습니다.

답 금성 마을, 푸름 마을

13 ⓛ 돼지 수가 가장 적은 마을은 햇살 마을입니다.

답 ⓛ

14 10개 그림을 살펴보면
팥 호빵>야채 호빵, 카레 호빵>매운 호빵

1개 그림을 살펴보면 카레 호빵>야채 호빵입니다.

➜ 팥 호빵>카레 호빵>야채 호빵>매운 호빵

답 팥 호빵, 카레 호빵, 야채 호빵, 매운 호빵

☑ 다른 풀이 52>45>43>21
➜ 팥 호빵>카레 호빵>야채 호빵>매운 호빵

15 야채 호빵의 수가 더 많고 야채 호빵이 10개 그림이 2개, 1개 그림이 2개 더 많으므로 22개 더 많습니다.

답 야채 호빵, 22개

☑ 다른 풀이 (야채 호빵 수)−(매운 호빵 수)
   =43−21=22(개)

16 이번 주에 팥 호빵이 가장 많이 팔렸으므로 다음 주에 팥 호빵을 가장 많이 준비하면 좋습니다. 답 팥 호빵

유형3 답 2개, 1개

17 백의 자리 수만큼 100가마 그림을 그리고, 십의 자리 수만큼 10가마 그림을 그립니다.
나 학교: 100가마 2개, 10가마 5개를 그립니다.
다 학교: 100가마 1개, 10가마 6개를 그립니다.

답

학교별 쌀 소비량

학교	쌀 소비량
가	🌾🌾🌾
나	🌾🌾🌾🌾🌾🌾
다	🌾🌾🌾🌾🌾🌾🌾

🌾100가마
🌾10가마

6 단원

자료의 정리

18 • 2학년: ☺(10명) 그림 1개, ☺(1명) 그림 5개를 그립니다.
• 3학년: ☺(10명) 그림 1개, ☺(1명) 그림 7개를 그립니다.
• 4학년: ☺(10명) 그림 2개, ☺(1명) 그림 2개를 그립니다.

답 줄넘기 시합에 참가한 학년별 학생 수

학년	학생 수
1	☺☺☺
2	☺☺☺☺☺
3	☺☺☺☺☺☺
4	☺☺☺☺

☺ 10명
☺ 1명

19 1학년은 21명이고, 21명보다 많은 학년은 22명인 4학년입니다. 답 4학년

20 • 줄넘기 시합에 가장 많이 참가한 학년: 4학년(22명)
• 줄넘기 시합에 가장 적게 참가한 학년: 2학년(15명)
➜ $22-15=7$(명) 답 7명

21 1, 2, 4반이 읽은 책 수의 합:
$160+70+90=320$(권)
➜ (3반이 읽은 책 수)$=470-320=150$(권)
답 150권

22 2반: 10권 그림 7개를 그립니다.
3반: 100권 그림 1개, 10권 그림 5개를 그립니다.
4반: 10권 그림 9개를 그립니다.

답 반별로 읽은 책 수

반	책 수
1	□□□□□□
2	□□□□□□□
3	□□□□□□
4	□□□□□□□□□

□ 100권
□ 10권

23 십의 자리 수가 5이거나 5보다 크면 50권 그림을 사용합니다.

답 반별로 읽은 책 수

반	책 수
1	□△□
2	△□□
3	□△
4	△□□□□

□ 100권
△ 50권
□ 10권

✔️참고 10권 그림 5개를 △ 그림 1개로 나타내므로 더 간단하게 나타낼 수 있습니다.

---

2 응용 유형의 👉 166~169쪽

1 그림 ●(10개)이 가장 많은 나라는 미국이므로 미국이 금메달을 가장 많이 땄습니다. 답 미국

2 그림 👤(10명)이 가장 많은 학교는 대학교이므로 대학교가 교사 1인당 학생 수가 가장 많습니다. 답 대학교

3 1반에서 지각한 학생 수: 6명
2반에서 지각한 학생 수: 3명
➜ $6÷3=2$(배) 답 2배

4 가 마을의 병원 수: 27개
다 마을의 병원 수: 9개
➜ $27÷9=3$(배) 답 3배

5 가을을 좋아하는 학생 수: 6명
➜ $6×2=12$(명)인 계절: 여름 답 여름

6 위인전: 40권, 동화책: 32권
➜ $40-32=8$(권) 답 8권

7 우수 마을: 340마리, 으뜸 마을: 360마리
➜ $360-340=20$(마리) 답 20마리

8 유치원생 수가 가 마을은 27명, 나 마을은 15명, 다 마을은 30명, 라 마을은 24명이므로 모두
$27+15+30+24=96$(명)입니다.
따라서 사탕 목걸이는 모두 96개를 준비해야 합니다.
답 96개

9 학생 수가 1반은 34명, 2반은 28명, 3반은 31명, 4반은 26명, 5반은 35명이므로 모두
$34+28+31+26+35=154$(명)입니다.
따라서 공책은 모두 $154×2=308$(권)을 준비해야 합니다.
답 308권

10 답 (위에서부터) 5, 5, 12 / 3, 5, 12

11 답 (위에서부터) 6, 4, 13 / 5, 2, 12

12 너른 마을: 10마리 2개, 5마리 1개, 1마리 1개
산골 마을: 10마리 1개, 5마리 1개, 1마리 2개
분지 마을: 10마리 3개, 5마리 1개, 1마리 3개

답 마을별 소의 수

마을	소의 수
너른	○○△○
산골	○△○○
분지	○○○△○○○

○ 10마리
△ 5마리
○ 1마리

13 답

가게별 판매한 사과 수

가게	사과 수
가	○○○△
나	○○△○○○
다	○○○○△○○

○ 10개
△ 5개
○ 1개

14 캔 수가 가 모둠은 31개, 나 모둠은 15개, 다 모둠은 46개이므로 라 모둠은 110−31−15−46=18(개)입니다.

따라서 라 모둠에 🥫을 1개, 🥫을 8개 그립니다.

답

모둠별로 모은 캔 수

모둠	가	나	다	라

🥫 10개
🥫 1개

15 비 마을: 230상자, 바람 마을: 320상자,
파도 마을: 160상자,
햇살 마을: 800−230−320−160=90(상자)
➡ 햇살 마을: 그림 🍅(10상자)를 9개 그립니다.

답

마을별 감 생산량

마을	비	바람	파도	햇살

🍅 100상자
🍅 10상자

16 장소별 두 반의 학생 수를 더합니다.
과학관: 7+5=12(명), 박물관: 6+10=16(명),
생태관: 5+4=9(명), 미술관: 4+2=6(명)
➡ 16>12>9>6
박물관

답 박물관

17 피아노: 4+5=9(명), 장구: 5+9=14(명),
바이올린: 8+2=10(명), 해금: 3+5=8(명)
➡ 14>10>9>8
장구

답 장구

3 서술형의 힘

170~171쪽

1-1 (1) 그림 😊(10명)이 7개, 그림 😊(1명)이 11개입니다.
(2) (세 반의 학생 수)=70+11=81(명)

답 (1) 7개, 11개 (2) 81명

✔ 다른 풀이 1반: 26명, 2반: 23명, 3반: 32명
➡ 세 반의 학생 수는 모두 26+23+32=81(명)입니다.

1-2 모범 답안 ❶ 그림 👷(10명)이 9개, 그림 😊(1명)이 12개입니다.
❷ (세 유치원의 어린이 수)=90+12=102(명)

답 102명

✔ 다른 풀이 희망 유치원: 44명, 튼튼 유치원: 25명,
누리 유치원: 33명 ➡ 44+25+33=102(명)

채점 기준

❶ 세 유치원의 어린이 수를 그림별로 셈.	3점	5점
❷ 세 유치원의 어린이 수의 합을 구함.	2점	

2-1 (1) 🍶(10개) 그림이 1개, 🍶(1개) 그림이 2개이므로 12개입니다.
(2) (1반이 모은 빈 병의 수)=12×2=24(개)
➡ 🍶(10개) 그림 2개, 🍶(1개) 그림 4개를 그립니다.

답 (1) 12개
(2) 24개 /

반별 모은 빈 병의 수

반	빈 병의 수
1	
2	
3	

🍶 10개
🍶 1개

2-2 모범 답안 ❶ 사과나무 수: 160그루
❷ 포도나무 수: 160×2=320(그루)

답

종류별 과일나무 수

종류	과일나무 수
사과나무	
배나무	
포도나무	

🌳 100그루
🌳 10그루

채점 기준

❶ 사과나무 수를 구함.	3점	5점
❷ 포도나무 수를 구함.	2점	

3-1 답 (1) 구피, 베타, 엔젤피시 (2) 예 구피

3-2 모범 답안 ❶ 일주일 동안 많이 팔린 분식부터 순서대로 쓰면 김밥, 떡볶이, 순대입니다.
❷ 내가 분식점 주인이라면 다음 주에는 순대보다 김밥 재료를 더 많이 준비하겠습니다.

채점 기준

❶ 일주일 동안 많이 팔린 분식부터 차례로 알아봄.	2점	5점
❷ 답을 바르게 씀.	3점	

4-1 (1) 53－12－20－15＝6(개)

답 (1) 6개　(2) 12, 20, 15, 6

4-2 모범 답안 ❶ (팔린 소설책 수)＝66－23－14－5
＝24(권)

❷ 표를 완성합니다.

답 23, 14, 24, 5

채점 기준		
❶ 팔린 소설책 수를 구함.	3점	5점
❷ 표를 완성함.	2점	

🔵 **단원평가** 172~174쪽

1 빠뜨리거나 두 번 세지 않도록 표시하면서 세어 봅니다.

답 10, 16, 8

2 표를 보면 바나나 우유는 10개 팔렸습니다.

답 10개

3 표에서 합계가 46이므로 편의점에서 하루 동안 팔린 우유는 모두 46개입니다.

답 46개

4 표에서 수가 가장 많은 우유는 딸기 우유입니다.

답 딸기 우유

✔주의 표에서 가장 큰 수는 합계입니다. 합계를 쓰지 않도록 주의합니다.

5 배구를 좋아하는 학생 수가 5명으로 가장 적습니다.

답 배구

6 (축구를 좋아하는 학생 수)－(농구를 좋아하는 학생 수)
＝10－6＝4(명)

답 4명

7 축구: 10명, 배구: 5명
➡ 10÷5＝2(배)

답 2배

8 답 축구, 야구, 농구, 배구

9 답 10 kg, 1 kg

10 10 kg 그림이 5개, 1 kg 그림이 3개이므로 53 kg입니다.

답 53 kg

11 주현: 가장 많이 생산한 과수원은 다 과수원입니다.
동해: (나 과수원의 포도 생산량)－(라 과수원의 포도 생산량)＝41－24＝17 (kg)

답 동해

12 답

마을별 약국 수	
마을	약국 수
새싹	▮▮▮▮ ▯▯
별이	▯▯▯▯
좋은	▯▯▯
푸른	▮▯ ▯▯▯▯

▮ 10개
▯ 1개

13 그림 ▮(10개)이 가장 많은 마을은 새싹 마을입니다.

답 새싹 마을

14 답 별이 마을

15 답 그림그래프

16 (A형 학생 수)＝38－12－5－8＝13(명)　답 13명

17 답

혈액형별 학생 수	
혈액형	학생 수
A형	◎○○○
B형	◎○○
AB형	△
O형	△○○○

◎ 10명
△ 5명
○ 1명

18 가: 220상자, 나: 350상자, 다: 400상자, 라: 230상자
➡ 220＋350＋400＋230＝1200(상자)

답 1200상자

19 모범 답안 ❶ 경기도 국보 수: 12개,
경상도 국보 수: 100개
❷ (경기도와 경상도의 국보 수)＝12＋100＝112(개)

답 112개

채점 기준		
❶ 경기도와 경상도의 국보 수를 각각 구함.	3점	5점
❷ 경기도와 경상도의 국보 수의 합을 구함.	2점	

20 답 빵
모범 답안 ❶ 간식별 좋아하는 학생 수가
떡은 1＋2＝3(명), 과자는 2＋3＝5(명),
빵은 8＋5＝13(명), 과일은 2＋2＝4(명)입니다.
❷ 좋아하는 학생 수가 가장 많은 간식은 빵이기 때문입니다.

채점 기준		
❶ 간식별로 좋아하는 학생 수를 구함.	2점	5점
❷ 이유를 타당하게 씀.	3점	

수학의 힘[감마]

수학리더[최상위]

초등 수학
라인업

최상

심화

유형

개념

기초
연산

최하

난이도

수학의 힘[베타]

수학리더
[응용+심화]

수학리더
[기본+응용]

수학도
독해가 힘이다

초등 문해력
독해가 힘이다
[문장제 수학편]

수학리더[유형]

수학의 힘[알파]

수학리더[개념]

수학리더[기본]

계산박사

수학리더[연산]

New
해법 수학

학기별 1~3호   방학 개념 학습

GO! 매쓰
시리즈

Start/Run A-C/Jump

평가 대비
특화 교재

단원 평가   HME 수학   예비 중학
마스터   학력평가   신입생 수학

정답은
이안에
있어!
◀

시험 대비교재

●올백 전과목 단원평가	1~6학년/학기별 (1학기는 2~6학년)
●HME 수학 학력평가	1~6학년/상·하반기용
●HME 국어 학력평가	1~6학년

논술·한자교재

●YES 논술	1~6학년/총 24권
●천재 NEW 한자능력검정시험 자격증 한번에 따기	8~5급(총 7권) / 4급~3급(총 2권)

영어교재

●READ ME	
– Yellow 1~3	2~4학년(총 3권)
– Red 1~3	4~6학년(총 3권)
●Listening Pop	Level 1~3
●Grammar, ZAP!	
– 입문	1, 2단계
– 기본	1~4단계
– 심화	1~4단계
●Grammar Tab	총 2권
●Let's Go to the English World!	
– Conversation	1~5단계, 단계별 3권
– Phonics	총 4권

예비중 대비교재

●천재 신입생 시리즈	수학 / 영어
●천재 반편성 배치고사 기출 & 모의고사	

빈틈없는
수준별 학습으로
빠져나갈 구멍 없이
완전봉쇄!

사고력

서술형

독해력

이제 긴 문제도
어렵지 않아요!

기본기와 서술형을 한 번에, 확실하게
수학 자신감은 덤으로!

수학리더 시리즈 (초1~6 / 학기용)

[연산]
(*예비초~초6/총14단계)

[개념]

[기본]

[유형]

[기본＋응용]

[응용·심화]

[최상위]
(*초3~6)